U0394634

教育部哲学社会科学研究重大课题攻关项目
"加强和改进网络内容建设研究"（项目批准号：13JZD033）资助

中国网络内容
国际传播力提升研究

ZHONGGUO WANGLUO NEIRONG
GUOJI CHUANBOLI TISHENG YANJIU

向志强 / 著

人民出版社

编 委 会

唐亚阳　曾长秋　赵惜群　雷　辉　向志强　郭渐强
杨　果　刘　宇

主编前言

　　2013 年，在湖南大学唐亚阳教授主持下，依托湖南大学马克思主义学院、新闻传播与影视艺术学院、工商管理学院、法学院等院系专家学者，联合中南大学、湖南科技大学、新浪网、凤凰网等学界、业界专家学者组成了"教育部哲学社会科学研究重大课题攻关项目"申报组，并于同年 11 月成功中标"教育部哲学社会科学研究（2013 年度）重大课题攻关项目第 33 号招标课题《加强和改进网络内容建设研究》"（课题编号 13JZD033）。

　　本套"系列著作"作为《加强和改进网络内容建设研究》招标课题的最终成果，主要立足于十八大报告提出的"加强和改进网络内容建设，唱响网上主旋律"这一精神，着力探寻网络内容建设的理论诉求，着力梳理网络内容建设的现实追问，切实提出加强和改进网络内容建设的有效对策。旨在将加强和改进网络内容建设放在推进社会主义核心价值观融入精神文明建设全过程这个事业大局中来思考，坚持建设与管理的统一，以"理论分析—规律认识—问题把握"为立论起点，遵循"提出问题—分析问题—解决问题"的渐进式结构，着力回答网络内容"谁来建""建什么""如何建""如何管"等现实问题。

　　本套"系列著作"包括 6 本专著，除我的一本独著外，其他 5 本专著由其他 5 个子课题负责人主导完成，每本书稿均为 30 万字左右。其特色主要体现为以下几个方面：第一，着力探讨加强和改进网络内容建设的理论诉求，实现合规律性与合目的性的统一。按照科学理论体系要求和工作实践深入的需要,对加强和改进网络内容建设的理论基础问题给予较为系统的回答,为加强和改进网络内容建设的实践探索和工作创新奠定理论基石。同时,探索了网络环境下人的思想品德形成与发展的基本规律,探索了网络内容建设工作的基本规律。第二,着力探讨网络内容建设存在的突出问题,为推动问题的解决打下坚实基础。着眼于调研我国网络内容建设的现状,同时,立足于全球视野,探求国外网络内容建设和管理的理性借鉴问题。第三,着力探讨构建起政府、学校、企业、网民紧密协作的行动者网络,实现多元主体共建网络内容。突破单一主体"利益至上"的逻辑,有针对性地提出涵括政府、学校、企业、网民等在内的利益主体共同建设网络内容的框架体系,进而不断完善网络内容建设主体结构。第四,着力探讨社会主义核心价值观引领网络内容建设工程的现实追问,实现主线贯穿。社会主义核心价值观是社会主义先进文化的精髓,决定着网络内容建设方向,积极探寻了社会主义核心价值观引领优秀传统文化和当代文化精品网络化、网络新闻资讯、网络社交媒体内容、网络娱乐产品等网络内容建设的意义、原则、主体、路径、评价等。第五,着力探讨提升中国网络内容国际传播能力的对策,统筹国际国内两个大局。从不同层面深入、立体地分析了中国网络内容国际传播中取得的成绩与存在的不足,在此基础上,借鉴西方国家跨国传播策略,提出提升中国网络内容国际传播效果的对策与建议,以期进一步提升中国网络内容国际传播能力。第六,着力探讨网络内容建设的保障机制,不断提高建设工作的科学化水平。着眼于构建涵括法治保障机制、监管保障机制、教育保障机制、资源保障机制、技术保障机制等在内的网络内容建设的保障机制,进一步加强网络法制建设,坚持科学管理、依法管理、有效管理,加快形成法律规范、行政监管、行业自律、资源保障、技术保障、社会教育相结合的网络内容建设保障体系。

6 本专著紧紧围绕"加强和改进网络内容建设"这一主题,并在多校、多学科、多专业协同创新机制主导下,既强调各本专著的主题性、侧重性,又强调系列著作的体系性、完整性,分了 6 个专题展开。为了方便读者的阅读,做以下简介(按子课题排序):

一、《网络内容建设的理论基础与基本规律》(曾长秋、万雪飞、曹挹芬著）。本专著力图以党的十七届六中全会、十八大及习近平总书记系列重要讲话精神为指导,借鉴网络传播学、信息管理学、网络心理学、网络政治学、网络社会学等学科已取得的相关研究成果,以厘清"网络内容"的内涵和外延为切入点,结合具体案例,较为全面地分析了网络内容的主要特征,深入阐述了加强和改进网络内容建设的极端重要性。在此基础上,明确网络内容建设研究的理论基础和理论借鉴,并尝试提出网络内容建设的主要目标、基本原则以及网络内容建设的生产规律、传播规律、消费规律和引导规律,为今后进一步进行网络内容建设的研究奠定理论和规律等方面的基础。

二、《中国网络内容建设调研报告》(赵惜群等著)。本专著以网络信息技术的迅猛发展为时代背景,立足于国际视野和国内现状,采取社会调查与实证研究相结合、定性研究与定量研究相结合等方法,运用 SPPS 数据统计软件和相关数据分析法,从普通网民、政府、企业、高校的角度客观、全面地审视我国网络内容建设的主体、网络内容建设的价值引领、网络内容产品、网络内容监督、网络内容国际传播、网络内容安全建设等取得的成就、存在的问题及成因;比较系统地总结提炼了国外网络内容建设的经验及其对加强和改进我国网络内容建设的启示,以期为党和政府部门制定、加强和改进网络内容建设的决策提供现实依据和国际借鉴。

三、《多主体协同共建的行动者网络构建研究》(雷辉著)。本专著贯彻十八大关于互联网信息安全的会议精神,就网络内容传播主体间相互关系及其传播路径进行了深入的思考和研究。首先将行动者网络理论、社会网络分析、利益相关者理论等理论知识创新性地运用到网络社会信息传播实践的研究中来,先后从行动者网络的协同化、与外部环境的治理结构以及行动者正能量传播生态系统等角度来构建政府、学校、企业和网民的行动者网络的结构模型。并在此基础上,从政策层面,对现实生活中行动者网络工作体系的构建进行思考,得出了几点有用的结论,并指出了该工作体系未来发展的根本思路和关键。

四、《社会主义核心价值观引领下的网络内容建设工程研究》(唐亚阳著)。本专著以"理论分析—现状调研—问题把握"为立论起点,遵循"提出问题—分析问题—解决问题"的结构设计,着力回答:为什么要实施"引领工程"、实施的原则、由谁实施、实施的内容、实施的效果等现实追问。一是从现实角度回答为什么要引领。立足现实背景,着力探寻"引领工程"的时代诉求,从意识形态话语权、"四个全面"战略布局、网络空间"清朗工程"等角度阐明实施"引领工程"的现实必然性和可能性。二是回答实施"引领工程"的基本原则问题。主要从政府主导与多元主体相结合、顶层设计与阶段实施相结合、显性教育与隐性教育相结合、价值引领与网络传播相结合来回答。三是回答由谁来具体实施"引领工程"的问题。主要从"引领工程"主体间的关系形态、"引领工程"主体构建的现状及路径等角度来进行回答。四是回答"引领工程"实施什么内容的问题。主要从五个维度回答,即:优秀传统文化网络化构建、当代文化精品网络化构建、网络新闻咨讯构建、网络娱乐产品构建、社交媒体内容构建,实施社会主义核心价值观引领的网络内容建设工程。五是回答实施"引领工程"的效果问题。从"引领工程"评价体系的价值意义、建构原则、思路、主要内容,以及操作、实施、反馈等角度进行回答。

五、《中国网络内容国际传播力提升研究》(向志强著)。本专著分析了中国网络内容国际传播力提升的时代背景和现实意义,探讨了中国网络内容国际传播力构成要素以及提升目标,通过构建中国网络内容国际传播力评价指标体系,以人民网等国内十大网站为例,对中国网络内容国际传播力现状进行了较为客观全面的评价,通过内容分析等研究方法对中国网络内容国际传播力提升的微观路径和宏观措施的现状和存在问题进行了系统深入分析,通过问卷调查等研究方法对中国网络内容国际传播的受众需求进行调查,并对调查结果进行了数理统计分析,在上述研究基础上,依据新闻传播学的相应理论,系统阐述了中国网络内容国际传播力提升的战略、模式以及路径,深入探讨了中国网络内容国际传播力提升的宏观措施和微观路径的完善和改进措施。

六、《网络内容建设的保障机制研究》(郭渐强著)。加强和改进网络内容建设,必须一手抓繁荣,一手抓管理;一手抓建设,一手抓保障,需要建立和健全保障机制为其保驾护航。本专著从理论上概述了网络内容建设的保障机制的含义与功能,影响建立与健全保障机制的主要因素,阐释了对健全保障机制具有指导意义的理论,如网络内容规制理论、全球网络公共治理理论、整体政府理论、协同治理理论。本书的核心内容是分别全面客观地分析了构成网络内容建设保障机制的五个具体方面,即:法治保障机制、监管保障机制、教育保障机制、资源保障机制、技术保障机制存在的问题与缺陷,在深刻分析问题原因基础上,借鉴国外健全保障机制的经验,提出了健全我国网络内容建设的保障机制的对策建议。

这套"系列著作"的顺利出版,首先得益于湖南大学、中南大学、湖南科技大学等学界同人的鼎力协作,得益于新浪网、凤凰网、人民网等业界精英的倾力支持,得益于国家互联网信息办公室、湖南省委宣传部网络宣传办公室等主管部门的热心扶助。作为主编,对诸位的热情与辛勤付出表示深深的谢忱,在此,也由衷期盼本"系列著作"的出版能为我国网络内容建设实践提供理论资源,引导这一实践进程走上良性发展的轨道,对推动社会主义核心价值观培育和践行、形成共建共享网上精神家园、提升网络内容建设效能、保障网络内容建设科学发展、维护国家意识形态安全有积极价值。

唐亚阳

2017 年 9 月于长沙

目　　录

第一章 绪论:提升中国网络内容国际传播力的时代呼唤

习近平在《人民日报》海外版创刊 30 周年之际做出重要指示,要求《人民日报》海外版在新的起点上总结经验,发挥优势,提高创新意识,用海外读者易于理解的方式讲述好中国故事,用读者乐于接受的方式传播出中国声音。习近平的重要指示,既表明党中央对人民日报海外版过去 30 年来取得成绩的充分肯定,也寄托了中央对中国媒体全面提升国际传播力的殷切希望,体现了党中央对世界舆论格局发展变化的深刻把握。习近平的指示精神,为新形势下进一步做好国际传播工作提供了根本遵循、奋斗目标和行动指南。

第一节 "打破信息霸权、传播中国声音"是中国网络内容国际传播的时代要求

改革开放以来,中国国际形象受到了广泛关注。随着互联网的发展,"地球村"的日益形成,在新的自由主义式的狂飙中,中国网络内容在日渐丰富和成熟的积淀下,必然会走向更为宽广的国际舞台。中国网络内容国际传播的目的不仅仅在于让更多的人看到多面的中国,加深对中国的了解,更重要的是要掌握话语权,建立起与自身国际地位相称的传播力、影响力。中国在国际舞台上影响力越来越大的同时,无法忽略的问题是,中国在网络

内容的国际传播力上还有待提升。在国际传播的舞台上,中国发出声音其实并不难,但难度在于要让大家听到、听清楚,并且主动来听。欧美发达国家在大众网络媒体建设和社交网络媒体发展中都保持着绝对强势地位,其网络信息在国际传播通路中居于主导体系地位,而中国尚未形成具有强大竞争力的国际媒体,在国际传播体系中话语能力和话语实力偏弱,在传播面和到达率上都存在许多先天和后天的不足,中国网络媒体信息在国际舆论的风口浪尖里往往只能发出微弱的声音。在新的媒介格局演变过程中,中国网络内容国际传播不仅是中国声音在新兴传播媒介上的新阐释,更是信息霸权下发出中国声音的理想渠道。

一、西方信息霸权的表现

信息技术领域的创新日新月异,直到改革开放以后,国人才逐渐重视"信息"这一概念。在一段时间内,学者们坚持把信息从政治中剥离,认为它们有自身的规律去遵循,将信息进行所谓的"去政治化"。正如汪晖所言:"这里的去政治化所涉及的政治,不是国家生活或国际政治中永远不会缺席的权力斗争,而是基于特定政治价值及其利益关系的政治组织、政治辩论、政治斗争和社会运动。"①

事实上,信息是不能脱离政治的。当下的信息时代,依靠技术才能逐步突破,而技术则需要资本的助力才能继续发展。新兴媒介的发展无一不依赖资本的注入,而资本的利益通道与政治派系的暧昧关系自然是证明信息与政治脱不开干系的有力证据。在信息时代,如果中国不从政治经济权力结构、世界体系等视角去分析解剖信息帝国主义,则不可能理解什么是信息时代的帝国主义,不能把握其本质内涵。② 这也进一步佐证了在当今时代,依托网络传播提高中国国际地位,发挥中国在国际舞台上更大的影响力是中国和平崛起的题中应有之意。

---

① 汪晖:《去政治化的政治:短 20 世纪的终结与 90 年代》,生活·读书·新知三联书店 2008 年版。
② 刘震、曹泽熙:《信息帝国主义解读——基于政治经济权利结构和世界体系的视角》,《社会科学辑刊》2014 年第 2 期。

在殖民时期,帝国主义国家殖民亚非拉国家,靠的是强大的经济实力,进而夺取亚非拉国家的劳动力、原材料与市场。直到 20 世纪 90 年代,随着世界各地民族解放运动的深入发展,大批殖民地人民获得了人身自由、民族解放和主权独立。但是,西方国家依旧凭借其强大的经济实力与综合国力,继续通过其他种种途径殖民新兴民族国家,其中,资本主义意识形态入侵便是殖民国家在思想领域的新殖民策略。如 20 世纪 60 年代到 80 年代的"和平演变",就是以资产阶级意识形态为核心的思想渗透。而在网络时代,掌握网络霸权无疑更有助于资本主义意识形态以及价值观的输出。中国称这种行为是"媒介帝国主义""文化帝国主义"或"电子殖民主义",西方国家往往通过这种方式达到掌控某一国家政治的目的。

加尔通(Galtung,1971)①将国际社会中信息流向状态描述为从"中心"到"边缘"的格局,"中心"部分意指欧美发达国家,"边缘"部分则是指包含中国在内的发展中国家,赫斯特(Hester,1973)和罗森瓦尔(Rosenvell,1984)也分别通过"国际权势等级体系说"及"精英地位说"理论来对这种信息流向做出了描述。② 在今天的互联网世界中,西方国家掌控了媒体在世界中的话语权。从某种意义上说,当前全球信息的传播是单向的,从西方向东方流动,从发达国家向发展中国家流动,"知沟"现象愈加明显。究其原因,主要是西方媒体在经济实力、技术设备、品牌人才等诸多方面具有绝对优势,国际传播的话语权基本由其掌控。国际上许多重大事件,包括发生在发展中国家的事件,解释权都掌握在以美国为首的西方发达国家媒体手中,这些媒体采用怎样的"框架"去解构新闻事件,直接关系到全球受众的趋避,对全球受众产生重大影响。这种话语霸权在国际突发事件的首发和后续报道中表现得尤为明显。据统计,目前在整个互联网信息流动中,中国仅占 0.1% 和 0.05%,而美国则掌控着全球 80% 以上的网上信息和 95% 以上的服务信息。如 CNN、《纽约时报》、《华盛顿邮报》等许多新闻网站,无论是

①　Johan Galtung,"A Structural Theory of Imperialism",*Journal of Peace Research*,Vol. 8,No.2(1971),pp.81–117.

②　转引自黄志辉:《中国英语新闻网站研究》,硕士学位论文,南昌大学,2006 年。

访问量还是访问人群均可被称为"全世界最有影响力的新闻网站"。① 所以,以美国为首的西方发达国家凭借其强大的全球信息网络,其信息传播已渗入世界的每一个角落,牢牢地控制着全球信息的流通。虽然早在 20 世纪中后期就有许多发展中国家开始了争取"国际信息和传播新秩序"的行动,但是国际信息传播的现状并没有得到根本性的改变。

当前中国面临的国际传播现状不容乐观,西方国家利用其话语权,根据预设立场选择事实,对中国的报道充满了傲慢与偏见。一方面,他们经常对中国的正面信息通过无端歪曲事实,过滤封杀;另一方面,对中国的负面报道却趋之若鹜,让中国不得不对他们的传播动机与目的产生怀疑。这正是中国需要变革的地方。但总体上讲,中国媒体要改变"西强我弱"的舆论态势,就当前的情境而言,受到的制约很多,面临的困难很大。②

二、西方信息霸权的成因

一是先进的技术支持。第一台计算机"ENIAC"于 1946 年在美国诞生,而互联网始于 1969 年,是美军在阿帕网即美国国防部研究计划署制定的协定下,将美国西南部的加利福尼亚大学洛杉矶分校、斯坦福大学、加州大学圣巴巴拉分校和犹他州立大学的四台主要的计算机连接起来而形成的。以美国为代表的西方国家自此领导了信息技术的发展。信息技术的发展程度是国际传播力强弱的重要方面,国际传播力的强弱又直接关系到媒体的内容采集、生产加工、传输储存、发布速度、服务效果等。所以,信息技术是评估一国国际传播能力的重要指标。"西方传媒集团拥有先进的采集传输网络,占有绝对的技术优势,彼此之间还不断进行并购和整合,形成了优势集成强强联手强者更强的局面。"③美国等西方国家对信息技术的垄断,使得

① 许程程:《基于 SWOT 分析的我国新媒体对外传播研究》,硕士学位论文,湖南大学,2012 年。
② 许程程:《基于 SWOT 分析的我国新媒体对外传播研究》,硕士学位论文,湖南大学,2012 年。
③ 谢新洲、黄强、田丽:《互联网传播与国际话语权竞争》,《北京联合大学学报》(人文社会科学版)2010 年第 8 期。

它们牢牢地掌握了今天网络媒体的霸权。

二是强大的经济实力。二十世纪中期,支撑世界经贸和金融格局的是关贸总协定、世界银行和国际货币基金组织,这使得布雷顿森林体系得以建立,美元与黄金直接挂钩。美国在第二次世界大战中大发战争财取代英国一跃成为世界上最富有的资本主义国家。美国强大的经济实力,使得它能够在国际交往中的各个方面处于优势地位。当今世界,发达国家凭借其强大的经济实力,不仅在世界政治舞台上掌握了话语权,更是形成了一种"电子殖民主义"的统治局面。西方学者托马斯·麦克菲尔(M.Mcphail)在其著作《电子殖民主义:国际传播的未来》①中提出了"电子殖民主义"一词并对其渊源进行了梳理,他采用"电子殖民主义"来详细阐述西方发达国家如何对发展中国家进行文化殖民的行为事实。② 强大的经济实力促使西方国家在国际舞台上占据有利的地位,同时在国际网络媒体的话语权上形成垄断。

强大的经济实力为西方国家的"媒介帝国主义"与"电子殖民主义"提供了物质基础。反过来,网络舆论话语权的掌握也为经济发展提供了帮助。资本和互联网可以说是一对天作之合。在全球化论调下,新自由主义所要求的私有化、市场化、自由化以及所谓的全球共同繁荣自然成为美国为全世界人民带来的所谓的"福音",意识形态的对立变成了发达与欠发达的区分,东西的格局划分逐渐成为南北的贫富差距,贸易战代替了冷战,跨国公司正常的经营管理模式取代了资本和商品的输入。③

三是网络话语权的把控。如今中国面临这样一种情况,中国媒体的硬实力增强了,但是媒体软实力却没有得到应有的提高,至少与中国目前的经济实力和大国地位不匹配。中国媒体的国际竞争力与西方媒体相比,仍有

---

① [加]托马斯·麦克菲尔:《电子殖民主义:国际传播的未来》,郑植荣译,台北远流出版公司 1994 年版。
② 陈璐、段京肃:《电子殖民:全球化文化帝国的媒介殖民之道》,《甘肃社会科学》2013 年第 3 期。
③ 陈璐、段京肃:《电子殖民:全球化文化帝国的媒介殖民之道》,《甘肃社会科学》2013 年第 3 期。

相当大的差距,还有相当长的路要走。如果就这样一直缺少作为地等下去,那么等中国的媒体实力发展到国际传播阶段的时候,美国等西方媒体的新闻传播早就已经发展到全球传播阶段,在话语权上的差距就会变得更大,到时也会出现一些更难改变的问题。

那么,造成这种状况的主要原因是什么? 当前制约和影响中国媒体国际传播力发展的因素是多方面的:既有历史积弊,又有现实困难;既有主观认识不到位,又有客观投入不充分;既有内部体制机制不适应,又有外部国际传播格局的制约。在外部环境上,西方国家垄断网络国际传播的话语权;从内部原因来看,国内网络传播的媒体发展还不够健全。首先,在网络传播的内容上,中国媒体并没有找准定位。中国国际传播内容更倾向于宣传而不是传播。而西方国家更加希望看到的是中国更加真实的普通人民的生活,而不仅仅是官方新闻发言人的言论。其次,中国媒体网站的制作、技术的维护等方面都不够精细与完善。网络交互设计与后台支撑技术的完善和提升还需要多元理念和技术支持的积累。最后,网络舆论话语权其实也和国家综合国力相辅相成,强大的话语权需要国家综合实力的支撑,同时掌握舆论话语权也有助于综合国力的提升。因此,二者需要协同共进并共同提升。

三、“中国声音”的网络国际表达

在互联网语境中,以网络技术为代表的新媒体以其实时性、广泛性、便捷性、交互性和开放性的强大优势,一举打破各种传播平台之间的壁垒,成为与生俱来的全球传播载体。当下,谁的传播手段先进、传播能力强大,谁的思想文化和价值观念就能更广泛地传播,谁就更有力地影响世界。网络为信息传播带来巨大便利的同时,也为中国国际传播带来了巨大的挑战。首先,中国作为世界的一部分以及最大的发展中国家,在西方国家主导网络国际舆论的情况下,势必要发出自己的声音;其次,西方世界垄断了国际话语权,中国在西方政治话语体系中处于“被告”状态,要改变中国这种长期的政治“被告”地位,必须通过媒体发声,将中国化马克思主义话语权转换为“中国声音”。

发出中国声音,方法可以多种多样,但中国不能四面出击,关键是提升网络内容的质量和力量。"国际传播中,网络媒体不仅可以快速将国际社会的重要事件和变化传达给本国民众,还可将本国的政策、对外方针、重要事件和变化等及时展示给国外民众,亦可积极参与和报道国际重大事件或者所有新闻事件。它除了具有传统大众传播媒介所具有的功能外,还因其公共性、传播速度快、无国界性等特点,在国际传播中具有比传统媒体更大的优势。"①网络传播是没有国界的,中国也已经积累了一些经验,具备了一定实力。提升中国网络内容国际传播力,对于中国打破西方国家信息壁垒,掌握国际话语权,抢占国际传播制高点,进一步增进国际社会对中国的认识和了解,提升中国文化软实力,建设与中国经济社会发展水平和国际地位相称的国际互联网舆论传播新秩序,具有十分重要的战略意义。

中国实现网络内容传播国际化,首先要积累网络媒体公信力,多做客观、真实报道,少做虚假、不实新闻。媒体公信力是指新闻媒体本身所具有的一种被社会公众所信赖的内在力量。它主要表现为媒体自身内在品质和外在形象在社会公众心目中所占据的位置,是衡量媒体权威性、信誉度和社会影响力的一把标尺。② 公信力对于新闻媒体来讲可以比喻成生命之源,有了公信力,媒体才能稳步发展;失去了公信力,媒体迟早会灭亡。中国要在国际传播的浪潮中迎头赶上,必须树立公信力。媒体引导舆论要与真理方向一致,在新闻报道上要以事实为主,并且用高雅文字和语言表达出来。吴立斌(2011)指出,"媒体公信力是媒体立身之本,立根之基,直接关系到媒体在国际上影响力及其大小。坚持'新闻传播专业主义+新闻传播国际责任',这是中国媒体向世界树立的国际公信力,也是中国媒体安身立命之所"。③

---

① 马胜荣、董梦杭:《专业化是网络媒体提升国际传播能力的基础》,《电视研究》2010 年第 9 期。

② 百度百科:媒体公信力,2015 年 4 月 22 日,见 http://baike.baidu.com/link? url=J1ZdC-NnoGel7TQsg1gfe5Zdryev5B7ddnvRWqKfBWFvzm8NZaQc0tZ8dgf3wXyOc9Xk6zPJhZlAc3_6I1ISa,2015-04-02/2015-10-31。

③ 吴立斌:《中国媒体的国际传播及影响力研究》,博士学位论文,中共中央党校,2011 年。

其次,构建覆盖广泛、技术先进的现代网络传媒是重点。所谓网络媒体,可以从广义和狭义两方面来说。从广义上来说,可以泛指因特网本身,因为因特网就是信息交流的媒介和工具;从狭义上来说,指的是基于因特网传播新闻和信息的媒介单位。它相对于报刊、广播、电视这三大传统媒体被称为"第四媒体",它是一种具有鲜明时代特性的新媒体。网络媒体具有传播时间上的自由性、传播本身的可往复性和传播空间上的无限性,此外,网络媒体本身在新闻和信息容量上还具有无限性以及个性化传播等特性。在网络覆盖面已十分广泛的今天,构建绿色和谐的网络环境是国家的责任。网络环境绿色和谐,才能约束网络内容,达到有效传播。

最后,着力实现重点突破,打造具有竞争力的国际网络传媒集团。国际传播实践证明,真正对国际舆论产生重大影响的,都是具有强大实力和竞争能力的综合性传媒集团。实现媒体国际传播能力质的飞跃,必须发挥社会主义制度集中力量办大事的优越性,加大政府投入力度,完善政策保障措施,优化资源配置,集中力量做大做强重点网络媒体,实施一批重大网络工程项目,着力利用报刊、通讯社、广播电视和互联网等各个领域的资源,合力建成若干具有世界影响力的跨国网络传媒集团,打破西方媒体垄断格局。

实现中国网络内容传播国际化,不仅仅是把各国消息拼凑在一起那么简单,更重要的是使之能够互相融合,并且以宏观的视角看待每一国家事件的发生,通过国外受众可以接受的方式,以本国的媒体传播出去,赢得世界范围内受众的信任与支持,为中国成为网络舆论大国打下基础。

四、创建独具中国特色的中国互联网传播体系

西方国家之所以能够掌握网络媒体的走向,很大原因在于他们都拥有强大而完善的网络传播体系。以美英韩为例,它们都制定了详细的互联网长期发展规划,以求占据国际网络传播的优势地位。美国自互联网诞生以来,就紧紧把握住网络主动脉,使得其他国家和地方的网络通信必须经过美国的主干线。与此同时,美国掌握了世界绝大多数的计算机 CPU 芯片研发制造、互联网技术协议、操作系统的研发等,成为互联网的巨擘。英国也重视互联网的发展,据波士顿咨询公司的报告,英国互联网经济价值到 2014

年已经占国内生产总值的 8.3%。同时,英国也重视网速的提升,据英国通信管理局的统计数据,2014 年宽带平均连接速度同比增长 22%,一半以上的家庭宽带网速达 10Mbps,进而逐渐改变了其 5 年前欧洲网速最差的尴尬局面。这一系列的变化都与它们制定了详细的互联网发展规划密切相关。此外,韩国制定的互联网发展规划促使韩国成为互联网发展最好的国家之一。根据联合国国际电信联盟(ITU)的报告,韩国家庭享受超过每秒 10MB 的接入速度,宽带普及率为 93%,平均速率高达 49.5Mbps。

基于提升网络传播力这一立足点,中国也在不断推动国家网络发展战略的演进。李克强于 2015 年召开的国务院常务会议提出了网络提速降费,鼓励电信企业实施宽带免费提速 40% 以上,降低资费标准。这对于网络建设和网络服务提升无疑具有极大的刺激和保障作用。另外,中国相关部门先后制定和颁布《关于维护互联网安全的决定》《互联网信息服务管理办法》《互联网新闻信息服务管理规定》《互联网电子公告服务管理规定》等法律法规,有效规范了互联网信息传播秩序。

提升中国网络国际传播力,其关键在于创建独具中国特色的中国互联网传播体系。这个体系的建立要以内容建设为依托,提升中国互联网在全球传播体系的话语权;要以制度改革为保障,进一步完善中国互联网国际传播管理法规;要以人才建设为支撑,努力培养造就规模宏大、素质优秀的网络文化人才队伍;同时还要加大技术创新,逐渐提高中国互联网国际传播力、影响力和辐射力。

第二节 "中国内容、国际表达"是中国网络
内容国际传播的主要特点

在国际传播成为新常态的全球背景下,中国内容的国际表达是时代的迫切要求。中国要在国际上获得更多的认可,必须在全球范围内主动作为、积极作为,不断谋求"于我有利"的舆论环境。谋求"于我有利"的国际舆论环境,必须坚持"中国故事,国际表达"。只有这样,才能在国际舆论场中发出有力度、有影响、有效果的中国声音,让世界无法忽略中国故事,进一步扩

大中国在国际事件上的影响力和感召力。讲好中国故事,不仅需要高度的政治责任,也离不开高超的专业技能。在"内容为王"的前提下,更要注重人类共通的经验与思维,寻找文化的共性,激发人性的共鸣,努力做到用国际的表达方式讲好中国内容。

一、讲好中国故事应把握好"文化"和"变化"

近代中国大门在屈辱中被动打开,这是一段让人难以忘却的历史。很长一个时期,中国形象在国外媒体报道中多是负面的,不管是图片报道还是文字内容,都呈现出一种愚昧、落后乃至腐朽的景象。经过先烈们前赴后继的奋斗,特别是新中国成立后60多年的社会主义革命和建设,改革开放30多年的奋起直追,中国实现了人类历史上罕见的跨越式发展,把一个积弱积贫的国家发展成为世界上第二大经济体,并且在文化、教育、军事等方面,都取得了举世瞩目的成就。中国的发展令人侧目,中国的变化令人震撼,中国模式让世界重燃了解中国的渴望。可以确定的是,当前国际舆论的天平正在向中国一端倾斜,中国国际传播要把握住这难得的历史机遇,迎来跨越式发展的广阔前景。

党的十八大以来,以习近平为总书记的党中央表现出卓越的治国理政能力。2014年10月,《习近平谈治国理政》一书出版发行,其全球发行量突破450万册,受到了国际政经人士的广泛关注,引起了国际社会的强烈反响。一本书折射的是国力,一种理念宣扬的是模式。逐渐强大的中国,需要合理地展示自己;而一直变革中的世界,也需要认真了解中国。如果说以前的中国更多是"埋头苦干"的韬光养晦,那么现在的中国,已经开始走向了世界舞台的中心,中国有条件也有必要向世界宣传自己的主张、讲好自己的故事、弘扬自己的价值,以获得世界其他国家和地区更多理解和支持。这其中的主要内容:一个是"文化",另一个是"变化"。

首先,"文化"是国际传播的主战场。国家和民族的强盛,都以文化兴盛为基础和支撑。中华民族拥有5000多年灿烂辉煌的历史,是四大文明古国中唯一没有中断历史的民族。博大精深的中华文化,是世界文明史中重要的组成部分,对世界文明的发展,有着不可替代的作用。中华民族最深层的精神追求和最根本的精神基因都沉淀在中华文化之中,中华文化是中华民族独特的精神标识,它使得中华民族发展壮大、生生不息,也形成了中国走向世界的核心优势。

其次,"变化"是国际传播中需要把握的主旋律。清代中后期以来,中国国力式微,导致西方媒体一直戴着"有色眼镜"看中国,这使得西方受众对中国缺乏全面了解。如今,传播条件和传播格局已经变化,信息流动无法被人为阻隔,这为世界了解一个真实的中国、讲好中国故事提供了可能。现在,古老中国的变革举世瞩目,发展势头令人注目,综合国力蒸蒸日上。这不仅使中国成为中国模式的成功探索者,也成为世界经济的新引擎。毫无疑问,在这种情况下,欧美愈需要更加全面、全新地解读中国,在多元信息的基础上,形成对中国的正确判断。

让中华文化走向世界,并在其中"动起来""热起来",就必须"推销"中华文化,这种"推销"不仅是中华民族向世界自我呈现的必然,也是中国作为一个负责任的大国在经济全球化时代的勇力担负。"中国人看待世界、看待社会、看待人生,有自己独特的价值体系。中国人独特而悠久的精神世界,让中国人具有很强的民族自信心,也培育了以爱国主义为核心的民族精神。"[1]习近平的这一论断,点出了中华文化对外传播的关键:即中华文化的传播不能仅停留在具象的符号层面,还需讲述蕴含在符号里的中国故事,传递符号背后的中国文化。这也告诉中国,国际传播要实现从宣传向传播转变,从上天向落地转变,从重视传播力向重视影响力转变,真正实现中国故事与中国文化"入脑""入心""入行"。只有这样,才能让世界的受众对中华文化产生更深刻的理解和体认,实现"推销"的初衷,达到"推销"的效果。

当今,中国网络国际传播的主要任务是让中国更好地融入世界,让世界更好地了解中国。要做到这种互相了解,首先要在传播理念上重视合作与交流,其次要在表达方式上强调国际化,最后还要注重运用国际社会容易理

---

[1]　转引自杨振武:《把握对外传播的时代新要求》,2015 年 7 月 1 日,见 http://news. xinhuanet. com/politics/2015 - 07/01/c _ 127971979. htm, 2015 - 07 - 01/2015-07-10。

解和接受的方式介绍中国。"要讲好中国故事,传播优秀的中国文化,需要鼓励受众的积极参与,特别是利用数字化手段参与广泛的文化交流实践。"①现在,欧美等西方发达国家早已建立起了较为完善的国际传播机构,并不断扩张,以期持续主导世界舆论话语权。而互联网是世界了解中国最重要的途径之一,在互联网语境中,"中国内容,国际表达"构成了这一时期中国网络内容国际传播的主要特点。中国要注重通过合理的方式让世界了解中国,也要积极地向世界展示中国的各个方面,让世界各国积极开展与中国的交流与合作。

二、中国内容应从讲好中国故事到增强主动发声意识

中国说的"中国内容",是指"中国的政治、经济、社会、科教、文化、军事、体育以及人民生活等多方面的内容"。在具体报道中,需要更加注重中国政府和中国人民对国内外事物的立场、观点和态度。② 也就是说,中国网络国际传播既要积极向世界介绍中国的政治、经济、军事、文化、社会等多方面,更要注意表明中国立场,讲明中国观点。

从历史来看,中国从来就不缺乏好故事。中国自身的发展及为世界发展所作的贡献,都是中国故事的好素材,国际传播的好信源。在国际传播中,一方面,要创新对外宣传的方式,在提高能力的同时,不断增强主动发声的意识,通过加强话语权建设将中国的声音传播出去,并且让蕴含在"好故事"中的"好观点"深入人心,让世界的受众在接受中国故事的同时,接受中国的观点。在网络传播的语境中,还必须更加注重传播形态的开放性、交互性、多元化和分众化,加强分层设计、定向直供,将中国内容本土化,做好量体裁衣、精准推送,通过接地气的表达方式获得更多层次的交流。③

---

① 刘芳:《如何加强我国媒体国际传播能力建设》,《传媒》2011 年第 10 期,第 72 页。
② 中国日报网:王庚年:《中国国际传播的现状和发展趋势》,http://www.chinadaily.com.cn/hqgj/jryw/2013 - 09 - 12/content_10092860.html,2013 - 09 - 12/2015 - 10 - 30。
③ 海外网:《中国对外传播有理说不出? 习总告诉你如何破局》,http://opinion.haiwainet.cn/n/2015/0701/c456318-28889179.html,2015 - 07 - 01/2015 - 07 - 02。

通过文化交流与外国受众进行沟通。大力弘扬儒家文化,全球多个国家成立孔子学院,掀起了一股"汉语热"。举办了汉语文化交流活动——"汉语桥",使中国的传统文化走出国门,走向世界,让更多的人学习中国文化,了解中国文化,以文化输出为手段,让更多的外国受众接触中国文化,接受中国思想,接纳中国传播。同时,国内热播的电视剧和纪录片等也在国外受到了广泛好评,如纪录片《舌尖上的中国》不仅在中国收获了广泛好评,也引得外国友人争相模仿,纷纷制作自己国家的美食纪录片。而由网络小说改编的电视剧《甄嬛传》,在 2012 年 3 月上星频道首播并连续一个月获得收视前两名,2013 年 6 月 18 日起在日本 BS 富士台播出,日语片名译作《宫廷の诤い女》。2015 年 3 月 15 日,美国版《甄嬛传》电视、电影在美国 Netflix 网站付费播出,是首部在美国主流电视网播出的中国电视剧。这些内容受喜爱的程度无疑证实了中国网络内容的国际传播力。

以人为本,用国际视角报道世界。"坚持以人为本,树立全面、协调、可持续的发展观,促进经济社会和人的全面发展",党的十六届三中全会提出的这一全新发展观,明确把"以人为本"作为发展的最高价值取向。所谓"本",就是基础、原则,是考虑问题的根本出发点,而所谓"以人为本",就是一切以人的身心健康为出发点,以人的全面发展为目的;就是要使人的生活方式得到优化,生活质量全面提高。① 可见,提倡"以人为本",就是要以人文价值制衡商品价值,以精神价值制衡物质价值。所以说,在传播内容时,绝对不能忽略社会效益。中国的网络内容在进行传播时,要着重突出"以人为本"的精神。要改变以宣传为主的套路化报道,要以事实为基础,将政府的观点寓于事实之中,既符合国际传播的要求,满足全球受众的需要,又体现中国传播的力量。在坚持"以人为本"的原则时,增加内容的亲和力,以故事性的口吻进行报道,突出个体命运的跌宕起伏,更能够吸引受众的眼球,做到入乡随俗,结合当地文化进行传播,加强多种媒体的融合,使内容更加形象生动,便于理解,让受众产生亲切感。在亲切感的催化剂下,加深传

---

① 吴风华:《"以人为本":大众传播的新视角》,《新闻与写作》2004 年第 12 期,第 12 页。

播影响力。

中国是一个泱泱大国,上下五千年的历史使得中国文化底蕴博大精深、源远流长。中国需要把自身的文化传播出去,让世界认识中国、了解中国。在大数据时代的今天,掌握网络舆论传播的话语权,对于树立中国在国际上的优秀形象是至关重要的。在正确合理利用"第四媒介"——网络的基础上,传播内容的真实性、有效性是关键。传播中国文化的形式多种多样,包括文学、影视、音乐、美术以及体育竞技等方面。"传媒内容就其内容属性而言,可以分为硬性和软性两大类,两者在传递信息、价值观的过程中取长补短,相辅相成。与新闻资讯、评论等注重直接宣传效果的硬性内容相比,影视剧、纪录片、动画漫画、电视娱乐节目等软性传媒内容,在国际传播中发挥着独特的作用。"①

三、国际表达应从防御型国际传播到主动型国际传播

中国国际传播力滞后于经济社会发展水平。西方媒体对中国议题的"泛政治化"传播使得中国国家形象屡遭"误读"而"失真"。中国国家形象的"客观现实"与西方媒体的"妖魔建构"之间的矛盾是中国在国际传播中所面临的逻辑困境。从"防御型国际传播模式"到"主动型国际传播模式"的逐渐转换,有助于积极建构"和平发展"的整体国家形象。②

中国要运用"国际表达"把中国内容传播出去。所谓的"国际表达",可以从以下方面来理解:

首先,改变中国式新闻表达思维,以国际主流的传播模式为范本,有针对性地根据国外受众思维模式、接受习惯来进行传播,实现"做好中国事情,讲好中国故事"的宣传目标。对中国而言,国际传播的目的是对世界发声,影响国际话语体系。面对来自不同国家、文化、信仰、意识形态下复杂的国际舆论环境,中国对外传播机构更应谙熟国际传播的策略与技巧,掌握平

---

① 宋戈:《互联网背景下传媒内容国际传播的启示与思考》,《现代传播》2014 年第 10 期,第 163 页。

② 崔守军:《中国国际传播的逻辑困境与模式转换》,《国际展望》2010 年第 6 期,第 28 页。

衡报道艺术,注重调整传播策略,改变中国国家形象被动的"他塑"局面,实现由"他塑"向"自塑"的转变,达到预期的传播效果。

在新闻报道中增加国际外文版面。要把中国内容传播出去,势必要把内容翻译成外文,要求人人都能看懂中文,是不现实的。在把国外文献内容翻译成中文时,讲究信达雅,力求内容流畅,信息表达准确,符合国人阅读习惯。同样,在把中文翻译给国外受众时,也要根据其接受方式进行翻译。针对不同国家使用不同语言,内容上增加当地居民较为关心的话题,在节目上增加当地活动,并改为当地民众易于接受的形式,使用当地居民喜欢的主持人,提供多元的信息产品,符合当地的风土人情,受众心理学表明,人们更关注发生在身边或所处地区的事,因为这和自己的切身利益有关。①

国际传播是跨国界、跨文化的传播,因此国际传播的受众群主要定位于国外,而国外受众具有广泛性、复杂性和多样性。根据国家利益的不同,可以把受众定义为三类:一是指与传播主体国有特殊利益关系,二是指与传播主体国有一定利益关系,三是指不在传播主体国的战略区域之内。对于这三种受众所在的不同地区,媒体应密切关注中国政治导向,秉持客观公正、有理可循、有据可依的态度。受众是大众传播媒介影响的对象,对传播过程起着非常重要的制约作用,服务好大众、争夺话语权,间接影响舆论场是国际传播的主要任务。②

其次,打造传播方和受传方"共同的意义空间",国际传播要求新闻人具备国际视野,明晰中西方新闻价值观的差异。信息能够得以有效的沟通是建立在双方"共同经验"重合基础上的,如果信息传播方与信息接受方"共同经验"不对等,其传播内容会很难让人信服。而中国人与西方人的一些差异明显,其差异主要表现在:一是从新闻观考量。西方新闻价值观尤其是传统新闻观习惯于"报忧不报喜",往往强调暴力、冲突、反常;中国新闻价值观习惯于"报喜不报忧",以报道正能量新闻为主,强调题材的教育性

---

① 张帆:《从新华社看我国媒体国际传播存在问题及对策研究》,硕士学位论文,东北师范大学,2014年,第27—28页。

② 张帆:《从新华社看我国媒体国际传播存在问题及对策研究》,硕士学位论文,东北师范大学,2014年,第27—28页。

和正面性。二是从新闻价值要素考量。西方新闻价值强调新闻本身的"趣味性""故事性",以"代民立言";而中国新闻价值强调实事求是,以充当党和人民的耳目喉舌为己任。三是从新闻本位考量。西方更多以受众为本位,强调受众兴趣与需要;而中国则习惯于以传播者为本位,习惯自上而下的宣传模式。鉴于此,诸如"网友写新闻"等适应西方受众口味的传播活动是值得开展的。它既可最大限度地利用官方与民间的采编力量,又能够解决西方受众认为中国新闻内容太"官方"的问题。

正是由于这些差异导致了西方受众对中国传播的新闻不能理解,认为中国的英语媒体太"官方",中国网络媒体国际传播程度不高。以"韬光养晦"一词为例。在中国文化里,它主要指隐藏才能,不使外露。20世纪80年代末,中国领导人曾用"韬光养晦"阐述中国在当时情况下的外交战略方针,但在译成外文时却被翻译为"隐藏实力等待时机"。为此,西方有学者质疑:一旦时机成熟,中国会有怎样的举动?这就为"中国威胁论"提供了解释的空间。"从这一角度出发,网络媒体的报道,更要贴近国外受众的思维习惯,运用国外公众听得懂、易接受的方式和语言表达问题,充分考虑海外受众在语言文字、风俗习惯、生活方式、价值观念、宗教信仰和政治态度等方面的不同特点,遵循国际传播规律,融入国际话语体系。"①

突发国际事件、重大国际热点、涉华新闻事件是世界一流媒体报道的焦点,是深有价值、颇具影响的国际传播内容,对这些事件的报道能充分发挥互联网传播的独特优势,应当作为话语权竞争的重点。我们必须推动互联网报道由"以面向国内为主"向"面向国内国际并重"转变,积极构建与中国战略目标需求相适应的互联网国际新闻传播体系,能够第一时间现场独家报道重大国际突发事件和预发新闻事件,提高全球全天候即时报道国际新闻的能力。譬如2015年10月习近平访英为世人瞩目,人民网海外版设置了"全球矩阵",全方位报道习近平访英,相关报道和评论累计点击破3000万。通过在英华侨华人的所见所闻打造"追踪行程"板块,24小时实时更新习近平访英动态,结

---

① 马胜荣、董梦杭:《专业化是网络媒体提升国际传播能力的基础》,《电视研究》2010年第9期,第26页。

合线上线下专家系列解读打造"权威评论"板块,再通过海外网的优势渠道及时传播给数十家海外华文媒体,在内容、形式和渠道上充分展现习近平访英之旅。①

中国网络传媒要走向国际,被世界所接受,任务是艰巨的。但不能否认的是,中国已经清楚地看见了差距,并且正在奋起直追。在不久的将来,在网络媒体国际传播的领域内,必有中国一席之地,中国网络媒体影响力将和中国的国际地位一样水涨船高。

第三节 "全球内容、中国价值"是中国网络
国际传播追求的新境界

在价值观层面,西方与中国有本质不同,就同一新闻事件特别是政经事件,如果分别用西方价值和中国价值来报道,受众得到的信息往往是截然不同的。所以,在网络国际传播中,只有在深层报道中融入国家价值理念,才能获取网络国际传播的核心竞争力。中国成为传播强国,表现为世界各地的人们愿意倾听来自中国的声音,并在内心深处认同并推崇中国价值。迈向"全球内容、中国价值"的新境界,需从全球传播、综合传播、品牌传播三个方面入手:

一、全球传播有利于"全球内容、中国价值"扩大化传播

网络传播是全球传播的核心传播方式,是在全球最大范围进行传播。借助网络平台,信息流动更为自由,传播更为迅速,公众参与性与互动性极高。可从以下方面来着手全球传播,通过双向沟通推动整个世界对于中国的了解:

第一,打造国际一流的网络媒体,推动中国价值"走出去",走向世界,提高中国的国际影响力和传播力。随着中国综合国力不断增强,中国国际地位逐步提升,影响力也日益扩大,中国的发展前景被世人看好。这些为中

---

① 《人民日报》海外版:《习近平主席访英世人瞩目,海外网全球联动全方位报道》,2015 年 10 月 28 日,见 http://media.people.com.cn/BIG5/n/2015/1028/c406 06-27748000.html,2015-10-28/2015-10-30。

国建设国际一流网络媒体、进行强有力的国际传播提供了强大的支持和保障。中国亟须借鉴美国、日本等国经验,形成有利于打造全球网络传播的良性生态环境。中国要利用这个绝佳的发展机会,加快科技研发脚步,在新媒体和网络技术方面不断取得新成果,扩大网络媒体的覆盖范围,打造技术先进的传媒网络。同时,进一步寻求网络新闻的国际媒体合作与认同,在重新构建的"中心"和"边缘"的国际传播模式中抓住绝佳的发展契机。

第二,加大全球记者站、海外频道、海外网站的建设。逐步完善中国媒体传播平台的全球化战略布局,提高中国信息的全球覆盖率和普及度,整合利用国内媒体行业专业机构和个人采集的公开视频源,做大做强国内资源网络并且实行共享,充分推动国际媒体公开视频和图片等资源的建设,建设一个全方位多元化多形式的国际新闻网络。[1] 例如中央电视台近年推动国际化布局,增设了俄语、阿拉伯语等频道;CNTV、中国日报英文网站都陆续推出;《中国日报》在 Twitter 上购买推广套餐,作为"推荐用户"出现在 Twitter 推荐关注的首页;人民网也已搬入纽约标志性建筑帝国大厦,在全球设有 22 个海外分支机构。至 2014 年中央电视台已建成 63 个海外记者站、2 个分台与欧洲、俄罗斯、中东、亚太、拉美 5 个中心站,2015 年 6 月 27 日人民日报副总编卢新宁宣布,《人民日报》在 Facebook 上认证的账号粉丝数已达 460 万人,粉丝数全球第二超过了《华尔街日报》和《今日美国》等西方大报,仅次于《纽约时报》。中国覆盖全球的新闻报道网络已经逐步形成,这些举措都是为了争取网络媒体影响力、传播力的外向辐射范围,在重大突发事件发生的第一时刻抢占第一信息渠道、第一现场和第一报道权,力争权威首发,努力掌握话语权,提高引导能力。

第三,有针对性地进行传播内容设计。美国的中国媒体观察者——查尔斯·卡斯特(Charles Custer)[2]曾说过,中国力图在海外建"麦克风",但如果中国不研究探索,寻找国外受众喜闻乐见的信息传达交流沟通方式,进行

---

[1] 张利生:《创新发展,建设国际一流媒体》,《传媒》2011 年第 2 期,第 26 页。

[2] 梅兰:《"共产主义广告牌"来了——新华社广告进驻纽约时报广场》,2011 年 10 月 21 日,http://www.infzm.com/content/64068/。

有价值的传播,那么只能事倍功半。所以最关键的一步是对于重点国家乃至重点地区开展调查,了解输入国家受众的文化背景、心智特点后,在遵循国际传播规律的基础上,针对国外受众的心理特点和接受特点,形成客观真实的新闻报道。其次,对传播内容进行深度优化,加强灵活性、及时性,推出符合他们需求的信息,满足对于中国信息、资讯的需求。只有展示"当下中国"真实面貌,吸引西方网民,中国价值观念才能得到有效传播,才能日益改变西方对转型时期中国方方面面的偏颇认识。

第四,将国内主流媒体在国外上线。例如中国日报、人民日报、中央电视台等传统媒体都可以通过建设国外网站或建设国际频道等方式,进行全球传播,形成传统媒体和新媒体优势互补、广泛覆盖的舆论新格局。在国外,全球颇具影响的新闻网站如英国 BBC 网络版、美国 CNN 网络版、纽约时报网等都是由传统媒体创办并且发展而来的,同时许多国际知名网站,例如谷歌都在全世界国家和地区进行海外研发,建设本土化网站。中国也可以借鉴这样的形式,让中国的"国内品牌"走出国门,实施重点网站海外发展战略,从而更好地了解受众需求,增强竞争能力,有针对性地提高信息服务,甚至可以通过合作的方式在主要对象国家和地区建设专门的网络平台,与有影响力的媒体合作,进行传播信用的互相证明和授权。谋求构建利益均衡的全球网络舆论场,打开世界了解中国之窗,进行有效的国际传播。

二、综合传播有助于"全球内容、中国价值"多元化传播

当前以互联网为基础平台的新媒体日新月异,微博、微信以及其他社交网络用户的增长速度惊人,网络已经成为人们日常生活中的"必需品"。以中国网民数量为例,截至 2016 年 12 月末,中国互联网用户已达 7.31 亿,这个数字是传统媒体可望而不可即的。在多媒体融合、全媒体发展的背景下,中国国际传播的内容要与国家的外交、外贸、文化、科技等交流活动紧密结合,形成综合传播、多元化传播的格局。① 同时,通过兼并、联合等行之有效

---

① 王石泉:《中国国际传播的挑战与能力建设》,《新闻记者》2012 年第 10 期,第87 页。

的方式,扩大中国网络媒体的规模,形成强大的综合传播能力,提升国际传播的冲击力与吸引力。而"媒体"二字的含义极其广阔,包括所谓的"传统媒体",例如广播、电视、报纸等以及以网络信息技术为依托的"新媒体",例如网络、移动终端、电子杂志等。传统媒体急需发动一场从思维到组织架构的全新变革,因为过去是媒体短缺、渠道短缺,从报纸、杂志、广播、电视依次诞生。在目前全球媒体发展的总趋势看来,以往单一媒体很难有所作为,甚至生存困难。与传统媒体相比,网络新闻报道速度上更为及时,在报道内容上更为全面翔实①,目前这些状况对国际传播提出了全新要求,中国传媒业应当遵循全球媒体规律,致力于向现代综合新型国际传媒转变,在借助传统媒体资源的基础之上加大对于新媒体平台的建设,促进二者之间的融合,大力推进中国"文化软实力"的提升,实现中国网络媒体国际传播力的飞跃。

党的十八大以来,习近平强调"要创新对外传播方式,着力打造一批形态多样、手段先进、具有竞争力的新型主流媒体,建成几家拥有强大实力和传播力、公信力、影响力的新型媒体集团"②。因此,要深入网络内容国际传播的各个方面,发挥网络媒体的优势,利用多媒体、互动等手段。建设包括网络内容和技术平台为依托的媒体国际传播,打造多元化的新型国际传媒集团,例如新媒体社交方式等,从而多维度提高中国价值传播的国际话语权。同时借助主流媒体的综合实力,合理配置资源,大力打造国际网络传播平台。在机构方面进一步深化改革,在业务方面转型经营方式,在人员方面鼓励有序流动等,真正实现传统媒体与新媒体在信源、信道、信宿、编码、译码、反馈及技术、人才等方面深度共享,形成集多媒体形态于一体的复合传播媒体,把信息有效地扩散出去。过去,中国比较强调一些政治理念本身的科学性,而忽视大众传播的民族心理,这严重影响了中国国际传播的效果。"全球内容、中国价值"虽然是作为一种政治理念、政治目标而提出,但是其包容性、科学性、民族性、共同性、国际性的确与当下各民族心理十分契合,

① 明安香:《网络传播——综合传播大平台》,《新闻界》2004 年第 2 期,第 13 页。
② 《推动主流媒体在融合发展之路上走稳走快走好》,《人民日报》2014 年 8 月 21 日。

一旦新的传播方式形成,可以为中国在世界范围内赢得和平发展的信息环境。

"人有我优"的综合传播功能是互联网的独特优势。网络传播把人类已有的各种类型的传播方式,集合到一个面向全球依托高新计算机技术的传播平台上,它的这一功能打破了各种传播平台之间的重重壁垒,造就了人类历史上迄今为止的最大的综合传播平台。①

为什么要推进媒介融合,并且实施综合传播? 其原因在于在 web2.0 时代,以个人为中心的应用已经摆脱少数商业精英力量的控制,信息传播的内容多样性、互动便捷性与个性化订制功能大大增强,信息生产与信息传播的主动权在一定程度上回归大众,推动着互联网朝着亲和开放的方向发展。② 以社交平台为例,美国引领的一些西方国家凭借着自身拥有高新科技的优势,充分利用网络在全球的社交平台,推特外交、新媒体外交已经成为他们新型的外交手段和传播战略。而中国外交部目前还没有驻美、英使馆的推特账号,其差距可见一斑。此外,中国媒体对推特平台的应用也远远落后于 BBC 等老牌国际传播媒体,即便与半岛电视台、今日俄罗斯等相比,在浏览量、关注量和网络人气上也存在差距。总体来说,中国网络传播能力还远远落后于西方,与同一层次的国家比较也难显优势,严重影响了中国的信息输出。而媒介融合有利于发挥多平台的固有属性,发挥跨媒体平台的协同聚集效应,实现传播效益最佳化最大化。所以,"全球内容、中国价值"的国际多元化传播是整个中国的长远战略的重中之重,关乎中国未来的发展。如何整合国内外的多元化传播平台,可以从以下两个方面展开:

首先,开展网络社交外交。在国内随着 4G 网络的推出,移动终端的使用率已经远远超过了 PC 终端。先行者总会是得利者,面临如此严峻的传播现实,我国传统媒体要有鲜明的定位,急需发起一场从思维到组织架构的彻底的全新变革,与时俱进,开创适合自身的媒介融合之路——综合传播。

---

① 明安香:《网络传播——综合传播大平台》,《新闻界》2004 年第 2 期,第 15 页。
② 赵芳:《试析中国的网络国际传播现状》,《今传媒》2014 年第 7 期,第 22 页。

如建立属于自己的生活类社区网站、开通微博、微信公众平台等等。在国外有 Facebook,YouTube,Twitter 等,在中国有微博、微信、QQ 等作为主要的网络社交传播载体,再比如使用搜索引擎、RSS 新闻内容订阅服务、多种交流方式(BBS 论坛、受众意见调查、聊天室等)、交互式新闻写作(稿评、博客、播客等)等。这些方式都是在网络传播平台增强吸引力和冲击力的"法宝"。

其次,推动以用户为核心的媒介融合。网络传播平台显示出作为一种新媒体的前所未有的综合优势:跨时间、跨边界、跨媒体等。网络传播可以集传统媒体之长、避传统媒体之短,整合报刊图书业、广播电视业、互联网手机等产业,实现多种产业融合发展,形成新型产业综合体,进行多元化传播。媒介融合必须围绕国内外受众和用户展开,以受众和用户为核心,将移动通信和互联网二者结合起来成为一体,打造一个全新的有机的传播综合体,在传播过程中融入中国价值。这不仅包括媒介形态的融合,还包括媒介功能、传播手段、所有权、组织结构等要素的融合。采用这种全方位的品牌传播策略才足以保持生命力和新鲜度,通过建立完善的终端业务,积极构建成熟的赢利模式,拓宽传播渠道,开展全方位的国际传播;通过各种媒介终端和内容全天候、全方位、立体化相互嵌入、融合,多形态呈现传播内容、多渠道采集传播内容、多终端接受传播内容,进而实现传播信息内容、价值、效果的三重融合。这将极大提升传播效果和媒体影响力,进一步发挥综合传播的深层效应,有效整合网络相关产业资源,有利于中国从一个网民大国升级转型成为一个有全球影响力的网络传播强国。

三、品牌传播有助于"全球内容、中国价值"品牌化传播

全球化背景下,一个国家的竞争力不仅仅体现在硬实力上,也体现在软实力上,因为软实力的提升更能增强国家在国际舞台上的竞争优势,为国家发展争取更为有力的舆论环境。国家品牌媒体的传播内容、形象建设作为国家软实力的重要组成部分,受到了世界各国的重视。即使是同样的传播内容,通过品牌媒体的渠道发布和通过非品牌媒体的渠道发布,受众接受程度大相径庭。目前,尽管中国网络国际传播"硬件设施"在逐步完善,但"软

件内容"——传播内容与传播效果仍然有待提高和加强。所以以多品牌战略为首要手段打造世界一流全媒体机构,整合国家级重点媒体的内部资源,调整和变革传统品牌媒体的组织结构,利用大众对于品牌媒体的了解与受众忠诚度和称赞度,持续扩大网络媒体的公信力和影响力,对提升中国网络内容国际传播的竞争力和影响力具有至关重要的意义。

为什么要做好品牌媒体传播?其原因在于随着中国经济实力的不断增强,综合国力的不断提升,中国受到世界前所未有的关注,中国的国家媒体品牌建设也至关重要,以便向世界展示良好的国家形象,让世界各国人民正确地认识中国,客观地了解中国,友善地对待中国。客观来说,从国际媒体品牌的角度,中国新闻媒体在能见度和识别度上都处于较低的水准,与当今世界范围内信息传播领域内出现的新"视域"和新"变局"存在着一定差距,至于达到公信力、影响力、美誉度等更高层面的指标,中国新闻媒体还有更加漫长的路要走。① 全球媒体塑造是一个长期工程,也是一个系统工程,需要全球视野,更需要战略规划。

新媒体给传统媒体带来了全方位的冲击与挑战,不仅分流了传统媒体的忠实受众,而且改变了传统媒体的传播模式。新媒体的出现改变了以往受众只能被动接受信息的状况,品牌媒体更应主动"放低姿态",突出新媒体的草根性、互动性等特征,着重于主动拉近媒体与受众的关系;不仅要讲好"中国故事",更要让受众听得懂,让受众满意,让受众变被动的接受信息为主动关注、乐于分享信息。新媒体环境下带来的种种新的变化,意味着中国传统的品牌媒体必须改变过去的传播策略,以受众为本,适应全球化下的新型网络环境。因此,在"人人都是记者"的时代,中国更加需要的是"品牌媒体的品牌传播"。目前中国已经实施"外宣媒体本土化"战略,对"中国"形象进行整体宣传和传播。改变的目的一方面在于适应新的媒体环境,另一方面是对网络媒体进行准确的品牌定位,使品牌媒体传播的信息更加有效,并能塑造受众认同的网络媒体品牌,逐步

---

① 史安斌:《全球传播的新视域和中国新闻媒体的国际品牌战略》,《对外传播》2013 年第 8 期,第 35 页。

推进中国专业媒体在数字化时代核心竞争力的提升,从"向世界说明中国"转变为"向世界阐释中国"。

实施"中国品牌"传播策略,需要在丰厚的中国文化内涵上做静态和动态的双重结合。① 改革与创新中国网络平台的对外传播战略,提升中国媒体品牌传播竞争力,可以从以下几个方面入手:

第一,"向近靠"。应将把更多的焦点和目光转向对于中国具有重要战略意义的周边国家和发展中国家,要充分考虑与其历史、文化、地缘之间的联系,对双方可能遇到的热点敏感问题进行预判并做好预案,当热点敏感问题发生时,能够及时有针对性地发声。② 并且对中国而言具有重要意义的西方大国,要着力突破意识形态、西方文化和西方人心理等屏障,寻找合适的沟通桥梁。在此基础上,坚持求同存异方针,阐明中国关切,积极展示中国追求和平、反对霸权主义、愿意沟通合作的友好形象。高度重视中国的对外形象塑造,加大调动国内外一切积极因素展开中国的国际传播和国际公关力度,打造中国品牌媒体、树立中国健康负责任的国际形象。

第二,"自下而上"。在国际传播中,人的媒介作用不可忽视。政府可以把资金和资源从官方主导向"民间力量"倾斜,群众的力量是最大的。国外友人想要看到的不仅仅是中国五千年的历史文化文明,更希望看到活生生的"当代英雄",了解中国人民实际的生活状况。网络传播具有传统媒体的"自上而下传播"与"平行传播"以外,还有一个最突出的特点是"自下而上"传播方式。因此,国家政府可以大力扶持民间的传播力量组织,积极支持华人华侨和留学生发挥自己的身份优势和作用,在全球各地积极传播中国价值以及中华文化,达到"全球、全面、全媒"的传播格局,广泛开展民间公共外交,通过普通中国人之口讲述属于他们"自己的故事""身边的故事"和"中国的故事"。团结一切可以团结的力量,提升中国对外传播的公信力和亲和力,打造"民间品牌",营造中国的软实力,这同样也是扶持中国品牌

① 王建宁:《中国国家品牌传播的机电思考》,《经济视角》2011 年第 6 期,第 45 页。
② 张鑫:《构建国际传播能力建设的大格局》,《青年记者》2013 年第 19 期,第 89 页。

媒体建设的途径之一。①

第三,坚持品牌传播的独特民族性。独特的民族性是在国际传播中的核心卖点。尽管在传播方式和策略上,中国都应该多考虑海外受众的心理和习惯,但往往能打动人心,让人印象深刻的还是媒体品牌的核心竞争力——民族性。② 中华民族的"和而不同、和谐世界、幸福康安"等核心价值,将会随国家品牌媒体的宣传,走向世界,国际影响力会不断攀升,最终成为国际力量上的一支主力军,为世界和平和人类进步做出更大贡献。在传播中,应采取更为轻松活泼的形式,将博大精深的中国价值、中国文化、中国理念传播到海外,甚至力求扎根在海外民众的心里,让他们了解到中国价值不是虚无缥缈的东西,而是实实在在存在于每个中国人民的心中;可以抓住"民族性"打破西方媒体的舆论垄断,强调文化沟通互鉴,做好品牌传播,围绕独特的民族性传播为基础内容,通过品牌化的传播方式来阐释"全球内容、中国价值"、表达"全球内容、中国价值",致力于打造"土生土长"的品牌网络媒体,构建具有国际影响力的集网络传播媒体、传统媒体到新型网络媒体于一身的国际传播体系。

全球媒体品牌的传播是一个产品的无形资产,是一个国家的口碑,也是一个国家展示自己形象的名片。中国价值的全球传播过程中,世界在接收到中国价值内容信息的同时,自然会将中国价值与西方价值作一番比较,会因此增加传播议题的差异性、国际性、对比性。因此,从国内媒体扩展延伸到海外媒体领域,进行全球范围的合作交流,积极开展"全球内容、中国价值"的全方位、全媒体的国际传播是大势所趋,不可逆转的。这样,"中国"才将会真正走出国门,成为享誉盛名的国家品牌,"中国人"也将会成为世界上最受人欢迎、最令人尊敬的民族品牌,"中国价值"也将真正地被全人类所接受。③

---

① 王石泉:《中国国际传播的挑战与能力建设》,《新闻记者》2012 年第 10 期,第 87 页。
② 邰其龙:《文化品牌的国际传播策略研究》,硕士学位论文,首都体育学院,2014 年,第 29 页。
③ 王建宁:《中国国家品牌传播的几点思考》,《经济视角》2011 年第 6 期,第 45 页。

第四节 新机遇新挑战对中国网络内容
国际传播提出更高要求

现在,经济全球化、传播网络化使整个世界真正变成了一个"地球村",任何一个国家都无法凭一己之力解决面临的所有问题,必须积极与国际化的政治、经济、文化、教育、社会等组织的合作,积极参与能源、科技、环境、气候等全球议题。数字技术和网络应用的创新演进和社会渗透一方面强化着传统强势国家的国际影响力,另一方面也为新兴国家的国际传播提供技术权能和战略机遇。作为国家"软实力"重要组成部分的网络平台,中国新闻媒体的使命就是要搭建"向世界介绍中国、让中国了解世界"的桥梁,必须充分利用互联网获取国际话语权,基于网络传播范围、传播内容、传播受众、传播效果等要素,在全球化的生态环境中强调中国价值、中国理念、中国视野,更好地发出中国声音。

一、中国价值的网络国际传播体现中国观念

为什么要体现中国价值在网络国际传播中的地位? 其原因在于这是建构中国国家形象必然要求,有助于中国崛起,也是生成、发展中国价值的绝佳机会。[①] 国家形象建构与中国价值传播二者之间的关系是相互影响、相互制约的,中国价值无不体现当代中国的发展和改革以及中国国家形象。对于个人来说,每一个人的内心深处都有自己价值观,它是一个人的灵魂,更是每一个人品格的根基。对于一个国家、一个社会、一个政党来说,它的价值观决定国家、社会、政党的性质,也决定了一个国家的历史命运。一个国家社会的主导价值观念的形成,是这个国家社会自我定型的标志,由此可见中国价值的重要性。一方面,中国价值的国际传播对于推动中国国家形象的塑造、屹立于世界之林有着至关重要的影响,起着引领和支撑的作用;

---

① 习近平:《建设社会主义文化强国着力提高国家文化软实力》,《人民日报》2014年1月1日。

另一方面,国家形象的好坏也影响着中国价值的传播,若是一个国家的形象不佳,其国家价值必定也不被世人接受。中国价值也是世界价值体系的有机构成。从世界整体文明图谱看,存在即价值,存在即有理,在这个世界上,没有游离于世界文明形态之外的价值体系,因此,中国价值理应自觉承担向世界推广、普及其价值的责任和使命。①

首先,要在网络国际传播中体现中国价值,必须弘扬中国精神。自古以来,中华民族自始至终是一个爱好和平的民族。中国主流文化价值观是"和合"精神。"和合"的和,含义是和谐、祥和、和平;"和合"的合,含义是融合、结合、合作。和合文化是中华民族传统文化的重要组成部分,也是中华民族人文精神的精髓。在人与自然的关系上,中国崇尚天人合一,提倡人与自然和谐相处;在人与人的关系上,中国强调以和为贵,以人文本,与人为善;在国家之间的关系上,主张亲仁善邻,以诚相待,和平共处,协和万邦。因此,中国应当明确社会主义的价值诉求,明确中国的核心价值体系、精神。"以和为贵""以信立本""止于至善"这些价值观带有中华民族的烙印和强烈的东方色彩,有着中华文化独特的渊源和解释;同时还要传承中华文化价值观的精髓,并进行富有时代意义的升华和提炼②,例如当今社会的中国社会主义制度、中国社会主义核心价值理论体系等。特别是二十四字的社会主义核心价值观和中国梦。这些精神都根植于中国文化、中国历史与中国现实中。因此,中国可以向世界展示中国社会生活的变迁历史,这些变迁直接或间接的反映了中国人民纯正的精神追求,能够具体形象的让国外受众感知中国、了解中国,这比单纯的说教更为打动世人。如在南京青奥会、博鳌亚洲论坛、云南鲁甸地震等重大赛事、国际论坛以及突发事件的网络报道中,中国媒体已经自觉展现中国精神,也通过网络报道体现中国价值所在。借助网络平台,可以突破地域限制和时差,迅速让全世界的受众了解事件的真相,让中国声音进入西方主流社会,让中国精神被世人所了解。这样才可

---

① 刘艳房、朱晨静:《国家形象建构与中国价值的国际传播》,《河北师范大学学报》(哲学社会科学版)2014 年第 7 期,第 146 页。

② 俞新天:《中国价值观的世界意义》,《对外传播》2013 年第 4 期,第 5 页。

向世界呈现一个积极进取、开放包容的全新中国形象。

其次,在网络国际传播中体现中国价值,必须展示中国特色。正是由于各国都有着自己独特的历史底蕴和文明,人类世界才有多样性。价值体系中的任何一种都是平等的,然而正所谓民族的才是世界的,只有本土化、本民族的传播内容才有吸引力,可以选择有针对性地提供关于中国价值的新闻信息产品,特别是对于新国际关系形势下的中国法制、中国文化等内容的报道,应当充分利用互联网的平台吸引世界的目光,并且使世界认同中国道路、中国模式的价值所在,传播与社会主义核心价值观和中国特色社会主义发展要求相契合、与中国优秀传统文化和人类文明优秀成果相承接的新闻内容。中国选择的是不同于西方国家的发展道路模式,因此中国可以关注、强调这一中国价值的特色,选择中国价值中普适性的理念,将其更多地展示、展现给他国,赢得他国的认同和接受。正如习近平所说"讲好中国故事、传播中国好声音,阐释中国特色"。中国应用中国独有的"语言",与时俱进,创新理念和方法,积极争取和掌握全球事务中的"麦克风",及时引导舆论风向,传播好中国信息、中国话语,突出中国核心价值,彰显中国价值的独特魅力,才可充分展示中国的全新国家形象魅力,充分向世界展示当今发展中的富强民主、开发包容的中国新形象。

那么究竟可以通过哪些方式实现"中国价值"? 可从三个传播的角度来入手:

第一,本土化传播。即用本土化的方法采集信息采、聘请本土化的团队节目制作和选择本土化的方式新闻发布,实现媒体发展、信息内容、推广传播的本土化。从世界各国的目前的情况看,国际传播正在呈现出一种新的发展趋势,本土化或当地化运作成为了一种趋势,逐渐实现了用本土化的方式来传达国际信息。在西方国家,本土化的先驱、典型代表是新闻集团媒体大亨默多克(Rupert Murdoch)。默多克所控股的频道不管从节目内容还是管理形态,从编辑到主持人,从语言风格到管理模式都做出了地地道道的"本土化"风格。大力在海外发展本土内容的前提,应当把握普遍性与特殊性的关系,突出中国个性,更好地展现中国价值。运用现代传播技巧推进传播内容本土化,吸引国外受众,达到预期的传播效果。重点是在媒体人才、运营方式上实现本土化,还要针对性的选择传播内容、贴近受众,努力缩小跨文化传播的地域文化差异从而消除误解,例如在网络平台播放一些极具中国代表性城市形象宣传片、中国典型人物的优秀事迹以及将中国代表性的电视剧翻译成其他国家语言,传播当代中国人的生活和价值观,这样可以在传播过程中巧妙地体现中国价值观。

以《舌尖上的中国》纪录片为例,纪录片讲述中国地方特色菜的烹饪方法,加之色彩鲜艳的画面、现场音的收录和精彩的剪辑,形象地展示了中国"民以食为天"的价值观,赢得了国外受众的共鸣,也得到了国际上的一致好评。以"丝绸之路"网为例,采取本土制作、本土发布、本土运营的模式,以中土两国文化和经贸往来为主要内容,服务于中土两国、特别是新疆地区与土耳其各地的经贸往来,为两国经贸企业和人士搭建交流平台。真正的本土化是最深刻的国际传播、也是最有效的国际传播,要做到本土化应该从媒体本土化、内容本土化、运营本土化这几个层面入手,最重要的是人才本土化战略的实现。用国外受众所习惯的方式方法形象生动地介绍、传播中国价值所在,更是让世界了解真实中国的必由之路。

第二,传播"中国梦"。价值信念是人们在生活实践中形成的关于价值的总观点。"中国梦"是无数不同地域、不同民族、不同职业的中国人追求各自小梦想汇聚而成的"中国价值"——社会主义核心价值观。中国梦的真正含义是实现中国民族伟大复兴,"中国价值"是有"血脉"的。价值共识、价值认同对一个国家、一个民族来说,是其形成的基本前提,同样也是一个国家生存发展最不可或缺的条件,是一个民族保持生机与活力的源泉。中国人民在实现中华民族伟大复兴的"中国梦"的征程中,必须在"中国价值"的引导下,昂扬前行。

中国梦的国际传播有特定的时代背景,中国梦的提出恰逢其时,具有天然的国际维度,正是在国际的交流互动当中,逐渐确立了中国的蓝图。通过中国梦找到了与其他国家同性的东西,一种同样的信念,包括和平、发展、互利等。中国梦的和平性、发展性、互利性等特性使得中国梦与世界具有共享的可能。传播中国价值时须简化表述、存异求同,让中国的国民更清楚,让世界更清楚。同时在传播过程中,需要赋予实际的内容,尽量选择具体实例来进行传播,避免说教和喊口号。这不仅仅只是一种宣传、一种推介,而是要真正介绍中国价值给世界各国的友人,让他们有兴趣来了解中国、关注中国、走近中国。中国梦的传播,可以消除国际上对中国崛起的所谓恐惧感,增强对中国的认同感,更是对中国民族定位、文化定位、国家定位重新崛起的传播。

第三,建立网络平台"孔子学院"。自 2004 年开始,全球范围内掀起了一股"国学热",各地都开设了孔子学院,传播中国文化,许多国外友人,不远万里从自己的国家来到中国学习"国学"以及中国历史。同样可以把这个热点转换一个载体到网络平台上进行传播,像《中国日报》在 Twitter 上购买推广套餐,把"孔子学院"作为推荐用户出现在 Twitter 推荐关注的首页里,吸引更多国外友人订阅、点击。

2009 年,由国家汉办/孔子学院总部主办的"网络孔子学院"正式上线运行。网站以汉语学习为主导,文化交流为辅,并设立了论坛、博客、交友、圈子、相册、个人空间、互动游戏等多个区域,面向全球各界人士开展汉语言在线教学服务,能够全方位地满足全球汉语爱好者相互交流的需要。截至2009 年底,网站最新注册用户接近 2 万人,其中 65% 为海外用户。互动社区不但提供了更多、更好地在线服务,增进彼此间的沟通,促进各国文化语言的交流与合作,成为世界各国孔子学院分享经验、交流信息的平台;更开展了当代中国研究,展示了中国文化,提供了中国社会信息资讯,形成了一个全球汉语爱好者的全球性共享区域。

二、中国理念的网络国际传播传达中国内涵

中国理念与中国悠久历史和灿烂文化息息相关,是社会、宗教、人文与地理等因素合力作用的最终结果。中国理念强调开放与包容,高举和平、发展、合作旗帜,致力于推动建设共同发展、持久和平的和谐世界。只有在客观的报道之中植入中国理念、传递中国理想以及展现中国影响,才能更好地符合当代中国网络国际传播现代化快速发展进程中媒介融合与价值理念有效传播的发展需求。

为什么要在中国网络国际传播中体现中国理念,其原因在于"和谐"是

中国核心理念,是一种追求,更是对于西方理念的补充。当今,世界政治局势多极化发展,中国外交理念受到全世界关注。网络国际传播正是给予中国一次良好的契机,中国理念的传播有助于表达中国外交立场。中国自古以来就是和平大国,当今,习近平提出的"复兴中国",放低姿态、低调行事的国家策略同样也是出于对和平的追求。加强公共媒体建设、进行网络国际宣传,利用网络平台积极传递国家理念,告诉世界中国的崛起是开放、合作、共赢的发展;积极加大传播渠道建设力度,推进重点网络新闻媒体建设,完善全球网络新闻信息采集传播网络,提高网络传播的"时、度、效",让中国的理念、声音传出去,对于塑造"正能量"的国家形象有推动作用,才能不断增强中国理念说服力和认可度。

那么究竟如何体现"中国理念"？可以从三个方针入手:

第一,坚持以人为本。因为新闻、出版等大众传播事业都有受众,国际传播的对象是各国各民族的受众。以人为本是重中之重,更是中国特色社会主义新闻传播的根本依据和最终归宿。因此"坚持贴近实际、贴近生活",具有更大的重要性。在了解传播态势、受众心理的前提下,以理性的态度进行报道,主动研究、服务于受众的需求,及时对网络媒体公众平台进行设置,在体现党和国家理念等重大议题事项的同时,供各国网友查看、浏览或讨论,在网络国际多元传播中以人文关怀为切入点,充分发挥国际传播的引导作用,以社会守望者的姿态来维护国家利益,体现中国理念。

第二,讲究新闻传播艺术。讲究艺术地传播新闻与资讯,而不是"生搬硬套"地将中国理念杂糅进新闻。国际传播分为外向传播和内向传播两部分,外向传播是指传播方向是由外至内的传播方式,是将国际社会的重大事件和信息、局势变化传达给本国民众;而内向传播则是指传播方向是由内至外的传播方式,是把有关本国的政治、经济、文化、科技等诸多方面的信息输出给国际社会。二者应区别而论,对于不同传播内容,利用传播规律,选择合适的传播手段和视听语言,克服盲目性,增强艺术感,健全完善传播渠道和方法。在国际热点问题和突发事件报道中的争取原创、争取首发,提高国际接受度和影响力。

第三,展示真实的中国理念。在网络信息化的时代里,发生在任何一个国家任何一个角落的事情都可能传至全球,因此,中国应该调整播报策略,向世界展示全面、真实的中国理念,展示"当下中国"的真实面貌。要力求全面、客观地反映当代中国社会生活的现实和真相,不能掺杂个人偏见,避免媒体报道和传播的失真、失实、失衡、失正,最后造成受众对于传播信息的误判,产生消极传播效果。选择客观内容,可以取材于中国社会与中国人民,让其他国家真正了解、理解中国从数千年文明和传统中传承下来的中国理念。多角度延伸、全方位报道,也让他们看到中国随着时代发展所作的创新、变革、努力。主动传播中国理念,达到事半功倍的效果,改变外界对中国模糊的认识甚至是错误的认识,将一个进取、努力改变的发展中国家形象呈现于世人面前,建立起中国和世界各国之间彼此的理解和信任,达成共识并开展友好合作。

三、中国视野的网络国际传播彰显中国立场

中国视野既体现中国立场,又体现世界眼光,强调全球利益共享与合作,立足中国,眼观世界,更好地让中国走向世界、融入世界。在中国网络国际传播中体现中国视野,就是要站在中国高度来报道事件、传播信息,需要将其观照中国乃至世界发生的每一件新闻事件,放置在世界大局中审视,同时阐释其新闻事件的中国意义,兼收东西方的历史文化精华,选择扬弃的传承升华,在引进和借鉴西方的传播理论的同时必须具有中国角度、观点,做到从中国视野上升到国际视野。

为什么要在网络国际传播中体现中国视野?其原因在于从中国视角切入,立足中国立场,具备中国人自己对于中国的认识、对国情的正确判断,这是一个国家强大的前提。从中国视野直至放眼世界的目的是为了利用他国之经验更好地解决中国的问题。只有立足于中国立场,立足于国情来宣传、传播信息,才能更好地形成中国智慧、维护中国利益、促进中国的发展。跨文化传播中,传媒和传播逐渐全球化,中国网络国际传播的最终目的是从多渠道、多维度,全方位立体的塑造一个民主和谐、客观真实、有责任的大国形象,在对世界各国各类新闻事件的报道发出成熟的中国声音、阐述鲜明的中国立场。

第一,要达到中国网络国际传播的目的,必须确立自己的主体地位和主体价值。在对国内外事务具体报道中,中国政府、人民应当以民族、国家为主体,坚持独立自主的原则,注重表达鲜明立场、观点和态度,传递中国声音。① 所谓"中国立场",毫无疑问的是作为中国媒体,应当理直气壮捍卫和维护中国和中华民族的利益。但是中国的发展、中国人民的利益和全世界并不矛盾,所以作为一个媒体,提出"和谐世界""中国立场"是必需的。但是中国不能只讲自己这点事,要关注全球,要有世界胸怀,要急人所急,对各族人民的进步事业表示支持,对世界上发生的天灾人祸表示同情和援助,这都是中国应该有的人类胸怀。要站在人类高度,站在人类和平发展、和谐发展、人类共同繁荣角度传递中国认为重要的信息。在强调中国主体地位的前提下,加强与全球对象国家的利益共享与合作,同时占领主导地位,努力改变世界对中国陈旧的观念,迎合世界多极化的大趋势。从网络平台的新闻传播中更好地了解世界各国人民的信息需求,从而更好地传播符合其他各国人民需求的中国信息。在国内外重大事件发生后,第一时间通过网络平台"发声",掌握话语权与主动权。通过多角度、多层面的选择报道素材,坚持将中国立场寓于网络传播的客观报道之中,以中国自己的观察和判断报道新闻,传播信息,在突出中国立场和观点的基础上推动国际传播向更高层次发展。逐步形成一套独立、成熟并有别于西方媒体的话语体系,向全世界传递中国观点、视野,争取得到越来越多的国家和受众的认同。

第二,要达到中国网络国际传播的目的,必须培养具有中国视野的专业人才队伍。就中国网络国际传播实践而言,缺乏开展国际传播所必需的人才、传媒资源和专门研究,能够传遍全球的中央电视台国际频道、中国国际网站、社交平台等在西方国家的知晓度和落地率都比较低。因此,中国急需解决人才培养的问题。国际传播需要独具中国视野,亟待兼备东西方文化背景并且精通外语的复合型高端人才。因此,首先,大力发展建设国际传播的人才资源库,加大专业人才的储备,加强对于国际传播高端人才的中国视

---

① 王庚年:《中国国际传播的三种境界》,《中国广播电视学刊》2013 年第 11 期,第 29 页。

野的培养和队伍建设;其次,政府应当积极整合各类社会组织和企事业单位的国际传播资源,注重各综合组织、单位和媒体、干部培训机构等传媒类专业学科的建设和资源共享;再次,在人才运用的机制、体制上要创新,做到科学用人,达到最大限度地提升人才品质,做负责任的"绿色媒体";最后,要根据国际传播战略建立阵容可观的且能够满足中国国际传播的新闻专业人才和媒体队伍,以开阔的视野制作外国受众喜爱并能够接受的节目,从中国走向世界,提高传播质量、提升影响力,达到在全球范围内积极有效地开展中国的国际传播的目的。

第三,要达到中国网络国际传播的目的,必须在传播中从中国立场出发注重国家对象。了解中国外交起源、特点,明确中国的利益特殊要求,抓住中国战略视野中的重要国家,特别是对于中国的对象外交国信息,更应保持高度的关注。应树立新的传播理念和思维方式,选择传播信息时,适当选取有关于这些国家的政策和信息传播,同时更应把它们值得借鉴的信息中国化、本土化,使之符合中国受众的接受能力,更好地进行国际信息的交流与交换,达到在全球范围内积极有效地开展中国国际传播的目的,争取和维护中国国家利益,表达中国立场。

第二章 中国网络内容国际传播力
构成要素与提升目标战略

随着全球进程的不断推进及国际网络媒体的迅猛发展,国际传播的地位越来越举足轻重。国际传播力不仅是一个国家对外交流能力的具体体现,更是一个国家文化传播力、影响力的重要表现。2015年中国政府工作报告明确指出,要加强中国国际传播能力建设。习近平在讲话中也多次强调要加强国际传播能力建设,提高中国国家软实力和国际话语权。国际传播能力是衡量一个国家综合实力的重要指标。中国经济在改革开放后迅速发展,创造了举世瞩目的"中国速度",但国际传播能力依然落后,文化软实力与经济硬实力的发展没有成正比。因此,在新常态下,如何提升中国网络内容的国际传播能力,改善"西强我弱"的国际舆论格局,让中国的声音传遍世界进而影响世界,已成为一个重大课题。

第一节 中国网络内容国际传播力内涵与构成要素

互联网的共享性、便捷性十分突出,它让世界变成平的,其对国际传播的影响和渗透作用也日益明显。从20世纪90年代初至今,中国新闻传播学界对于新闻媒体的网络内容国际传播力已有相当的研究及不少著述成果。

一、中国网络内容国际传播的内涵与特点

国际传播这一概念最初由西方提出。20 世纪 80 年代初,国际传播正式作为一个专业学科出现在中国学术领域。但直到今天,中国学界尚未对网络国际传播给出一个明确的具象界定,这一方面说明学术研究的复杂性,另一方面也说明对该学科的研究缺乏系统性。

综合国内外学者对网络内容国际传播的研究,不难发现,他们是从两个不同维度进行定义的。一个是广义的维度,是指一个国家通过政府、媒介、社会团体、个人针对本国及其他国家的信息传播活动。另一个是狭义的维度,是指以网络为核心媒介,国与国之间的信息传播活动。本书对网络国际传播的理解主要是采用狭义的理解。正如罗伯特・福特纳(Robert S. Fortner)指出的,“一封由加纳寄往英国的信件,或一个从布宜诺斯艾利达到利马的长途电话,如果也被视为加纳或阿根廷政府的国际传播,那么无疑将使国际传播研究堕入‘泛化的陷阱’。”①在此基础上,可进一步明确网络国际传播的内涵:

第一,网络国际传播的主体。狭义的网络国际传播主要指国家之间的信息传播,那么它主要是国家和政府的传播。由于主体缘故,网络国际传播有别于其他形态的传播。首先,所有网络信息的传播都在政府的监控下进行,它必须围绕国家利益这一中心。传播主体必须选择传播那些维护国家根本利益并有助于提高国家形象的信息来传播。其次,国际传播与国际政治有着千丝万缕的关系。网络国际传播也必然遵循一定的国际政治规则,关系权利制衡和国家安全,因此国际传播必然受到意识形态的钳制。再次,国际传播离不开一些社会组织和个人。这些组织和个人在媒介技术落后的情况下无法开展国际传播,但是随着数字技术的迅速发展与普及,尤其是网络媒介的涌现,这些组织和个人加入国际传播大潮。因此,社会组织是除政府之外网络国际传播主体。

---

① ［美］罗伯特・福特纳:《国际传播:全球都市的历史、冲突及控制》,刘利群译,华夏出版社 2000 年版,第 6 页。

第二,网络国际传播的渠道。政府拥有多种渠道对外信息发布,其中传统渠道主要借助外交官和个人,但随着大众媒介逐步兴起,大众媒介稳坐国际传播的头把交椅。大众媒介也有广义、狭义之分,广义的大众媒介包括报纸、杂志、书籍、广播、电视、电影等媒介形式;狭义的大众媒介指的是文字、电波、电子网络等媒介形式。对于一个国家而言,大众媒介在具体传播中有对内、对外之分。对内传播媒介由于面向国内受众,它不属于国际传播的渠道,因此,国际传播渠道主要是指对外传播媒介。但在网络语境下,即使是面对国内受众的传播媒介,一旦通过网络,也成了对外传播媒介,甚至国际传播的主力军。

第三,网络国际传播的内容。网络国际传播内涵丰富,包括政治信息、新闻信息、文化信息、经济信息,等等。基于大众媒介短、平、快的特点,传播的也主要是新闻信息。因此网络国际传播最主要的信息是新闻信息。当然新闻信息也可以包括文化、政治、经济信息。传统新闻定义是指对新近发生的事实报道。中国网络媒体的国际传播内容不外乎中国新闻和国际新闻,其所承担的国际传播任务是"向世界介绍中国"和"向世界介绍世界"。

第四,网络国际传播的对象,即国际受众。本书的国际受众是指网络传播对象国的政府、人民以及各种媒体。但有两部分受众值得特别注意,一是生活在本国境内的外国公民,二是居住在外国的本国公民和侨裔。由于这些人员经常参加国家间的文化交流与地域流动,他们对新闻的人际传播与二次传播频次很大,因此这部分人是网络国际传播关注的重点对象。

网络国际传播主要包括以下特点:

第一,网络国际传播在一定程度上有悖于传统的传播。在智能移动终端设备、全球联网、零成本(或低成本)、自媒体、多媒体融合应用等新应用和新技术的基础上,网络媒体具有天然的时空跨越技能。借助于智能终端设备、通信技术、新型应用,任何个体都可以变成新闻事件现场的第一报道者,将信息通过具有全球联网功能的公共信息平台迅速传播到全球,这一优势在新闻突发事件中尤为明显,在传播中展现出得天独厚的优势。①

第二,网络国际传播强化了国际传播的广度、深度和影响力。网络媒体通过其独特的自媒体大众参与性和信息分享的全球性的优势,毫不费力地将信息传递到世界任意角落,无论你是谁,都可以近乎无成本地、便捷地获取和传输信息。正是因为这种优势,可以打破弱国无国际传播的局面。任何一个国家,只要接入网络,就可借助新媒体平台突破媒体界限,输出本国信息,放大本国声音,扩大本国影响力。② 以信息技术、新型通信技术为基础的网络媒体使媒体的影响力从区域转向全球,从新闻信息封锁转向开放的信息众筹,从信息传播的不对称转向公开开放的信息共享。

第三,网络国际传播的"双刃剑"效果。由于互联网传播的便捷性和无边界性,一个国家甚至一个地区的新闻可以得到飞速传播,也就是说区域事件和国际事件两者可以实现无缝转变。因此,网络国际传播是"双刃剑"。一个国家的领导者可以利用网络媒介的力量扩大本国国际影响力,但另一方势力也同样可以利用这种技术瓦解一国现任政府。所以,如何有效利用新媒体,有效管理新媒体也是当前各国亟须解决的重要课题。

第四,网络国际传播是由政府主导的国际传播。在中国,政府仍然承担着管理互联网的主要职责。出于国家利益考虑,国家通信管理部门负责互联网行业管理,包括对 IP 地址、中国境内互联网域名等互联网基础资源的管理。比如中国在网络连接点设置防火墙,拦截了部分国外信息,如果网民想浏览这类信息就必须以"翻墙"的方式。但根据中国有关法律规定,公民"翻墙"浏览国外的网站属违法行为。这一做法尽管在一定程度上限制了互联网信息的自由性,但也在一定程度上防止了一些别有用心的国家对中国实施信息侵略甚至信息霸权,从而降低了对中国网民的负面影响。与此同时,互联网受到政府控制监测的同时,也促进了政府信息公开,实行阳光政务。政府信息的公开透明不但利于国内政治稳定,更有利于展现国家形

---

① 王丰丰:《求证调查还是抢夺首发?——波士顿爆炸案美国媒体报道得失》,《中国记者》2013 年第 6 期。

② 田智辉:《论新媒体语境下的国际传播》,《现代传播》2010 年第 7 期。

象,提升国家地位和影响力。因此,近年来,中国政府不断完善互联网管理政策,使其更符合互联网发展的客观规律。同时,积极借鉴他国在管理互联网方面的有益经验,共同维护和促进世界互联网的发展。

二、中国网络内容国际传播力的内涵与特点

对于国际传播力的研究要以传播力的定义为基准。在国内,传播力这一概念最先由郭明全提出,媒体传播力实际上就是指一个媒体通过各种传播方式的组合,将信息扩散,导致产生尽可能好的传播效果的能力。它包括传播信息量、传播速度与精度、信息的覆盖面以及影响效果。[①] 随后关世杰则认为,传播力是一种由大众传媒将信息世界性扩散的能力,展现出来的是一国信息的可抵达范围,这实际上与国际传播力的概念相吻合,然而由于关世杰认为传播力在其传播范围内是不包含接收信息的情况的,因此关世杰解释的"传播力"是一个相对较小的范畴。

从历史上看,中国学者对于国际传播力的研究最先可追溯到 20 世纪 70 年代对外宣传与报道的研究,这段时间为了实现有效对外宣传,一大批在新闻行业或宣传单位工作过的人士结合自己的实践经验进行研究,创作了中国第一批研究对外报道的论著,但是此时的研究都以重视业务操作为主,对于媒体国际传播力相关概念尚未涉及。

事实上,国际传播学直至 20 世纪 90 年代才正式引入中国,在此之后,一批专门研究国际传播的著作相继出炉,例如林述安在 1990 年即发表了 3 篇与国际传播相关的论文,即《国际传播的文化障碍之剖析》《对国际传播最现实的挑战——关于建立国际传播新秩序问题》和《试析负面影响国际传播的社会心理因素》;另外,关世杰和胡正荣等人都对国际传播进行过相关研究。进入新世纪,一大批政治学、社会学、法学等不同学科背景的学者进入国际传播研究领域,国际传播的研究队伍进一步壮大。

针对国际传播研究中的"国际传播力",在中国知网数据库中检索,以

---

① 吴立斌:《中国媒体的国际传播及影响力研究》,博士学位论文,中共中央党校,2011 年。

"国际传播力"及"国际传播能力"为检索词,限定时间范围为 1990 年至 2014 年,共检索到 464 篇文献,其中有近 350 篇文献与媒体国际传播力相关。经过整理,主要研学者的研究可以划分为以下几类:

一是对中国当前所处的国际传播环境和传播态势分析。对于中国所处的国际传播环境,学者普遍认为当前发达国家在很大程度上占据了国际舆论场,导致发展中国家在对外传播中处于劣势地位。何国平(2009)在《中国对外报道观念的变革与建构——基于国际传播能力的考察》一文中表示,以欧美为主的西方发达国家主导了近三分之二的世界新闻总量,尤其是其中的三个主要通讯社路透社、法新社和美联社控制着世界信息咽喉,而从国际信息传播来看,中国有着极度不平衡的进出口比例,而且以"逆差"的形式存在,表现为"让中国了解世界的国际新闻总体表现活跃;让世界了解中国的对外报道影响微弱"。

二是对改善中国国际传播处境,为提升中国媒体国际传播力提出策略和建议。针对中国媒体在国际传播中的困局,不少学者提出了完善方案,以期扭转当下的不利境况,从而提升中国媒体国际竞争力。程少华(2013)在《提升国际传播力视野下的现代传播体系构建》一文中在强调了中国媒体的四个"不相适应"之后,提出了包括拓宽传播渠道、实施数字化转型和加强国际人才队伍建设等发展建议;李永清(2011)在《中国传媒国际话语权建设刍议——中国新闻社国际传播能力建设的研究》一文中注重强调了"加强海外华文媒体的力量";唐润华和刘滢(2011)在《重点突破:中国媒体国际传播的战略选择》一文中提出:"内容是所有媒体生存的根基,是吸引并留住受众的最主要原因。"他们据此分析得出,"中国新闻"应该成为国际传播的重点内容。

三是分门别类对中国对外媒体进行分析。其中对外广播电视领域的分析文献占据了较大比重,原因在于作为传统媒体的代表,广播电视一直作为中国重要的对外发声窗口在起作用,根据张垒(2012)在《中国电视国际传播网络建设的历史现状与问题》中的研究,早在 1959 年,中央电视台前身北京电视台就已开始将一些国内建设成果和人民生活场景的电视记录影像不时寄给苏联和西欧一些社会主义阵营国家,到 2000 年,中央电视台开播了英语国际频道,"真正实现用全球通用语言对外传播",因此,中央电视台可谓中国对外传播发声的首要窗口,而随着其他地方卫视及新华社的对外传播频道相继开播,电视媒体逐步成为了中国对外传播的主力军,学者们对此也进行了多方面的研究。张恒和孙金岭(2012)在《关于中国电视媒体增强国际传播能力的思考》一文中对"如何在国际传播中提高中国的话语权,如何使中国的国际传播能力与中国日益增长的综合国力相适应"进行了分析,强调在传播过程中"国家立场""中国观点的国际表达"和"技术创造的共同发展之路"的重要性;唐世鼎(2013)在《国际传播能力建设的发展转型》一文中提出了类似的发展策略;郭小平和石寒的(2012)《广播电视国际传播力的提升战略》一文则具体到各电视台的传播策略,认为应该"以中国网络电视台、国际在线为龙头,打造中国广电的国际'硬传播力'",同时还应善于"利用华语 IPTV,拓展中国广电的国际传播空间"。

四是重视对外网络媒体及其内容的国际传播力分析。对外网络媒体研究的兴起一定程度是因为学界存在的一个观点:长期以来,欧美传媒大国的强势国际媒体已占据了世界传统媒体的大部分市场,形成的信息壁垒让其他国际媒体很难跟进,按照田智辉在"论新媒体语境下的国际传播"一文中所论述的,"西方国家利用传统媒体的优势,以强大的软实力为后盾,取得了世界话语霸权地位,并形成了新闻传播的排他性。"而互联网的出现让传播弱国在突破传媒大国的信息壁垒中具备了较大可能性。谢新洲、黄强和田丽在《互联网传播与国际话语权竞争》一文中提到:互联网的传播方式是非对称的,小网站在一定的条件下是可能对抗强势媒体的,弱小的声音可以放大至挑战不合理传播秩序的力量,媒体力量弱势的发展中国家可以利用互联网重新赢得胜利。

随后大量学者开始将视线从传统对外传播媒体转移到以网络为主的新媒体上,例如吴清雄的《强化网络媒体国际传播力的策略与路径》、阚道远的《社会主义国家网络国际传播力建设》、邱祥的《提升中国互联网传播力塑造国家媒体新形象》等文献都对中国网络媒体的国际传播能力提升提出了见解。在网络媒体内容上,刘国轶的《运用新媒体提升中国国际传播力的有效性》提出了三个口号式的策略:"短些、短些、再短些!""快些、快些、再快些!"和"准确、准确、再准确"。另外部分学者着眼于对中外网络媒体国际传播力比较来寻找提升策略,例如伍刚的《中美互联网国际传播力对比研究》,即通过对比研究中美互联网国际传播力的现状,提出中国互联网赶超美国互联网、提升国际传播力的对策和建议。

可见,中国的国际传播力在全球视域范围内处于劣势地位,国内学术界普遍认为,中国国家形象的树立很大程度上依赖于国际网络媒体,即新媒体的国际影响力。因此,必须制定符合中国国家利益,有利于国家形象的传播策略,尤其是网络传播策略,从而提升中国媒体国际传播竞争力,达到提升中国国际形象的目的。为此必须对网络传媒背景下国际传播力的内涵、构成要素与特点等有一定了解。

什么是网络内容国际传播力?国际传播学者刘继南的研究具有开创性,他认为,国际传播力是一个主权国家所具有的一种强大的力量,这一力量不是来自一个人,而是包括本国政府及民间传播力量的总和,是一国为争取和实现国家利益在国际范围内进行信息交流的能力和效力。简而言之,"国际传播力"是一国所具有的国际传播的能力和效力。[①]

刘继南的解释对于如何理解国际传播力的内涵与特点具有重要的启发意义。但同时对这一概念的界定仍有不足之处,即未将媒体国际传播力与国际影响力区别开来。因此,本书认为,国际传播力是一国面向国际受众进行传播时所具备的实力与能力。就网络媒体而言,这一定义包含以下内涵:

第一,网络国际传播力是一国网络传播主体所具备的实力与能力,这里的网络传播主体主要指"互联网+"视域中的报纸、电视、广播、通讯社及网络五种媒体,当然也包括"互联网+"图书出版、电影等广义性国际传播媒体。由于互联网的全球性,使得原先只对内传播的媒体一经上网,即变成国际传播力的重要组成部分。

第二,网络国际传播力具有客观性与"物化性",它具体表现为可以测量的、"显性"的各种传播要素投入和产出的成果。

---

① 刘继南、周积华:《国际传播与国家形象——国际关系的新视角》,北京广播学院出版社 2002 年版,第 88 页。

　　第三,国际传播力与国际传播受众并没有直接关联。一国媒体有多少国际传播受众,以及受众对传播媒体评价如何并且是否满意,已经属于媒体国际影响力所应研究的内容。

　　第四,网络国际传播力包括"硬"与"软"的因素,硬因素主要指客观实力。如一国从事网络国际传播机构数目、基础设施情况、投入经费数额、从业人员数、播出时数等等;而"软"因素指网络传播者的传播能力,如传播者的素质、传播艺术、传播时机的把握等。

　　第五,网络国际传播力的源泉是综合国力。任何一个国家网络国际传播力都是建立在本国综合国力基础之上,以综合国力为依托,其大小强弱同综合国力成正比。网络国际传播力如此紧密依附于综合国力的原因不言而喻:网络国际传播是一种大规模、高投入、技术含量高的活动,对资金、设备、人员、技术的要求较高。此外,一个国家的综合国力还受其他因素的共同作用。如一国融入国际社会的国际意识、参与国际事务的意识与能力,以及一个国家的经济、政治、军事、文化、技术实力水平等,也都在直接或间接影响着其网络国际传播力的大小。

　　综上所述,中国可以从以下几个方面把握中国网络内容国际传播力的特点:

　　第一,"中国网络内容国际传播力"是国家力量的一部分。由于国家力量是诸多力量要素的综合,国家力量亦即综合国力,网络"国际传播力"是综合国力的一部分。

　　第二,"中国网络内容国际传播力"是跨国界的传播力量,是实现信息在国际范围内双向或多向流动的力量。

　　第三,"中国网络内容国际传播力"直接体现中国的全球意识,支撑着中国同世界接轨的桥梁,保持着中国同世界的互动,以维护、发展中国的国家利益为出发点和根本目的,旨在加强中国的国际影响,拓展中国的国际视野。

　　第四,"中国网络内容国际传播力"是国际传播能力和效力的统一。在此可借用经济学中"投入"和"产出"的基本概念来理解。网络国际传播能力是一国在国际传播中的"投入",表现为一国现有的国际传播状况,如从事网络国际传播机构的数目、基础设施情况、人员的配备和培训等。网络国际传播力是一国国际传播的"产出",表现为一国现实达到的网络国际传播效果,如原创率、首发率、落地率、受众对传播内容的认知程度、国内外舆论导向的力度以及新闻信息产品营销的程度等。一般来说,网络内容国际传播能力与效力成正比,一国网络国际传播能力越强,国际传播效力就越大。但有时由于"投入"的整体规划失调、比例安排不当、传播策略失当,尽管"投入"较大,但"产出"也不尽如人意,这种情况下表现出来的网络"国际传播力"就会大打折扣;反之亦然。因此只有充分合理利用其现有的国际传播条件,尽可能取得最佳的国际传播效果,才会使网络"国际传播力"发挥最大能量。

三、中国网络内容国际传播力提升的内涵与特点

网络传播技术的发展与创新带动了与之相对的网络内容的飞速发展,国际传播技术范式的转移正日益消减传播主权边界,传播者的身份被消减和模糊,由此导致了国际传播新秩序和现代传播生态格局的重构。在这场国际话语权激烈争夺中,中国一方面要理性应对互联网自由所带来的文化霸权主义与文化帝国主义影响,坚守自己的传播主权;另一方面,更应着眼于战略与战术上的综合考量,勇敢超越西方经验,发展中国路径,完成网络内容思想体系、内容体系、人才体系、资本运作体系的建设。

(一)中国网络内容国际传播力提升的内涵

中国网络内容国际传播力的提升,必须在三个方面下功夫。一是国际传播主体的提升,即淡化官方身份和背景主体形象,强化不同行业的、民间的、大众的主体形象与身份;二是国际传播诉求提升,即不再仅仅满足于宣传目的,而应逐步演变为传播的目标诉求;三是国际传播渠道提升,即从单一媒体的传播形式和渠道演变为多媒体的传播形式和渠道,形成全方位、立体式的传播。

1. 国际传播主体的提升

目前网络内容国际传播主体逐步实现多元化、民间化、行业化、专业化,这对提升中国网络国际传播力具有重要的现实意义。一是民间化,即从

"官方"到"民间"的身份与形象变换,其要义在于网络国际传播中应巧妙培育或容纳一部分网络媒体,这些网络媒体,或声音与官方保持一定距离,或以根植于社会与民众的"独立"低姿态身份出现。① 保留适当距离,实现市场资本运作,以民间的面貌来传播,是未来中国政府矫正官方身份,切实提高网络内容国际传播力的方向所在。二是行业化,即从"政府"到"行业"的身份与形象变换,其要义是网络媒体特别是主流网络媒体不再一味承担强大的政治功能,不再仅仅是政府的耳目喉舌,而是退回到"传播"这一传媒行业职责,以行业的职业操守和职业追求行事,实现国际传播效果。三是专业化,即从"宣教"到"专业"的身份与形象变换,其要义是指与海外各类传播媒体打交道时,能拥有相同的业务认知"前结构",从而实现专业对等、行事规则对等;在与国际受众对话时,让"客观""真实""优质""接近"的传媒专业品质满足受众基本期待,补缺受众因信息不足而带来的"心理认知失衡",降低受众对异域文化不确定性的"焦虑感"。②

众所周知,无论是对于受众还是对于国际传媒机构来说,不讲究方法的、试图改变其观点的传播方式,不仅令人不悦,更不会取得良好的传播效果。而专业、民间、行业的身份可以将一些符号化、概念化的"生硬"内容,转变成受众更感兴趣、更易接受的文本内容,再配以适当的传播技巧与方法,便能在很大程度上降低不愉快的体验。应当说,这不仅利于提升网络传媒的传播力,也有利于国际传播的大格局。

更进一步来说,随着全球化时代的到来,以及全媒体时代的如期而至,官方媒体独大的媒介环境显然不再是理想状态,而应是由政府官方、传媒、(跨国)企业、非政府组织/民间社团以及公民个体等,共同组成网络国际传播的多元主体;并且整合对外经贸、文化等各类契机,巧妙利用目标国家的各方力量,形成合力,共同打造国家形象,实现国家利益最大化。网络传播的内容也不应仅仅是政治类信息比重过大,而应拓展内容,扩展到娱乐、文

① 苗棣、刘文、胡智锋:《道与法:中国传媒国际传播力提升的理念与路径》,《现代传播》2013 年第 1 期,第 5 页。
② 胡智锋、刘俊:《四重维度论如何提高中国传媒的国际传播力》,《新闻与传播研究》2013 年第 4 期,第 5 页。

体、科学、自然等各个领域,并由这些图景共同组成。

因此,在网络内容国际传播中,建构多元传播主体的思维,是当前国际交往、国际传播中的不二法则,这一点已被公共外交所证实。公共外交是当前国际社会盛行的外交理念与实践,虽然其行为主体依然是政府,但是不同于古典外交,其行为对象是公众,而且强调扶植体制外的多种外交"利益集团",并借助传媒,达到对他国政策制定以及涉外事务处施加影响的目的。公共外交强调要赢得公众支持,必须具有稳定可靠的沟通手段。① 因此,在全球谋求媒介融合时代下,如果依然想通过表明或放大网络传媒政府的主体身份,是不可能实现国际传播中"稳定可靠"的沟通结果的。

2. 国际传播诉求的提升

在中国网络国际传播发展历史中,网络传媒曾长期秉持"以我为主"的对外宣传思维,无视"宣传"与"传播"的区别,不了解对外"宣传"与国际"传播"的不同,造成了中国国际形象与传媒国际传播力长期落后的困局。为了突破困局曾进行了长期的探索与实践,一个成功的经验是从以单一"宣传"目标为主导的诉求,逐步走向以"传播"目标为主导的诉求。

一是中国气质,共通表达。

从"以人为本"到社会主义核心价值观,足以说明党的治国理政理念已从意识形态至上的阶段,过渡到充满人文情怀的阶段。因此,中国网络内容的国际传播中,应以中国气质为根基,更加接地气,增加亲切感,并试图减少生硬的传播,这正是在网络国际传播中从"宣传"目标走向"传播"目标的应有思维。如《舌尖上的中国》通过 CNTV 等网络媒体在海外的传播,掀起了一股风靡全球的"中国热",成为了国际传播中典型的成功案例。片中蕴含的那些人类共通的情感,既是中国的,也是世界的;既是当下的,也是永恒的。这充分表明,在网络媒体的国际传播中,要试图寻求人类共通的情感和表达方式,并加入本土特色的文化元素,调配出人类共享的文化大餐,从而转变文化传播中"以我为主"的思维,转换为双向交融、多向传播的文化思

---

① 高飞:《公共外交的界定、形成条件及其作用》,《外交评论》2005 年第 3 期,第105—106 页。

维。在中国网络内容国际传播的实践中,已经越过"宣传品"阶段,历经"作品"时期,逐步走向"产品"时代。① 虽然"产品"时代依然存在许多问题,但正是有了这些有益探索,中国网络内容的国际传播力才能不断发展、提升。

二是贴近不同受众的文化背景与接受习惯。

首先,中国网络内容国际传播需要做到内容本土化。段连城先生早在1990 年便提出"对外传播学九条述要",分别是:常照镜子;锻炼功力;研究对象;端正心态;解疑释惑;舆论一律又不一律;清晰易懂;生动活泼;尊重翻译。② 因此不仅要注意根据上述要求贴近受众,降低受众对抗式解码的可能,还要注意细分受众,有重点、有层次、有区别地将网络国际传播受众分为:(1)重点受众、次重点受众和一般受众;(2)每一层受众再细分为顺意受众、逆意受众和中立受众;(3)再从这些受众的最终行为趋向将其分为潜在受众(未明确正反态度)、知晓受众(未实施正反行为)、行为受众(心理定势固化并采取行动)。③

其次,中国网络内容国际传播需要做到人才本土化与运营本土化。对本土人才的重视,可以借助其融通中外的人格魅力和个人能力,增强所在国对中国网媒内容的信任感,推动中国与所在国政府、人民、社会等深层交流;避免因文化差异造成的意识、理念、风俗等的不同认知,使中国网络内容与所在国平稳对接;有助于快速开拓所在国市场,减少经营管理上的损失;有助于降低外派成本、培训成本、劳动力成本等经营成本;有助于海外分支机构人员的相对稳定等。另外网络传媒需要切实打造产品、研发、生产等多环节、全方位的本土化经营战略和模式,这是中国传媒企业和机构"彻底"贴近不同文化背景与接受习惯受众的直接路径,并以此锻造全面的传播能力与传播影响力。④

---

① 胡智锋、周建新:《从"宣传品""作品"到"产品"》,《现代传播》2008 年第 4 期,第 1—6 页。

② 段连城:《对外传播学初探》,五洲传播出版社 2004 年版,第 148—157 页。

③ 胡智锋、刘俊:《四重维度论如何提高中国传媒的国际传播力》,《新闻与传播研究》2013 年第 4 期,第 5 页。

④ 刘俊:《理念,人才,渠道》,《电视研究》2012 年第 9 期,第 17 页。

3. 国际传播渠道的提升

在网络媒体语境下,中国网络内容国际传播一方面要打造多元的"传播渠道",另一方面要构建行之有效的"市场产业渠道",不断提高国际传播的传播力、影响力,全方位、多角度、大纵深地传播中国形象。

一是在新媒介环境中打造多元传播渠道,提高网络传播覆盖力。

在媒介融合时代,人人拥有传播载体、人人都是传播载体。网络传播因其最便捷、饱含渗透力、最具影响力的传播手段,需要引起中国格外关注。有条件的国家和地区已普遍进入"网络社交媒体生存"的时代,社交媒体在内容传播上的地位与作用与日俱增。这就要求在国际传播中要充分利用好新兴的社交媒体,特别是利用好 Facebook、Twitter、YouTube 等社交和视频分享网站,传播好中国形象,有意识地将精心制作的内容产品推送到这些网站,这些内容产品包含巧妙叙事、视角平衡、价值融合等的普适性,并通过多种手段提高其分享与转发的数量,配合适当的线下活动传播,以提高传播的效力。在国际传播领域,后发国际利用网络媒体的传播优势,是中国打破不平衡的国际传播秩序的重要机遇。

关于政府与网络传播手段的关系,应需要认识到:"就公共外交的这一方略而言,政府应该倡导和参与这种跨境网络,而不是对此加以控制。事实上,过多的政府管制,甚至仅仅是管制的表面形式,都可能会破坏这些网络本应产生的可信度。在公民外交的互联世界中,政府要想获得成功,就必须学会放弃很多控制权。但这带来的风险是,公民社会参与者们的目标和信息往往与政府的政策不一致。"①此外,国外国际传播在媒介融合时代的发展模式可供借鉴。这些多元模式大致分为三种:一是不同传媒产品形态之间的融合,如"纸质报+电子报";二是不同介质的媒体之间的融合,如"电视+网络+移动媒体";三是传媒产业链上不同运营商之间的融合,如"内容提供商+渠道运营商"。② 可以预见,针对智能手机、平板电脑的相关应用

① [美]约瑟夫·奈:《网络时代"公民外交"的利弊》,《纽约时报》2002 年 10 月 5 日。

② 王庚年主编:《国际传播发展战略》,中国传媒大学出版社 2011 年版,第 64 页。

程序研发,是未来传媒发展的新增长点。

二是摸索市场与产业渠道,提高网络国际传播渗透力。

多媒体传播渠道的广泛应用,可以提高网络传播的目标人群覆盖,但是要提高传网络播的渗透力、影响力,就必须深化中国网络传播的市场化与产业化能力。文化传播学的观点认为,市场原则是西方国家商业交往中成熟且至上的规则,网络媒体要提升国际传播的生命活力,就必须遵循其运行原则与游戏规则,使各种要素构建为一种产业化的组合方式和市场化的运作模式。这能够最大限度地规避风险,深化运作思维,提高内容产品质量和国际传播效果等。

在实际操作中,可以通过在境外设立经营性文化公司,参与国际传媒机构的收购、兼并和参股控股,逐步形成一些有竞争力的市场主体。在此基础上,注重产品整合营销、拓展多元化经营、加快资本运作,并在条件允许的情况下注意在有线与卫星电视运营、电视节目推广、图书出版、影剧院业务、电影推介、户外业务等方面着力。

(二)中国网络内容国际传播力提升的特点

在国际传播领域,网络媒体手段具有战略地位。利用网络媒体进行国际传播,既突破了传统手段在跨国传输、节目落地等方面的局限,又实现了综合传播和传播效应最大化。通过中国网络媒体国际传播力提升的实践,中国网络媒体国际传播力的提升表现出以下特点:一是从"全面铺开"向"重点突破"的转型;二是从"内外有别"向"内外一体"的转型;三是从"软硬不均"向"软硬并举"的转型。

1. 从"全面铺开"到"重点突破"

当下一个客观现实是,中国网络媒体国际传播能力与西方存在较大差距,而且中国网络媒体自身的资源和实力也有限,这就导致在与西方网络媒体传播力的竞争中,无法与之全面抗衡,只能"重点突破"。即在传播内容、传播对象等方面精心选择,最大限度地提升中国网络内容国际传播的效率和效果。

在网络传播内容方面,始终坚持"内容为王"。对于国际传播而言,"内容为王"同样是硬道理。内容决定影响力,在网络传播的语境中,要争取在第一时间在第一现场进行第一报道,抢占第一落点,最先对受众产生影响,从而占据舆论引导的先机;要不断通过"框架"设置,营造国内外关注热点,提升议程设置能力,进一步增强国际话语权,从而占据舆论引导的主动性;要不断加强海外网络受众调查,了解网络受众需求,形成客观真实的内容报道,加强灵活性、策略性和实效性。此外,要增强网络内容的国际传播力,还必须具有全球视野的报道面和国际水准的报道量。要实现这一目标,必须加强网络媒体的海外采编能力的建设,有计划地在重点国家、热点地区布设、增设报道网点,提高内容的自采率、原创率和首发率,做到在重大国际事件、突发事件中第一时间发出中国的声音,抢夺话语权;第一时间传播中国的声音,影响世界的受众。在网络传播语言方面应以英语为主,因为英文是世界上最有影响力的语言,世界上最有影响的媒体大多数都是英文媒体。在网络传播受众方面应倾向于精英阶层,"影响有影响的人",尤其是各国的官员政要、各界名流、知识分子群体等。

总之,要体现转型时代网络媒体传播力提升的特点,关键在于网络内容层面的"重点突破",也就是网络内容的可接受性,包括网络语言的可理解性和可接受性,前者涉及对特定网络内容的比较优势的建设;后者涉及对词汇、语法及语言背后的文化符码的遵循。正是在这一层面上,特定的叙事策略、价值、观念等被刻入单一文本中,获得区隔于其他同类型文本的特色,进而为阅听者所关注、理解和认同。从这一意义上说,任何成功的网络国际传播都是先着眼于"世界的",然后才是"民族的"。

2. 从"内外有别"到"内外一体"

"内外有别"是指国际传播与国内传播在对象、目的、内容、方法和语言等方面均有不同,应区别对待。"内外有别"曾是我国对外宣传工作的重要原则,其内涵集中强调两个方面的内容:一是强调传播对象国受众的差异性,二是强调针对性。针对性有两个方面的要求:对传播者来说,要求进行宣传和传播的时候有所区分,对自己的媒介定位要做区分;对传播对象国的受众来说,要对他们按照不同的标准(诸如地域、文化、语言、种族等)进行区分;发送信息的文本内容、目的、方法也要做区分。因此,归纳起来,所谓"内外有别"就是"针对不同的传播对象,通过设置职能相异的内宣与外宣机构,发送不同的信息文本,以期取得不同的传播效果"。①

"内外有别"在中国国际传播史上发挥过重要作用,但在新形势下其适用性和有效性遭遇到了诸多限制。一是苏东剧变后国际形势的巨大变化使坚持"内外有别"的原则失去了存在的内在根据。特别是社会主义市场经济体制在中国的确立,使得社会利益日益多元化,对于意识形态的管理者来说,在世界多极化、经济全球化、文化多样化、社会信息化的社会现实中,如果不关注个体的心理感受和内在的政治信息需求,仍然采用机械的"内外有别"原则来传递信息,势必会事倍功半。② 二是政府的宣传管理方式的保守使坚持"内外有别"的原则难以适应转型社会剧烈变化的要求。在网络传播的语境中,许多对中国国家形象造成负面影响的重大突发事件,在国际传播方面都存在着一些瑕疵,而这些与对外宣传部门所坚持的已经脱离"内外有别"内涵的信息传播有关。三是网络社会的崛起使坚持"内外有别"原则在诸多方面显得不合时宜。互联网使地球成为"地球村",许多传统意义上立足国内传播的人际传播、组织传播、社会传播都衍化成国际传播。在这种情况下,强调国际传播的"内外有别"原则在实践上已经无法操作。

在网络传播过程中,面对"人人都有麦克风"的现实情境,僵化的"内外有别"的原则极有可能演变为信息的"内外不一致",这就会给西方反华势力提供可乘之机,并导致深受自由主义新闻观熏陶的西方受众对中国信息传播的不信任。因此,网络国际传播已然从"内外有别"转向"内外一体"。"内外一体"是指从国家战略的高度出发,遵循新闻传播和媒体发展的普遍规律,将网络国内传播和国际传播作为一个有机整体统筹运营,形成协同效应,实现协调发展。当下,中国网络内容的国内传播与国际传播是一个有机体,不能截然分开。而且,网络内容的国内传播和国际传播都要遵循新闻传播普遍规律,即都必须以真实、准确、全面、客观为基本准则。此外,网络内容的国内传播与国际传播还应相互配合,形成协同效应,各自要"把自己的

---

① 　胡启立:《我国对外宣传一定要实事求是》,《人民日报》1986 年 12 月 4 日。
② 　朱穆之:《宣传好现实的中国是当前对外宣传工作最根本的要求》,《人民日报》1990 年 10 月 30 日。

事情做好",在此基础上加强配合协作,加强联动互动。

3. 从"软硬不均"到"软硬并举"

从国家形象国际传播的作用方式和效果来看,网络内容的国际传播可以分为硬传播与软传播两大类。

所谓硬传播,主要是指带有比较明显的政治色彩、宗教色彩和意识形态色彩的各种传播。硬传播是阶级性和国际利益的集中表现,具有传播平台多、速度快、频率高、范围广等特点和优势。但是,正是其阶级性和国际利益的倾向,硬传播也有比较多的局限性。比如说政治色彩、宗教色彩和意识形态色彩,在同一语境中往往放之四海而皆准;但在不同的语境中,往往举步维艰,不仅不能取得预期的传播效果反而有可能产生零效果和负效果。

所谓软传播,主要是指很少带有甚至不带有政治色彩、宗教色彩和意识形态色彩的各种传播。软传播是社会与公众服务的集中表现,主要通过娱乐、休闲、文艺、文化传播等方式,广泛而深入地影响人们的兴趣爱好、思维方式和行为方式,达到传播目的。因为很少带有甚至不带有政治色彩、宗教色彩和意识形态色彩,软传播具有较强的亲和力、感染力和渗透力,可以有效地进行跨文化传播,可以不知不觉地影响人们的兴趣爱好、思维方式和行为方式,从而影响到人们的立场、观点和态度,加强各国人民之间的相互了解和理解。①

在一个比较长的时间内,中国的网络国际传播"软硬不均",比较重视硬传播,而忽视软传播。在当下全球传播的语境中,软传播在国际传播中的作用越来越重要,是硬传播所无法替代的。因此,网络内容国际传播力的提升呈现出从"软硬不均"向"软硬并举"转型的特点——硬传播有硬传播的优势,软传播有软传播的长处,两者不可偏废。当务之急是,着力提高硬传播,大大加强软传播。

目前独发率、落地率、转发率、首选率、首发率等已经成为衡量网络媒体全球影响力的主要指标。网络媒体要具备全球影响力,一方面,中国要不断增强软实力,提高自身队伍的道德素质和采、编、播、导的业务水平。同时,大力提升传播的信息化水平,提高首选率、独发率、首发率、落地率、转播率。

---

① 明安香:《传媒全球化与中国崛起》,社会科学文献出版社 2008 年版,第 149 页。

另一方面,要不断加强硬实力,如增加报道的技术装备,包括最先进的采访器材、便携制播设备等,增加直升机现场报道的装备等。与此同时,国家主管部门要为中国网络媒体提高首发率、独发率、转播率、落地率、首选率提供相应的和必要的政策保障。

四、中国网络内容国际传播力的构成要素

中国网络内容国际传播力建设的核心是打造具有国际影响力的品牌媒体,基于这个目标,国际传播力的构成因素主要包括以下几个方面:媒体自身的公信力、议程设置与框架能力、主流信源、主流渠道、主流受众。这五个方面同时也是媒体品牌的构成要素。

（一）媒体公信力

对网络媒体而言,公信力直接关系到媒体品牌美誉度。公信力的"力"是指特定对象赢得社会信赖的能力以及与这种能力相对应的信用品质。受众的信赖不是一朝一夕就可以赢得的,相反的,损害受众的信任却是轻而易举的事情。因此,网络媒体公信力是指媒体经过长期努力所获得的一种被受众信赖的力量,是媒体自身权威性、影响力和话语权的具体表现。它包含国际受众对于中国网络媒体报道可信度的判断与评价的集合体。

对于网络媒体公信力的要素,国内外一些学者提出了可量化的指标体系。如喻国明在专著《中国大众媒介的传播效果与公信力研究》中建立起一个可将中国大众传媒公信力进行量化表达的测评指标。美国迈阿密大学的阿卜杜拉(Abdulla)教授等对美国媒体的公信力开展研究,提出不同媒介形态的公信力的要素有所区别,他们认为,网络媒体公信力要素包括:可信、及时、无偏见。[1]

（二）议程设置与框架能力

议程设置理论认为,媒体对某一事件的突出报道,能够把它变成公众关

---

[1] Abdulla, R., Garrison, B., Salwen, M., Driscoll, P. & Casey, D., "The Credibility of Newspapers, Television News and Online News", *Paper Presented at the Annual Convention of the Association from Education in Journalism and Mass Communication*, Miami Beach, 2002, (9), August.

注的话题①,而今天全球议程是由政治与媒体共谋出来或设置出来的。在今天这样一个全球传播时代,全球传播体系中的优先议题会成为公众的优先议题。关于议程设置理论的经典论述是:媒体虽然不能决定你"怎么想",但在决定你"想什么"的方面有着强大的效果。② 而框架理论是对媒介效果的进一步发现,其经典论述是:媒介不仅能够影响受众"想什么",甚至还能影响受众"怎么想"。

塔奇曼(Tuchman)对新闻框架的定义是:新闻框架帮助记者按照某种特定的规范或惯例,简化复杂的社会事实,有选择地把正在发生的事情整合到新闻报道中,同时塑造读者对事实的理解。③

在一定程度上,新闻框架是观念框架、意识形态框架和知识框架的翻版。"框架"代表了媒体报道取景的范围和角度,是选择、强调和排除,或者是选择与凸显。新闻是对现实进行"建构"和"选择"的产物,是意识形态的反映。麦克奈尔认为,"从宏观上看,新闻是人类生活的一种中介力量;从微观层面看,新闻既是一种由作者创作出来的叙事,又是一种意识形态势力。它所传播的不仅仅是事实,而且还包括理解和阐释这一事实的方式。"④网络媒介的框架会影响大众对相关议题的认知程度和思考方式。因果框架是指媒体的议程框架不仅是设置一个中心议题,而且设置了归因关系,即议题的责任问题。

(三)主流渠道

主流渠道建设一向是中国网络媒体提高国际传播能力的重要关注点。目前由于长期以来公信力的积累,平面媒体和电子媒体通过互联网在国际上的传输落地,其权威性和公信力要远远高于一般的网站媒体。在此基础

---

① Mc Combs M.E.,Shaw D.L.,"The Agenda-setting Function of Mass Media",*Public Opinion Quarterly*,Vol.36,No.36(1972),pp.176-187.

② Cohen S.,*Folk Devils and Moral Panics:the Creation of Mods and Rockers*,London:MacGibbon and Kee,1972.

③ Tuchman G,"Telling Stories",*Journal of Communication*,No.26(Fall 1976),pp.93-97.

④ McNair B,*The Sociology of Journalism*,London:Arnold,1998.

上,由平面媒体和电子媒体通过互联网首播的新闻,其转载率(包括互联网的转载率)也大大超过一般的网站新闻,比如外媒对人民网信息的转载就高于搜狐、新浪等商业网站。因此,加强对主流的网络媒体渠道的建设十分有必要。

(四)主流受众

根据乔姆斯基(Chomsky)①对主流媒体的定义,主流媒体的受众应是社会主流人群,这部分人群本身就是意见领袖,主流媒体能够通过影响它的受众进而影响更广泛的社会群体。因此,对网络媒体国际传播力的衡量,不仅要通过点击率、收视率、美誉度及社会精英忠诚度等因素进行评价,还要通过对受众的分析,分析该媒体的受众是否是主流人群,即拥有政治权、经济权(如企业家)或话语权(如大学教授)的人。受众是传播过程中的重要一环,是传播中的结构性因素。任何传播只有作用于人,才能产生传播效果,否则一切都将无从谈起。在这一过程中,主流受众的作用尤为凸显。

(五)主流信源

美国记者汤姆·弗兰奈瑞(Tom·Flannery)说:"如果非要指出我成功的秘诀,那么这就是我建立、保持和培养信源的能力。"②网络信息传播的优势在于记者第一时间对重要信源的获得,并通过记者的采写和传播机构把关与播发,成为新闻事件。网络媒体具有的强大的议程设置能力,能影响其他媒体对这类新闻进行再传播,在很大程度上扩大了传播效果。

媒体传播能力制胜的关键在于能否掌握信源、采访何种信源以及引用信源的哪些直接引语。信源有层次之分,依据信源对新闻事件的卷入程度、相关程度、身份角色等,可以将信源分为核心信源、外围信源和无效信源;根据信源的功能,又可将信源划分为事实性信源、分析性信源、评论性信源,其重要性依次降低。

---

①　Chomsky, Noam. "What Makes Mainstream Media Mainstream." *Z Magazine*, October (1997).

②　转引自李希光、郭晓科:《主流媒体的国际传播力及提升路径》,重庆社会科学2012年第8期,第5—12页。

第二节 中国网络内容国际传播力提升目标

全球化带给世界的不仅仅是政治、经济、文化的全球融合,也带来了信息传播的全球融合;全球信息传播不仅仅是政治、经济的全球化,也是网络传播全球化。网络传播全球化主要通过卫星和互联网这两个途径来实现。互联网快速发展确实已将世界建设成为真正"地球村",网络新媒介快速崛起已改变了国际传播的新格局,网络内容在国际传播中显得愈发重要。在这样的背景下,中国网络内容国际传播能力必须进一步提高,中国网络内容国际传播能力提升应达到既有的目标。

一、引导国际话语

在国际传播力提升中,必须树立引导国际话语的目标,通过网络内容对外传播的政府信息公开、对外新闻报道等手段,增加国际话语的可控因素,使中国意识形态、文化传统、价值观念的接受度得到提升,为中国未来发展建构良好的国际认知环境。

（一）提高新闻话语制造力

新闻话语是语言学和新闻学上的综合概念,是以新闻信息为基础,从语言形式、语言结构对新闻内容进行的一种表述。作为书面话语形式,新闻话语直接与新闻制作者的意图及宏观的外部环境密切相关,新闻话语本身和话语背后都隐藏着一种文化意义和一种意识形态。新闻受众需求往往决定了新闻话语风格。在全球化浪潮下,麦克卢汉(McLuhan)提出"地球村"理论①已得到充分印证,全球新闻信息汇聚到开放竞争的平台上。面对激烈的全球传媒竞争,中国网络内容国际传播,要全面融入海外受众生活,顺利进入东道国媒体市场,并被国际社会所认可,必须制造出符合传播对象需求的"本土化"新闻话语。有了话语基础,才能更好地建立文化共识,实现文化对接。在国际传播的议程设置中,运用更准确、更深入的本土语言,将东、

———————————

① 麦克卢汉:《理解媒介》,译林出版社 2011 年版,第 111 页。

西方的意识形态差异更好地结合在一起。例如作为中国对外官方门户网站的人民网，一直以"多语种、全媒体、全球化、全覆盖"为发展目标，为加强网站内容的国际传播效果，分别设置了英文、日文、法文、西班牙文、俄文、阿拉伯文、韩文等 15 种不同世界语言版本；中国国际广播电台网下属的国际在线网站（CRI），为满足国际传播的需要，每天用 43 种文字和 48 种语言发布新闻信息，每天约 200 篇英文稿件的更新。

强大的网络内容国际传播力还需要通过优化新闻话语的结构来实现。新闻文本对新闻事实层次性结构划分，必须符合传播对象的理解规律和社会意识形态的限制。例如美国社会自由、民主等意识形态就经常被强化在新闻故事里，在他们新闻话语中，更多以故事化的方式塑造新闻内容，主张人性化的新闻报道。因此，中国网络内容国际传播，需要制造有利于中国国际传播的新闻话语，在了解国际公众话语的基础上，知己知彼，将中国话语权牢牢握在自己手中。

（二）提高新闻议程设置力

人们对外部世界的认识与看法，很大程度上来源于媒体的建构，来源于媒体所创造的虚拟环境。大众媒介通过对新闻信息的选择、加工所构成的"象征性现实"，即"拟态环境"。在拟态环境理论基础上，美国传播学家马尔科姆·麦肯姆斯（Maxwell. McCombs）和唐纳德·肖（Donald. Shaw）于 1972 年在《话语季刊》上发表的《大众传播的议程设置功能》论文中提出，大众媒介往往不能决定人们对某一事件或意见的具体看法，但是可以通过提供信息和安排相关的议题，来有效左右人们关注某些事实和意见以及他们议论的先后顺序，受众也会因媒介的议程设置而改变对事物重要性的认识。①

在国际传播过程中，媒体要将代表中国声音的网络内容传播到世界，扩大影响力，促进中国与国际间的交流与合作，就必须充分行使"把关人"的职能，以国家利益为根本，将国内外的新闻事件进行选择，制定出有利于中

① 马尔科姆·麦肯姆斯、唐纳德·肖：《大众传播的议程设置功能》，转引自郭庆光：《传播学教程》，中国人民大学出版社 2007 年版，第 215 页。

国社会发展的国际新闻议程。例如 2014 年 11 月，在中国举行了第 22 届 APEC 领导人非正式会议。在此期间，人民网英文版就针对 APEC 主题进行了议程设置，将 APEC 为主题的新闻设为头条，并在首页插上与 APEC 有关的各类新闻图片。在一段时间内，媒体通过对 APEC 相关事件的集中报道，让国际上对中国 APEC 会议给予密切关注，充分展现了中国的大国形象，无论在形式上还是实质上都取得了重大成功。

新华网、人民网等在马航事件的报道中，及时快速地报道最新相关消息，采纳多方面的事实和意见，从多个消息来源获取信息，没有因为事故中遇难的乘客大部分是中国同胞这个因素就无理智地批判航空公司和马来西亚政府，充分体现了新华网、人民网的大度风范。新华网、人民网等在该事件报道中很好地践行了平衡报道的理念和原则，赢得了国际媒介和同人的认可和赞美，提升了网站的国际传播能力。此外，中国网络内容国际传播在传播诉求方面，要实现从"宣传"到"传播"目标的转变，而这一转变的关键就在于解决传播内容的"中国气质、共通表达"的问题，这就需要将具有中国特色的元素融入进去，中华文化博大精深，中国风俗民情别具一格，尤其在国际传播报道中，要善于将中国政府提倡的"和谐"理念融入进去。中国独特的风土人情、文化习俗等才是区别于国外独树一帜的元素，唯有这些报道才能代表中国，才能真正引起国际受众的兴趣。同时，中国不能只跟在西方价值观的后面亦步亦趋，必须拥有自己独特的价值观，而中国政府提倡的和谐价值观就是不同于西方价值观的一种新型价值观，这种价值观符合时代发展潮流。但在表达这种新型价值观时，要以中国气质为基础并努力寻求人类共通的表达方式，增强具有亲近性的分享感、减少具有明显"试图改变对方"的凌厉感。中国对外传播网站在国际传播过程中，如果国际受众对信息不易或难以进行"对抗式"解码，就会极大提高网络内容的传播效果，从而达到提升中国网络内容国际传播能力的目标。

（三）提高媒体事件构建力

中国网络内容的国际传播要捕捉国际公众注意力，让中国文化走出去，就应以恰当方式来构建相应的媒介事件，吸引国际受众眼球。通过对网络内容国际传播的直接影响或间接暗示，就像子弹击中躯体、药物注入皮肤一样,引起受众的反应,在一定程度上改变受众的认知、思想、观点和态度。在国际传播中,国际话语权被西方发达国家所垄断,中国国际话语权十分微弱。西方强势媒体诸如美联社、法新社、路透社等经常通过议程设置的方式构建媒体事件,借此来引导国际话语。通过媒体事件的构建,不仅可以吸引全球的关注,更重要的是在媒体事件构建中,传播自己的价值观念。正因为目前中国在国际上话语权相对较小,亟须通过构建媒体事件来传播自己的价值观念,提升自己的国际形象。

在中国网络内容国际传播中,关于中国"第一夫人"彭丽媛女士形象的构建及相关新闻的议程设置就是一个很成功的案例。彭丽媛女士第一次陪同习近平随访,中国网络媒介就针对"第一夫人"给予了集中报道,从其端庄大方的外表到深厚修养的内在再到超高声誉的歌唱家,进行了新闻议程策划,引起了国内外话语高度关注。美国《纽约时报》曾在一篇文章中称赞中国的主席夫人彭丽媛形象好,在中国享有盛名;英国《金融时报》认为:美国总统向来都会安排自己的夫人助威,现在习近平也要加入这一行列;新加坡《联合早报》更是高度赞誉主席夫人彭丽媛将是"中国的新名片"。① "第一夫人"往往是一个国家形象的一部分,甚至被称为"柔性外交的软实力"。中国网络媒体在国际传播中对"第一夫人"形象的成功构建,不仅为中国的国家形象增色,同时也为中国社会发展注入新的正能量。

二、影响国际舆论

国际舆论在国际交往中起着至关重要的作用,当前国际舆论秩序存在着"西强我弱"的明显特征。依据中国过去多年的国情,在中国社会文化和政治环境的特殊环境下,出于国内政治稳定和社会管理的需求,中国"舆论调控"多在国家内部进行。但随着中国改革开放以及 2001 年加入世贸组织,中国与国际逐渐接轨,开放领域逐步增大,信息传播环境也发生了重大变化,中国已完全置身于全球传播网络之中。中国目前面临比较复杂的国

---

① 公方彬:《第一夫人彭丽媛亮丽形象助力中国》,2013 年 3 月 29 日,见 http://theory.people.com.cn/n/2013/0329/c148980-20968298.html。

际舆论环境,其中既有对中国事件的客观报道,也有对中国事件的误解与误读。例如国际上关于"中国制造""西藏独立"和"中国威胁论"等话题的各种噪声,一些别有用心的个人、组织和国家,向国际公众肆意散布不利于国际社会和谐的言论,甚至道听途说,未经考证就随意歪曲事实,对中国的国家形象和国家名誉带来了严重的负面影响。

(一)提高传媒控制力

中国网络内容国际传播报道和欧美发达国家相比,仍存在很大差距,其国际传播报道控制力水平偏低。虽然中国网络媒介近年来加大改革力度,尤其是人民网、新华网、中国网等几家国家级重点对外传播网站不断改进自己的传播报道理念和方式,但在一些重大国际事件报道中,尤其是与中国切身利益相关事件的报道中,国际报道控制力显得较弱,中国网络内容国际传播报道发出的声音和观点往往难以得到国际社会的认可,相反中国的声音往往被西方主流媒介的声音所淹没和边缘化。因此,利用平衡报道提高中国网络内容国际传播报道控制力显得刻不容缓。

网络内容国际传播报道控制力体现在网络媒介对新闻事件的解释权和发言权上。中国网络内容要提高国际传播报道控制力,就必须掌握对新闻事件的解释权和发言权,尤其在涉及中国切身利益的相关重大国际事件中。例如,中国政府近年来不断加强外逃贪官海外追捕的力度,腐败分子不论逃到天涯海角,也一定要将其绳之以法。对此,人民网、新华网等对外网络媒体应抢先报道,并表明这是中国政府的反腐决心,这种海外追捕行动符合国际法律规定并受到国内民众支持,并应积极寻求与国外政府的合作。这样的报道有利于中国网络媒体掌握对新闻事件的解释权,国外媒体在对其进行报道的时候,不会错误地认为中国政府的行动非法或侵犯人权,反而会转而支持中国政府的行动,这种报道方式提高了中国网络内容国际报道的控制力。

(二)提高国际舆论表达力

国际舆论权是在相互依赖的全球化大背景下发展起来的。就当前国际舆论平台而言,网络媒介作为国际舆论传播主要平台,以其海量的信息、迅捷的传播速度和广泛的使用人群,越来越被世界各国所重视。在中国网络内容的国际传播过程中,良好的议程设置能力,往往能为一个国家争取一定的国际舆论权,同时也是其国际舆论权利大小的一杆标尺。显然,与中国日益提高的国际地位和综合国力相比,中国国际传播力明显不足,在海外市场的覆盖率远远不足。随着社会不断进步,中国已进入国际舆论权意识高涨阶段,国际舆论权已成为中国软实力的重要组成部分。在国际传播过程中,网络内容的议程设置必须以争取中国国际舆论权为目标,让中国舆论掷地有声。

1960 年,美国传播学者克拉伯(Klapper)[1]从研究受众心理角度出发,将受众的选择性心理分解为选择性注意、选择性理解、选择性记忆三个具体环节。在当今信息爆炸的时代,受众淹没在不断聚集的信息流中,只能去有舍弃和选择性地注意、接收信息。根据克拉伯的理论,被选中的这些信息大都与受众的生存空间和文化氛围息息相关。但与受众文化不同、背景不同或相隔距离远的信息,往往容易被人忽略。这就意味着,在网络媒体的国际传播中,传播效果很大程度上要考虑到所在地区的民族特色及其传播特性。只有完全了解其传播过程中的文化倾向,才能达到良好的传播效果。国际传播中的本土化过程就是文化交往的切入过程,要用国外受众愿意接受的方式开展国际传播,传播受众感兴趣的内容,从而达到较好的传播效果,并提升媒体公信力。本土化通过语言、文化、风俗习惯等方面的调整,可以不断契合对象国受众的需求,实现网络内容传播的真正"落地",从而打消受众的抵触心理,消除文化屏障,培养受众的忠诚度。

(三)提高国际传播公信力

媒介公信力是指新闻媒体本身所具有的一种被社会公众所信赖的内在力量。它是媒体自身内在品质和外在形象在社会公众心目中所占据的位置,是衡量媒体权威性、信誉度和社会影响力的标尺,也是媒体赢得受众信赖的能力。[2] 媒介公信力是评判媒介舆论影响力大小的重要指标,在一定程度上左右着媒介的生存和发展。对于提高中国网络内容的公信力来说,

---

[1] 　约瑟夫·克拉伯(Klapper):《大众传播的效果》,段鹏译,中国传媒大学出版社 2016 年版。

[2] 　李钢、李丽莎:《信源危机下的媒体公信力之殇》,《网络传播》2013 年第 8 期。

通过网络内容国际传播的平衡报道,可以扩大中国媒介在国际上的知名度和影响力。人民网杨振武社长强调:"有好说好、有坏说坏,没有输理的地方,只有这样,中国才能掌握平衡。"①

众所周知,媒介公信力的形成不是一朝一夕,中国网络内容国际传播公信力的形成同样如此,它需要经过漫长的日积月累。网络媒介公信力充分体现在网络媒介的权威性和国际受众的认可度,它是中国网络内容进行国际竞争的核心,但中国对外传播网站由于受到意识形态差异、政府官方背景色彩、报道观念落后等多种因素共同影响,在国际传播中往往很难赢得国际受众的信赖,相反,国际受众对中国网络内容国际报道充满了质疑和深刻的刻板成见。正如新华网、人民网等对外传播网站在澄清国外关于新疆、西藏等歪曲不实报道中所表现的那样,国外受众对其报道表现出先天的排斥和怀疑态度,总是为其扣上"官方网络媒介""政府网络媒介"的帽子,不仅没有打消国外受众的疑虑,反而加深了国际社会对中国网络媒体的仇视和不满情绪。

人民网英文版推出的习近平特别报道(Xi Jinping Special)专栏,以其亲民、平和的姿态赢得了海外受众的好评,对于人民网公信力的提升起到了一定作用。该专栏头条是关于习近平的最新报道,主要包括一些重大外事访问活动、重要讲话等。还专门设置了习近平的个人简介,就像普通民众的个人简介一样,无形中拉近了受众与最高领导人之间的距离。专栏还开设了有关习近平经历的板块,呈现了他早年的生活和工作经历,还展示了习近平的家庭情况。这种以国家最高领导人名字开设的专栏报道,以公开透明的方式直白地展示领导人的一举一动,十分契合国外受众的民主习惯,使他们感觉到平民一样的亲近感,同时这也在无形中提高着中国网络内容国际传播的公信力。

---

① 苏长虹:《以批评报道平衡国际舆论的有益尝试——本报关于美国弗格森事件的报道评析》,2015 年 1 月 26 日,见 http://media.people.com.cn/n/2015/0123/c192371-26440384.html。

三、提升中国国家形象

软实力的提出者约瑟夫·奈(Joseph S.Nye)①认为:一个国家的综合软实力是由政治吸引力、文化吸引力和国际传播力三者决定的。就中国目前情况而言,虽然已经跃居成为世界第二大经济体,但是经济上的发展并未给国际传播能力的提升产生同步的影响,国际传播能力是软实力系统中最为薄弱的环节。在21世纪互联网信息时代,一个国家的综合国力与其国际传播能力关联甚密,没有国际传播能力提供话语支持,中国就难以实现和平崛起,甚至连维护自己正当利益都十分艰难。而网络内容国际传播能力作为媒介国际传播能力的重要一环,远远落后于西方是不争的事实。不提升中国网络内容国际传播能力,或唯西方话语马首是瞻,中国在国际上就无法获得和经济发展地位相对应的发言权。

国家形象是存在于国际传播中社会公众对国家的认识和把握,是公众作为主体感受国家客体而形成的复合体,被认为是软实力的重要组成部分之一,它在很大程度上要依赖于网络内容的国际传播,而国际话语权的提升和国家形象密不可分,国际话语权的提升更是和网络内容国际传播息息相关。目前,中国国际话语权在很大程度上受到西方话语——尤其是美国话语权的影响。中国网络媒介在国际网络传播体系中处于较边缘位置,在国际市场上影响力不强,丧失了新闻话语定义权和解释权,进而影响其他国家对中国的认识,不利于中国国家形象提升。在欧美话语体系中,中国国际形象不断地"被定义"就充分说明了这个问题,而在中国网络媒体批判欧美网络媒体话语霸权之时,不得不采用欧美的话语体系和逻辑思维而陷入"东方主义"的逻辑怪圈,导致中国网络内容在国际话语权的争夺中丧失主动权。②

---

① 转引自周尤:《软实力视角下"中国梦"的报道及影响力研究》,硕士学位论文,西南政法大学,2014年。

② 吴世文、朱剑虹:《全球传播中我国媒体构建国际话语权的探究》,《新闻研究》2010年11月,第41页。

BBC国际新闻网站素以客观、公正的新闻报道著称于世,依托其长期以来良好的公信力和权威性,受到全球各国受众的信赖和认可,在全球拥有巨大影响力,它为提高英国国家形象和在国际上的话语权立下了汗马功劳。反观中国国际传播网站,人民网、新华网、中国日报网、中国网、国际在线等几家国家级对外传播网站,尽管在国际上拥有一定的影响力,但总体来看在国际上的影响力还较小,对于提高中国国家形象和国际话语权发挥的作用也十分微弱。为此,中国网络内容在国际传播平衡报道中,应以提高国家形象和国际话语权为己任,结合中华民族深厚的历史底蕴,突出中国和平崛起、和平发展的主张,但不要过多地展示自己的经济、军事等成就,要打消外界对中国的偏见,还要展示中国社会经济发展过程中存在的问题,尤其是中国普通民众的经济、文化困境。这样的平衡报道才能展示一个真实、全面的中国形象,有利于国际受众改变对中国过于保守、呆板的偏见,从而真正地提高中国的国家形象和国际话语权。这也是中国网络内容国际传播平衡报道的根本目标所在。

不同的国家都拥有自己独特的历史、文化发展轨迹,拥有不同的具体国情。在复杂多变的国际环境下,中国网络内容的国际传播,必须以设置有利于发展的国家形象为目标,结合中华民族深厚的文化底蕴,突出中国"和平发展"的主张,通过良好的议程设置向世人展示中国和平相处、互惠互利、共谋发展的大国形象。

四、传递中国价值观

目前世界文化的格局几乎被西方资本主义价值观所统治,美国等西方国家凭借自己的大国地位,将其自身的社会制度、思想文化、政治价值观等,通过文化输出,渗透到世界上各个角落。例如,在国际传播中,美国好莱坞电影、美国高等学府、遍布世界各地的美国公司等,在传播美国思想文化、价值观、生活方式乃至政治制度方面起到难以估量的作用。

因此,在中国网络内容国际传播中,需要有意识地将以中国文化、中国价值为代表的软实力传播出去。近几年,中国在海外市场举办了多场"中国年""中国文化年""感知中国行"等活动,在世界五十多个国家和地区建立了"孔子学院",在一定程度上传播了中国的语言和文化,有效扩大了中国国际影响力。中国网络媒介作为国际传播的主要渠道之一,肩负更加重大的责任与使命,也就要求网络媒体在国际传播过程中将中国价值观融入网络内容中,让中国观念更好地走向世界。

网络媒体作为一种新兴的传播媒体,具有兼容性、交互性、开放性、大容量等特点。国际互联网的出现改变了当今国际传播的整体形势,使传播主体更为多元,传播范围更广泛,传播信息更丰富。当前 BBC、VOA 等对外广播已纷纷实现从短波到网络线上的转型,并不断拓展业务范围,以进一步适应新的传播形势。这意味着国际传播从以往单纯追求说服效果变为了追求媒体品牌塑造和市场拓展,更值得注意的是网络媒体的特性逐渐改变了南北国家之间的传播不平等现象,为发展中国家的国际传播提供了新的机遇。中国网络媒体的对外传播活动已开展多年,在国际话语权的争夺中却始终处于被动地位,虽然互联网提供了跨越时空、接近当地受众的手段,但如果不深入其中,是无法真正捉摸清楚一个国家复杂的社会、人文背景的。肩负国际传播重任的媒体应彻底融入对象国社会,突破语言、文化、兴趣上的障碍,就必须走"本土化路线"。因此在中国网络内容的国际传播中重视本土化建设就显得格外重要。从本土化的功能可以进一步看到其重要性。

"让世界了解中国,让中国走向世界",这句话高度概括了网络媒体的国际传播所担负的责任。"让世界了解中国"就是要让外国人和海外同胞全面真实地了解中国,包括中国的国情、人们的生活习惯、历史的呈现方式等,这些真实情况如果被生硬地对外宣传,只会加深国外受众心中中国只会说好话的"刻板成见",感染力和说服力将大打折扣。在中国网络内容国际传播中充分发挥中国网络媒体的推介作用,这样的推介不是不加任何修饰的、生硬的,而是将中国特色融入当地风俗民情后所体现的力量,如纽约时代广场中的"中国墙"播放中国的春节特辑等。本土化的推介因其当地元素的加入,抓住了传播中的接近性,更能为国外受众所接受。

基于目前中国相关法律规定网络媒体没有采访权,网站除大量采用权威媒体通稿外,主要以翻译本国或他国媒体新闻为主,从自主视角出发的独家新闻和评论并不多见。在具体内容上,新闻报道的同质性很高,报道千篇一律。这就使得与国外大媒体集团竞争时,国内的英文网站由于缺少自己的声音而丧失了竞争力,使得传播效果无法达到预期。在国际广播领域,英国BBC、美国之音、德国之声等世界主要广播媒体都实施了内容本土化的传播策略,如调整节目播出时间、结构、内容、语言,适当增加当地民族语言,采用当地民众易于接受的形式,内容上增加当地民众较为关心的问题,更加贴近群众、贴近生活、贴近现实,从而换取当地受众的注意力。采用本土化语言,可以使网络媒体快速创建英文版本和其他语种的新闻版本,相应的国家受众能较容易地跨越语言障碍,客观上可以更好地更有效地开展跨语言的国际传播,这无疑也是网络媒体国际传播的独特优势。近年来,中国网络媒体在国际传播上取得了长足进步,这除了得益于政府的扶持外,客观上也是互联网的技术优势和英语强势有机结合的结果。除了语言种类的本土化之外,语言风格和表达视角的本土化也极为重要,只有突破了这两点,才能真正实现传播内容的"落地",才能真正走进当地人的视野,融入当地人的世界。

五、打造中国媒体国际品牌

心理学上强调"第一印象"的重要性,在同类定位的网站众多时,对媒体的第一印象可能会决定受众是否再关注这个网站。中央级对外网站的存在具有唯一性,它出现在受众面前更多的是代表着中国整个国家的形象,更应该营造一种独特的意境。目前,在国外发展的中国网站都属于国内媒体的子品牌,对于对外网站来讲,面对的受众是海外公众,与同一媒体之下的本土网站所面临的受众诉求有所差异,不可能完全脱离原有媒体的母品牌概念,而创造出一个全新的理念。但是同一品牌集合体内的母品牌和子品牌,存在着互动关系,借助于母品牌的影响力可以有效地推广子品牌,而子品牌的成功又可以反哺提升母品牌的品牌资产。对于海外受众来说,最难以克服的传播困难就是陌生感,在海外激烈厮杀的媒介市场上,品牌立足的重要因素就是亲近感,所谓在"敌人的战场上"赢得民心。本土化能促使网站根据自身特点进行准确的品牌定位,进而在品牌包装上启用鲜明的本土化元素,在品牌理念上彰显兼具民族性和普适性的精神气质,增强自身与海外受众的贴近性,帮助对外网站在竞争中获得相对优势。

中国各对外网站的受众定位基本以海外华人华侨、港澳台同胞以及对中国感兴趣的各国人民为主,其中,又以国外政、经、商、学界的受众为主要力量。这部分人接受过良好的教育,一般有着较高的社会地位,影响力大,是东西方媒体长期以来争取的理想受众。但从人口总数来看,这部分人毕竟只是少数。国际传播本土化的价值就在于从海外受众需求入手,不仅满足高端人群的传播需要,同时针对不同阶层的受众,进行因人而异的合理分配,从内容上、形式上、表现手法上以及意识形态上有所区别,改变以往把主要受众定位在单一群体的做法,这将大大增加中国网络内容国际传播到达的受众人数。

六、提升中国国家文化软实力

全球化背景下的今天,国家软实力的意义不在于自我持有,而在于促进本民族文化、政治价值观和外交政策为国际社会广泛接受和认可,从而使其上升和转化为世界共享的共有观念。提升一个国家软实力的过程就是使软实力资源在国际上获得认同与吸引力的过程,而这一过程是与一个国家的国际传播力的提升密切相关的。但是,媒介生硬表达往往很难得到受众认可。美国凭借无可匹敌的网络资源的优势,在互联网上推销网络影视、网络图片与网络生活方式等,潜移默化地影响着广大网民的政治倾向和人生价值观念,对于中国这个巨大的受众市场,各大传媒公司更是制定了一系列行之有效的本土化战略。这也就意味着,一个国家可以根据国家利益的需要,把本国的方针政策,通过媒体的力量转变为国际社会的议程,形成对自己有利的话语环境,从而形成舆论影响力。从这个角度来说,国际传播中本土化的实现程度就是一个国家的政治、社会影响力,就是一种功能强大的软实力。

对外开放和经济发展使得中国的综合国力快速增长,加入 WTO 以及经济全球化的现实环境也使世界各国都开始将目光投向中国,中国逐渐在国际舞台上扮演举足轻重的角色。随着中国国际地位的日益提高以及国际交往的日益频繁,中国的政治、经济、社会、文化等各方面的发展现状都成了国际社会迫切希望了解的内容,特别是中国在国际事务中的态度和主张尤其受到重视。加之全球传播时代的到来,不仅使得国内新闻媒介机构面临着跨国传媒集团的挑战,普通民众的生存状态也已进入国外媒体的报道视野,如何准确、及时、客观、全面地向海外受众报道中国,积极主动地参与国际传播竞争,又通过自身努力融入国外竞争环境,潜移默化地传播本国文化已成为中国对外传播新闻媒介的艰巨任务。

因此,一方面是国外不断增强了解中国的需要,另一方面是国内传播机构面对严峻的国际传播局势和竞争环境,如何把国际传播能力建设做得更好,在国际传播过程中如何更受当地人喜欢,得到当地人信任,在国际传播中树立中国国际形象,让其他国家的人民充分了解中国文化,都需要仔细研究。国际传播不仅仅是"走出去",如今还面临着"走进去",要从根本上实现国际传播,就需改善报道内容里的中西比例,明确本土化的整体趋势,细化受众需求定位,扩大海外受众群体,增加内容中的本土化元素和民族性元素,丰富网络媒体传播策略。

目前中国网络媒体国际传播工作已经全面展开,国际传播成为中国与其他国家进行交流合作的关键。长期以来,中国国际传播成本高昂,效果却并不明显,主要原因是沿袭了对外宣传的老路。针对中国国际传播领域的薄弱环节,通常认为,建设国际一流传播媒体,争取国际话语权,塑造和传播国家形象,影响国际主流媒体和主流社会,是当务之急。

第三节　中国网络内容国际传播力提升战略

网络内容的迅猛发展带来了传播技术变革,国际传播技术范式的转移正日益消减传播主权边界,消减并模糊传播身份,从而导致现代传播生态格局和国际传播新秩序的重构。本节探讨中国网络内容国际传播力提升战略。

一、中国网络内容国际传播力提升的战略体系

在这场国际话语权激烈争夺过程中,中国一方面要坚持传播主权,审慎

应对打着"互联网自由"幌子的意识形态渗透;另一方面,要着眼于战略与战术上的综合考量,勇敢地超越西方经验,发展中国路径,完成网络内容思想战略体系、内容战略体系、人才战略体系、资本战略体系。

（一）思想战略体系

网络内容是一种开放、自由、互动、双向的思想传播,其表征是"任何人在任何地点任何时间接触任何信息"的可能性。当前,网络和数字技术裂变式发展,带来了媒体生态深刻的变革。从媒体发展格局看,网络内容成为人们获取信息的主要途径;从舆论生态变化看,网络内容话题设置、影响舆论的能力日渐增强;从意识形态领域看,网络内容已经成为舆论斗争的主战场。因此,网络内容国际传播力的提升首先要完成传播思想的更新,坚定不移地坚持传播主权。这种更新,一是要求中国具有全球化视野。即尊重网络传播规律,改变主观色彩过重、宣传意味过浓的传统套路,以大国主体身份发布信息、设置议程、引导国际舆论,形成话语优势,提升中国网络国际传播的信誉度。二是要求中国具有中华文化视野。即充分利用汉语言文化圈和中华文化影响圈的资源优势,了解并根据他们的需求,制定针对性的传播策略和差异化传播的目标,通过跨语言、跨(亚)文化的编码、解码,消除传播中的隔膜与障碍,实现网络传播效益的最大化。三是要求中国具有中国视野。即凸显"中国制式"的重要性,制定制式、设定标准,就会引导产品的生产与流通,否则中国的网络文化就将被引导。因此,如何以"中国制式"(比如汉语)营造有利于中华文化传播的氛围,形成中国传播的品牌优势,值得中国深入思考。

（二）内容战略体系

"内容为王"是媒体得以存在和发展的必然选择。中国共产党十七届六中全会指出,"实施网络内容建设工程,推动优秀传统文化瑰宝和当代文化精品网络传播",这就要求审慎应对"互联网自由"的渗透,打造更亲民、更接地气的网络传播内容。一是展示中国面貌。"中国梦"理念的传播,成为世界改变对中国模糊认识甚至错误认知的有利契机,应充分利用网络平台,积极对外介绍中国和谐社会、"四个全面"的治国理念,介绍中国经济社会发展的重大成就,介绍中国走和平发展道路、推动和谐世界建设的一贯主张,展示中国人民追逐"中国梦"的历史进程,满足国外受众对中国信息的日益需求,让世界看到真实的中国。二是传播中国声音。重大国际事件、突发性群体事件、涉华问题是深有价值、颇具影响的国际传播内容,应当作为网络话语权竞争的主攻方向。对于国际问题,中国应做到不缺位,及时发出中国声音,表明立场和原则,影响与引导国际舆论;对国内的事务,中国要建立快速反应机制,在第一时间发布新闻,争取主动。三是展示中国文化魅力。中国文化的独特魅力令人折服和神往,有很强的跨越文化传播能力,中国要通过网络内容大力弘扬中国传统文化,积极影响西方媒体、西方公众和西方社会,更好推动中华文化走向世界,形成中国原创性生产力和竞争力。

(三)人才战略体系

李长春在视察中国传媒大学时强调,加强国际传播后备人才培养是提高国际传播能力的重要内容和紧迫任务,是打造国际一流媒体的前提和基础。在提升网络内容国际传播力的进程中,中国要建立统一的人才管理体系,加大内容生产、技术研发和经营管理人才的培养、引进力度。不断转变用人机制,优化人、财、物的管理机制。完善绩效考核机制,实现新常态下更加科学的网络传播人才战略,形成人才优势。在人才培养方面,一是进一步加强高校网络传播人才培养的主体地位。要积极培养"新闻+网络"的专业复合型人才;发展英语独立的英语采编专业;推进学科交叉,鼓励其他学科参与国际传播人才的培养;积极发展和国外新闻教育团体的合作等。二是加大传播机构对网络传播人才的培养力度。主流媒体(含门户网)要因应媒体融合的发展需要,调整网媒比重,及早锻炼队伍。此外,通过对海外网络传播机构的访学、交流,带动中方人才成长,也是一个切实可行的办法。三是校企联手培养网络传播人才。高校应积极与互联网行业联手,在网络传播人才的培养过程中既注重实践性,又强调人文性,突出跨文化交流能力,并加快国际化办学的步伐。

(四)资本战略体系

至2015年,中国互联网的商业发展经历了三次热潮。第一次热潮(1994—2001)发端于1999年中华网在Nasdaq成功上市,融资8600万美元,第一次让风险投资看到了中国市场的巨大商机。第二次浪潮(2001—

2008），中国互联网形成了网络游戏、网络广告和 SP 三大赢利模式，每一项年收入都达到数十亿的规模。第三次热潮（2009—2015），腾讯、阿里巴巴等巨头公司的市值跻身于世界前列，腾讯市场价值突破 1500 亿美元。2014年，中国以互联网金融为代表的互联网新商业模式发展与创新已经超越美国。信息网络技术革命推动中国网络内容纷纷在美国上市，主要集中于纳斯达克（Nasdaq）和纽约证券交易所（NYSE），导致这一局面的主要原因：一是海外对科技类企业入市的门槛相对较低，这为高风险、高成长性企业提供了进入资本市场的便利；二是海外资本市场体系健全，融资高效便捷，审批手续简化。基于规范中国互联网民族企业的资本领域行为，借鉴国外政府的相关对策，建议从以下方面加以应对：加大对外资投资中国互联网重要领域监控；鼓励各项境内资本参与投资互联网产业；走有中国特色的民族互联网产业发展道路。

二、中国网络内容传播力提升的战略跨越

中国网络内容国际传播力提升，不仅需要微观的措施和对策，更需要宏观的战略和方向。中国网络内容国际传播力提升的宏观战略主要包括技术战略、文化战略、观点战略以及制定战略。提升中国网络内容国际传播力宏观战略不仅应从体系建立入手，还应从战略跨越入手。通过技术、文化、观点、制度上的跨越，塑造国家形象，在重构"中心"与"边缘"的国际传播格局的博弈中赢得发展契机。

（一）技术战略跨越

技术能力决定传播能力，传播能力决定影响能力。西方一流媒体往往以雄厚的网络技术作为支撑，形成了传播渠道、传播内容的先发优势。没有技术上的跨越，中国就难以与西方同台竞技。首先，中国必须在国际技术领域实现更多"中国创造"。建立媒体技术核心研发团队，注重在引进、消化、吸收的基础上再创新，加快传播技术自主研发；尽快完成网络内容主流技术平台的建设，包括数字电视平台、宽带互联网平台和移动媒体平台；加强传输覆盖技术建设，推进以卫星、光缆、预警监测网、传播安全保障系统为重点的传统基础设施数字化、网络化进程。其次，中国必须加大科技创新成果转

化力度。加快网络先进技术设施和设备的配备,积极运用网络传播手段优化新闻业务流程和产品体系,使新媒体技术成为推动中国媒体创新的强劲引擎;积极推进技术标准体系建设。建立与国际对接的芯片标准、编码解码标准及无线频谱分配等标准体系,抢占网络传媒技术制高点,力争在国际传播领域产生更大影响。

(二)文化战略跨越

国际传播是一种跨文化传播,在这一语境中实现信息的有效传播,必须打破不同地域之间语言、文化、价值观及思维方式与接受方式等的障碍。首先,中国应重视本土化网络传播,坚持因地而异、因人而异、因时而异,在国际化的视野下,充分考虑不同国家和地区受众的文化差异性,不断加大本土事务的报道力度,增加传播的贴近性、针对性和实效性,提高传播的吸引力、亲和力和影响力。要重视传播艺术,在报道事实、传播信息的过程中,注意把中国的历史文化、发展成就、价值观点等化于无形,融于本土化的报道内容之中,促进中国元素与本土形式的完美结合,增进当地人群对中国的认同感。建立科学高效的本土化传播评估机制,有针对性地提供新闻和资讯内容,不断完善服务功能。其次,中国应重视植入式网络传播。通过业务合作、内容交换等形式,把需要传播的信息内容直接展示在对象国家或地区的网络内容上,起到事半功倍的传播效果。加强国内网络内容与国际媒体的合作交流,有效运用合作方的传播平台,达到借船出海的目的。

(三)观点战略跨越

不同的国家、民族,观点的差异客观存在。国际传播必须承认并且跨越这种差异,才能被最广泛的人们所接受。首先,应重视观点传播。在国际传播中,一个国家的价值观点和文化传统具有真正深远的影响力,必须采取以我为主的方针争夺网络话语权,注意处理好信息霸权与中国声音、全球视野与中国视角、中国内容与国际表达、全球内容与中国价值等问题,逐步形成一套有别于西方媒体的话语体系,为中国的传播目标服务。其次,应重视互动传播。国际传播的实践表明,国际间许多的误解甚至敌意,都是沟通不到位、信息不对称造成的。这就要求中国充分利用网络内容的互动性,通过中外网民"面对面"辩论、沟通,形成观点的交流与思想的交锋,表达诉求,加强了解；求同存异，达成谅解；增信释疑，汇聚力量。"路熟了走起来容易，人熟了聊起来容易"，这些做法往往能够取得其他方式难以达到的传播效果。同时中国网络内容国际传播应树立"中国态度、全球视野"的全新传播理念，使传播过程符合目的地受众心理，才能收到应有效果。中国网络内容的国际传播，不仅应着力加强对中华民族生活观、价值观和文化观的继承和传播，让世界各地人民领略祖国文化的永恒魅力；而且更应秉承发挥主观能动性的精神，对文化渊源进行改革创新，与时俱进，向世界展示当代中国文明的进步和繁荣，塑造全新的国家形象。国际传播在推动各国文化的比较、竞争与融合中发挥了强大的作用。中国网络内容国际传播应以开放的态度促进文化之间的平等对话，积极促进国际关系的和谐民主和有效。

（四）制度战略跨越

当前中国网络内容的发展面临着"缺乏资源共享机制；重复建设和同质化现象严重；业态单一发展"等严重的制度障碍，要跨越这些障碍，首先，要强化互联网思维，加强统筹规划，形成一体化的组织结构和传播体系。这就要求有效整合各种媒介资源和生产要素，实现信息内容、技术应用、平台终端等的共享融通；进一步创新适应国际传播发展趋势的体制机制，完善管理和运行机制；打造一批拥有强大实力和传播力、公信力、影响力的新型媒体集团；加强网络法制建设，营造共建共享的网络精神家园；净化网络环境，努力营造正能量的网络文化氛围。其次，要借助专业化手段，通过第三方评价机构，建立国际传播效果评价制度。这就要求根据海外点击、市场反应、社会评价等相关指标，建立评价模型，依据数据分析的结果及时调整传播策略，并不断完善国外新闻信息产品市场分析制度，细分受众市场，根据不同用户群体的不同需求，实现有针对性的海外营销。

三、中国网络内容国际传播力提升的战略"基本盘"与"重点盘"①

实现习近平提出的构建现代传播体系的新闻宣传领域创新目标，不仅

---

① 向志强、袁星洁：《把握国际传播的"基本盘""重点盘"》，《人民日报》2015 年 5 月 14 日理论版。

应进一步增强中国网络内容国际传播的贴近性、权威性、亲和力,提高原创率、首发率、落地率,而且更为重要的是把握中国网络内容国际传播的"基本盘"与"重点盘",这是当前跨国传播和全球化交互作用的语境下,提升中国网络内容国际传播力的重要策略。要把握好这个"基本盘"与"重点盘",不断提升国际传播力,可以从四个层面入手。

(一)中国网络内容国际传播层次的战略"基本盘"与"重点盘"

所谓中国网络内容国际传播层次的"基本盘",是以中国为原点,第一层次为海外华人华侨(含港澳台),主要原因是共同的民族传统和文化渊源所衍生出的基本一体的价值观;第二层次为周边国家,主要原因是中国经济快速增长的强劲影响;第三层次为广大亚非拉第三世界国家,主要原因是在民族独立、自由、发展的历史进程中的相互支持。相对于发达国家而言,这些国家虽然大部分比较落后,但他们大多数对中国有天然的亲近感。这些国家地域广阔,人口众多,资源丰富。从国际政治走势看,这些国家是中国风雨同舟、相互扶持的战略伙伴;从全球传播布局来看,他们确应成为中国国际传播布局的着力点和"基本盘"。

在提升网络内容国际传播力的战略中,强调以上三个层次的重要性,并不是忽视发达国家。正如"两点论"中有侧重点一样,在重视基本盘的同时,应视以美国为首的西方发达国家为中国国际传播的"重点盘"。毕竟当今国际传播的现实是西方媒体垄断全球传播资源,并且它们越来越趋向于使用同一新闻框架,并通过议程同化的手段影响、调控全球的舆论,从而控制国际社会和世界的民心。重视广大第三世界的国际传播,其实质是巩固中国的同盟军;关注美欧日等西方发达国家的国际传播,其实质是争夺国际传播的话语权。

(二)中国网络内容国际传播主体的战略"基本盘"与"重点盘"

所谓中国网络内容国际传播主体的"基本盘",是构建国际传播中"多元化"的传播主体格局。长期以来,由于意识形态、文化传统等方面的差异,特别是西方媒体妖魔化的宣传,西方(包括一些第三世界国家)对中国官方媒体一统或主导的国际传播形成了"刻板成见",因此,在网络内容的国际传播中,需要实现多主体参与,呈现多元化的网络国际传播格局。具体来说,中国的官方媒体(各级党政机关、企事业单位、高校、公营媒介等网站)、半官方媒体(NGO、社会组织、民主党派、人民团体等网站)、商业媒体(阿里巴巴、新浪、搜狐、网易、腾讯等网站)以及个人媒体(微博、微信、博客、播客、QQ、论坛等)等应成为中国网络国际传播主体。这些主体多元互动,尽管是多个独立的行动体和舆论中心,但目标指向都是超越西方经验、发展中国路径和塑造国家形象。必须指出的是,依据特殊国情,中国的"多元化"的网络国际传播战略,必须是政府主导下的多元化。

与此同时,不断优化和拓展网络内容中"国家队"的传播角色,是中国国际传播主体改革的"重点盘"。其支撑就是"6+3+1",即人民网、新华网等6大中央级英语网站,以及千龙网等3大地区性网站。"1"就是2009年年底正式开播的中国国家网络电视播出机构——中国网络电视台(CNTV)。"6+3+1"共同构成了中国网络内容国际传播的"国家队"。对于"重点盘",一是要继续加大投入,扩张网络信息覆盖面。近几年来,中国政府投入巨资,新华网正在运行24小时新闻频道;CCTV推出法语、西班牙语、阿拉伯语、俄语等频道;CRI正努力实现海外节目的调频播出。二是要注意整合资源,打造中国传媒航母。要发挥社会主义制度集中力量办大事的优势,在6+3+1新闻网站格局的基础上,进一步打造以视听互动为核心的跨国传媒集团。三是要重视影视媒介,艺术地传递中国价值。美国的经验表明,影视媒介在意识形态构建与价值传播层面具有特殊力量,中国要借助影视载体,通过互联网让更多"中国故事"在全球产生影响力。

(三)中国网络内容国际传播内容的战略"基本盘"与"重点盘"

所谓中国网络内容国际传播内容的"基本盘",是指网络传播的资讯、财经、科技、教育、体育、娱乐、视频、时尚、汽车、房产、游戏、彩票等内容,通过这些内容的生产和传播,实现网络内容传播的基本功能。选择这些内容作为"基本盘"的主要构成,很重要的原因是这些内容完全是为国际受众提供咨询和服务,易于接受,因为它们不具显而易见的意识形态和政治色彩,国际传播的文化折扣相对较低。应该说,网络内容国际传播内容的"基本盘",是中国网络内容国际传播的立身之本,紧抓网络内容国际传播内容的"基本盘",不仅能极大提升传播效果,更为重要的是通过"基本盘"可以渗透和传播"重点盘"。

所谓中国网络内容国际传播内容的"重点盘",是实现网络内容舆论引导功能的内容。中国网络内容在国际传播中,除了基本功能外,必须传递中国声音,表达中国主张,影响和引导世界舆论,争夺国际传播的话语权。其具体表现就是各网络内容的官方或民间舆论频道。比如人民网的"观点",就包含"人民网评、快评、洞鉴、来论、学习知新"等栏目,基本上体现了中国网媒官方的言论体系。新浪网的"论坛",包含"杂谈、情感、娱乐、生活、时尚"等内容,基本上代表了中国网媒民间言论体系。在国际传播时代,国家的地理界线在一定程度上被超越,利用网络媒介传送本国的意识形态、文化、价值观等,影响他国民众的文化根基和意识形态的现象司空见惯。鉴于此,应当充分发挥网络内容的舆论引导作用,将重大国际事件、突发性群体事件、涉华问题等深有价值、颇具影响的国际传播内容,作为网络国际传播话语权竞争的主攻方向。对于国际问题,应及时发出声音,表明中国的立场和原则,影响国际舆论;对国内的事务,要建立快速反应机制,在第一时间发布新闻,争取主动。

(四)中国网络内容国际传播受众的战略"基本盘"与"重点盘"

所谓中国网络内容国际传播受众的"基本盘",是国际传播中的受众。当前随着互联网技术的飞速发展,全球网民数量的爆炸式增长,互联网用户已超过20亿。从中国的视角观察,传播受众应包括以下几个层面,一是海外华人、华侨(含港澳台);二是周边国家(地区)受众(含东南亚);三是与中国有较紧密政治、经济、文化等联系的其他国家(地区)受众;四是传统友好国家(地区)受众;五是第三世界国家的传统受众;六是留学生、外交、国际劳务输出、输入人员;七是孔子学院学员等。在基本盘的国际传播中,由于各国意识形态、价值观、风俗文化等的差异,尤其是传播语言的隔阂,目标受众的对象化趋势已日渐显现。即要求在传播模式、传播语言及传播内容等方面力求对象化,这一点已成为当今国际传播的共识。

在此基础上,传播受众中"网络意见领袖""智库"等作为网络国际传播中"重点盘"便凸显出来。就"网络意见领袖"而言,他们人数虽少,但他们与网民身份接近,容易交流意见,具有独特的优势,其观点往往影响大批粉丝和舆论走向,甚至改变公共事件在现实中的走向,其作用容易引起政府决策层的重视,必须高度重视网络意见领袖的重要作用及其可能出现的问题,通过"二级传播"发挥积极的国际传播效果。就智库而言,由于其具有政府与公众媒介等特点,国外智库的"中国观"往往对各国政府具有非常重要,甚至是决定性的影响。因此必须将其作为目标受众的一个新的突破点加以研究和利用,通过影响智库进而影响国外政府和利益集团、媒体和普通公众,为中国的传播目标服务。

第三章 中国网络内容国际
传播力现状评价

网络内容传播具有全球性。网络媒体由于只需连入因特网即可参与国际传播,而且所受传播限制相对较少,因此成为一些国际传播弱国突破西方媒体舆论桎梏的重要发展对象。为了实现对中国网络内容国际传播力的合理评价,着手构建中国网络内容国际传播力评价体系将非常重要。本章通过对中国当前在国际传播中发挥主要影响力的网站在新闻资讯、专题服务、娱乐综艺等信息内容进行研究,构建中国网络内容国际传播力评价体系,进而分析中国网络内容国际传播力的现状。

第一节 中国网络内容国际传播力评价体系的建构

网络国际传播力在一国国际传播力中的作用,是随着全球化发展而不断提升的。无论是发达国家还是发展中国家,都期待通过本国媒体网站的国际传播力在世界舆论格局中获得一席之位。通过建立中国网络内容国际传播力的评价体系,可以为有效评价中国网络内容发展现状提供工具支撑,为相关研究提供量化参考。

一、中国网络内容国际传播力评价体系构建目的

构建中国网络内容国际传播力评价指标体系主要有三个目的,分别为

评价中国网络内容国际传播力发展水平、提高中国网络内容国际传播效率以及促进中国对外发声窗口建设。

（一）评价中国网络内容国际传播力发展水平

构建中国网络内容国际传播力评价体系的目的之一是通过定量方法实现对网络内容国际传播力相对清晰的表述。相对于媒体发展水平较高的西方国家,中国当前的网络媒体国际传播力水平偏低,虽然各大门户网站在近年来做了许多改变,譬如新华网、人民网和中新网等各大门户网站陆续推出英文版或海外版,网站的整体编辑也趋于国际化,但在遇到一些与中国切身利益相关的问题时,这些门户网站在国际上的发声似乎一直是"雷声大、雨点小"。本文通过解构中国网络内容国际传播力,清晰表述国际传播力各项指标,从而可以对中国网络内容国际传播力水平有更为清晰的定量了解。另外通过对中国门户网站的信息内容进行对比评价和综合评价,也可对中国当前网络内容国际传播力的现状有一个基本认识。例如在当前国际传播力研究中,很多学者在文献中分析出了媒体国际传播力的影响因素,但是并未进行实质性分析,缺乏数据支撑,而建立中国网络内容国际传播力评价体系,则能有效表征中国网络内容国际传播力发展水平。

（二）提高中国网络内容国际传播效率

构建中国网络内容国际传播力评价体系的目的之二是对当前中国网络内容主要优势点和存在的问题进行分析,进而提高媒体国际传播效率。由于建立中国网络内容国际传播力评价体系须通过加权计算才能获得相应指数,因此只需对指数进行分析即可发现相应媒体的优势点及其存在的问题,并由此可以有针对性的通过"稳长板""补短板"来提高网络内容国际传播力的传播效率。在中国网络媒体中,很多媒体网站在世界上排名并不低,但是其国际影响力却与欧美国家的网络媒体相距甚远,这就需要针对中国网络内容国际传播力评价体系中的相应媒体指数进行分析,探讨关键指数,寻求媒体网站的短板,通过弥补媒体网站的不足来提高网络内容国际传播效率。

（三）促进中国对外发声窗口建设

构建中国网络内容国际传播力评价体系的目的之三是为建设对外发

声的窗口提供评价工具,为提升引导国际舆论水平和拓展中国价值观的世界认可度提供理论基础。目前中国通过一系列措施在一定程度上提升了自身网络内容的国际影响力,然而时至今日,中国仍然缺少能与世界知名媒体网站相抗衡的网站,其结果必然是中国网络媒体在与自己切身利益相关的国际事件上发声时,声音往往微弱或者易被忽视。特别在近几年,由于中国综合国力的不断提升,受到的国际关注越来越多,相应的各种诋毁中国的情况也在国际媒体上出现,严重影响了中国的国际形象和对外交往,因此应通过建立网络内容国际传播力评价体系来促进中国对外发声窗口的建设。

二、中国网络内容国际传播力评价体系构建原则

在确立中国网络内容国际传播力评价体系建设目标后,还需对其体系构建原则进行分析。由于本文所要研究的对象是中国网络内容国际传播力评价体系,与其他类别的国际传播力研究有较大不同,而且由于网络内容种类多种多样,数量巨大,在进行指标选取时需保证全面性,因此建立相关评价体系构建原则非常重要。中国网络内容国际传播力评价体系的构建需遵循以下原则:

（一）全面布局原则

在对网络内容的国际传播力进行评价的同时,需考虑网站信息内容的基本构成。由于网站信息内容的存在面较广,包含的类别很多,因此在设立指标时应考虑指标覆盖的全面布局,不能只将评价指标局限在某一类别中,而且需按将各类别指标项分析到位,保证所有指标内容都能覆盖,并且在计算指标指数时,既要考虑单项指标指数,也要考虑总体指标指数,通过对权重指数进行单一和综合比较,以此展现不同媒体网站内容的国际传播力发展状况。

（二）符合国情原则

在构建中国网络内容国际传播力评价体系时,首先应认识中国所处的国际传播环境,欧美很多国家20世纪已具备了相当知名度,可很快依靠品牌优势或者强势的资金和企业文化建立网络门户。依托 CNN 电视台设立

的 CNN 网站能在很短时间内收获巨大影响力,这与 CNN 电视台的成功有必然联系。而中国直到 20 世纪 90 年代才逐步建设相应网站,因而无论资金还是品牌都弱于西方,这就要求建立中国网络内容国际传播力评价指标体系时,需考虑中国实际情况。而且中国媒体与国外媒体的发展并不完全相同,特别是网络媒体更是不同,譬如中国只有部分网络媒体拥有采写权,而大部分网站只有新闻的转载权等等,因此评价体系需考虑网站类别,并符合中国国情。

（三）实时原则

在建立中国网络内容国际传播力评价体系时,所选择的指标应属于最有效指标,而不是选择一些通用或过时的指标。同时,确立每一类别指标还需考虑合理性,每个指标的确立需有一定实践背景,而且指标指数推算也应具可操作性。另外,为了获得对相关网站最新国际传播力对比,应选择最近指标数据,保证指标数据的实效性,以此确保指数的现实指导意义。

（四）平衡原则

在建立中国网络内容国际传播力评价体系时,应考虑平衡性原则。平衡性是指评价维度之间的平衡。例如当前中国很多网站的点击量很高,但这些点击量主要来自国内,而不是来自国外,属于"墙内开花墙外不香",因而在构建指标时,需将点击量划分为中国国内点击量和海外点击量。另外,在收集指标数据时,由于中国网络内容国际传播力评价体系的主要研究对象为国际传播力,因此所收集的数据也应为国际性数据,不能仅局限于国内,例如在进行网站受众分析时,尽管有部分受众为中国国内受众,但仍应结合国际受众和中国国内受众两部分来综合分析,保证其指标选取的平衡性。

三、中国网络内容国际传播力评价体系构成要素

媒体国际传播力是一个较难界定的概念,相应的在评价体系中也很难列出所有相关指标。学界当前对媒体国际传播力的影响因素研究已全面展开,例如吴立斌（2011）在《中国媒体的国际传播及影响力研究》中对媒体国际传播力影响因素进行了相对充分的解析,吴立斌将媒体国际传播力分为

"国际传播基础""信息生产能力"和"传媒产业实力"①这 3 大类指标,涉及媒体人力资源、财政实力、媒体内容及传播资源等内容,另外南京大学的郑丽勇(2010)在《媒介影响力评价指标体系研究》一文中也将媒体的影响力因素分为广度因子、深度因子、强度因子和效度因子,每一类因子之下都有多种具体因子。

本书根据已有研究成果,依据拉斯韦尔(Lasswell)的"5W"模式②,结合关于媒体国际传播力的相关理论进行分析,将媒体国际传播力最终分为"传播环境""传者""传播渠道""议题""受众"及"现实效应"6 个类别。其中,"传播环境"指的是媒体在进行国际传播时的传播状态,即媒体是在什么样的情境下进行国际传播的。这里引入"钻石模型"概念,"钻石模型"又可称为"波特菱形理论",由美国哈佛商学院教授迈克尔·波特(Michael E. Porter)③于 1990 年提出,提出之初是为了分析一个国家在国际上的竞争力,现已在经济领域起着重要的评估作用,它主要是从企业处境、政府、生产环境等因素来进行分析。由于网络内容国际传播力的构成要素主要是网络内容本身,因此本文将"传播环境"构成要素排除,同样与网络内容关联相对不紧密的构成要素还有"传播渠道","传播渠道"指的是媒体在国际上的传送渠道,例如电视的卫星网络、报纸的发行网络等,所以本文也将"传播渠道"排除。另外,"传者"指的是国际传播信息内容的发出者,这里主要指的是媒体本身,"传者"包含初级生产要素和高级生产要素两个要素,综合来说包含"采编发设备先进性""媒体经济规模""传媒技术、创意及管理人才比重"及"媒体公信力"等,经过比照这些构成要素与网络内容基本也无紧密关联,因此也排除"传者"这一类别。因此,所留下的构成要素包括"议题""受众""现实效应"三大类,这三大类构成要素与网络内容直接关联,因此本文将对这三大类别进行重点分析,这三大类构成要素也相应地为中国

---

① 吴立斌:《中国媒体的国际传播及影响力研究》,博士学位论文,中共中央党校,2011 年。

② 参见高海波:《拉斯韦尔 5W 模式探源》,《国际新闻界》2008 年第 10 期,第 37—40 页。

③ 迈克尔·波特:《国家竞争优势》,李明轩、邱如美译,中信出版社 2012 年版。

网络内容国际传播力的构成要素。

（一）"议题"构成要素

"议题"主要是指媒体传送的信息内容，拥有不同议题的信息内容一般会产生不同的传播效果，主要包含以下几个方面：

1. 传播信息数量。传播信息数量即报纸每日的发稿量、电视台每日的节目播出时长、广播每日的节目播出时限、网站每日的发稿量等。信息传播数量越大，媒体在传播过程中产生的影响力越大，特别是在网络国际传播中，影响力较大的媒体通常在发稿量上高于其他一般媒体，因此，提升传播信息数量是媒体提升国际传播力的重要手段之一。

2. 信息整合度。信息整合度主要表现为媒体信息的首发率、原创率等，媒体信息传播时需考虑的关键因素之一便是信息的及时性和原创性，受众无时无刻不在渴望最新信息，因此媒体内容原创水平和首发率将影响受众对于媒体的选择，特别是在国际传播中，拥有较高信息首发率和原创率的媒体往往能捕获更多眼球。

3. 国际语言数量。国际语言数量直接关系受众的多样性，为了提升国际传播力，一些有实力的媒体会在原有语言基础上添加新的语言，以扩大国际受众覆盖率，BBC、华尔街日报网、NHK（日本放送协会）环球广播网等世界著名媒体的门户网站，都已开通中文页面以扩大其在中国受众中的影响力，可见，网络内容语言数量的运用是提升媒体国际传播力的重要构成要素之一。

4. 多媒体技术应用。随着科技的发展，越来越多的媒体开始在日常运营中使用新技术，以网站为例，由原始的Web1.0时代过渡到Web2.0时代，很多网站利用新兴内容编排实现了页面的个性化和多媒体化，多媒体技术的应用也是媒体提升国际传播力，吸引受众的重要影响因素。

（二）"受众"与"现实效应"构成要素

由于媒体进行国际传播的直接对象是以广大国际人士为主的受众，因此有必要对受众进行分析，而受众在接收到国际传播信息后会产生一定反应，例如对信息接受度和认可度，直接表现为"现实效应"。"受众"与"现实效应"二者具有很强的关联性，因此本文将"受众"和"现实效应"结合起来进行分析。

1. 社会精英受众所占比例。"社会精英受众"指的是在社会上具有较大政治权、经济权和话语权的人士,由于在传播过程中,"社会精英受众"充当主要传播者角色,作为"舆论领袖"对他人的思想和态度产生影响,因而媒体的受众中社会精英受众比例越高,所能产生的"舆论领袖"影响力就越大,相应地媒体国际传播力也就越大。

2. 媒体忠诚度。顾名思义,媒体忠诚度意味着受众对于媒体主观忠诚程度。国际媒体纷争激烈,如何在激烈的国际传播中脱颖而出,受众忠诚是媒体得以屹立于世界媒体之林的关键。对于网站,受众的多次回访、积极认同是媒体得以在国际传播中实现传播力提升的重要构成要素。

3. 信息推广度。信息推广度表现为受众对信息的阅读率和认可率,阅读率体现了受众对于媒体的阅读量大小,受众认可率代表受众对于媒体中所体现思想的认同程度,国际传播力较强媒体的内容阅读率和认可率都较大,相应地这一媒体的信息推广度较大。

四、中国网络内容国际传播力评价体系指标的选择

由于中国网络内容主要分布在不同的主流门户网站,因此对中国网络内容国际传播力进行评价,首先应对这些主流门户网站进行研究。网站作为一个单独的个体,其新闻资讯、专题服务及娱乐综艺类内容经常以混杂形式出现,而且由于受众具有多样性,每个类别都会受相应需求的受众关注,因此可以重新将他们统合为网络内容,并且将这些网络内容按照"信息传播量""信息传播质"和"信息传播度"三大类别进行研究,依照上一节所分析的中国网络内容国际传播力评价体系的构成要素,对"信息传播量指标""信息传播质指标"和"信息传播度指标"进行具体分析。

(一)信息传播量指标

信息传播量主要指的是信息传播总量。对于一些门户网站,其国际传播的信息传播量主要是针对日常发稿量,因此在这个类别中,发稿量是其最主要的部分,为了统计方便,我们列出了"月发稿总量"及"日均发稿量"两个二级指标,每个月的发稿总量和每天的平均发稿量可以反映出这个网站

的信息收集能力和组织采写能力。另外,对于一个国际传播主流网站,其海外日均浏览量和海外访问率是衡量国际性的表征量,因而"海外日均浏览量"和"海外访问率"是信息传播量的指标之一。并且在国际传播中,一个拥有较多"外文语种数"的网站可以覆盖更广层面的受众。因此信息传播量类别中的指标包括"月发稿总量""日均发稿量""海外日均访问量""海外访问率"及"外文语种数"这 5 个指标。

（二）信息传播质指标

信息传播质是指网站信息在传播过程中的质量。评判信息的传播质量可以从网站信息本身来探寻。首先,在当今信息爆炸的时代,原创和首发的网络信息特别是新闻信息更加能吸引人的眼球,因此,"稿件原创率"和"稿件首发率"是评价网站信息质量的主要方面。其次为了实现国际传播,"国际问题信息比率"越高的网站,所代表的国际化程度越高,在一定程度上也意味着对国际问题有更多的关注度和更强的话语权,"国际问题信息比率"中的"国际问题"不仅指在国际上发生的事件信息,也指发生在中国境内的具有显著影响力的事件信息,例如 2014 年 11 月在中国北京召开的亚太经济合作组织(APEC)峰会,由于其重要程度和国际影响力也可认定为"国际问题"。再次信息的"真实度"和"形象度"同样是影响信息质量的两个重要因素,很多国外媒体在引用中国媒体新闻信息时,总习惯带上诸如"中共喉舌媒体"的名头,这与其刻板认为中国新闻带着政治性和宣传性有关,质疑中国发布信息内容的真实性,因此,尽管中西方新闻界在"新闻倾向性"上存在不太一样的理解①,中国网络内容在信息的真实性上仍然应将"真实、公正、客观"作为基本准绳,"信息真实度"应作为检验网站信息质量的重要指标。此外,"信息形象度"主要指信息的表现形式,例如信息内容是以纯

①　中国大陆新闻界认为新闻的倾向性存在于新闻报道的始终,从新闻的选择到新闻的写作和编辑,无不包含着个人的倾向,而西方学者则认为个人倾向在新闻里是绝对不能存在的,新闻应该包含"超阶级、超党派"的客观性,与之相对的是,西方新闻里不时出现的新闻立场又展现出这种思想的矛盾性,1999 年北约轰炸南联盟中国大使馆致使 3 名中国记者遇难,主要美国媒体不约而同地称这是"美国误炸"即为一例。

文字的形式出现,还是包含了视频等多媒体的形式。根据中国传媒大学李智教授在名为"中国媒体国际传播调查及未来传播策略研究"项目中对外国观众进行的调查,有64%的受调查者表示,如果中国网站中有视频节目会主动收看①,可见外国受众比较热衷于多媒体形式的信息内容,如果一则信息在"信息形象度"上较为重视,采用了包含声音、影像等多种类型的信息形式,往往能受到更多受众的青睐。综合来看,信息传播质类别中的指标分为"稿件原创率""稿件首发率""国际信息问题比率""信息真实度"及"信息形象度"。

(三)信息传播度指标

信息传播度指的是网站信息的传播效果和广度。这种效果和广度需要针对网站的受众直接分析。首先,受众收获信息的方式表现为"阅读",因而拥有较高"内容阅读量"的信息内容首先反映了该网站信息到达量。其次,网站所发布信息资源的"话题引发量"直接体现网站所选信息的吸引力和信息热度,一个具有吸引人的信息内容不仅可以让更多人去阅读,也会在受众阅读信息后产生较高反馈率,例如受众可以直接在新闻信息后的留言栏留言,也可以将新闻信息转发至SNS(社交网站)中与他人分享心得,在SNS中会有更多受众通过直接转发或点评的形式来表明对事件的态度或看法,这就出现"受众对事件报道认可率"这一指标,"受众对事件报道认可率"反映受众对隐藏在信息中的一些观点和态度的看法,是表示赞成鼓励,还是默许或反对,这些都可通过受众评价直接体现出来。根据卢因在1947年提出的"把关人理论",在信息传播特别是新闻信息的传播中,对于信息单方面选择是存在的,而且观点和态度总是在一些新闻信息中不经意间出现,因此无论在中国还是在欧美,信息内容中都存在事件报道态度。再次在拉扎斯菲尔德所提的"二级传播"过程中,存在一批经常为他人带来信息、并能对他人施加影响的"意见领袖",他们素质较高,处于社会上层地位,能在传播中有意识地对信息进行选择和过滤,产生的影响甚至比其他传播媒介更大,而这批"活跃分子"可

---

① 李智、刘胜楠:《中国媒体国际传播调查及未来传播策略研究》,中国传媒大学科研培育项目"加强中国电视国际传播话语体系建设研究"项目,2014年。

被称为"社会精英受众"。因此信息传播度的指标包括"内容阅读量""话题引发量""受众认可率"及"社会精英受众比率"。根据以上分析列出中国网络内容国际传播力评价体系指标(见表3-1)。

表3-1　中国网络内容国际传播力评价体系指标

体系类别	指　　标
信息传播量	海外日均浏览量
	海外访问率
	外文语种数
	月发稿总量
	日均发稿量
信息传播质	稿件原创率
	稿件首发率
	国际问题信息比率
	信息真实度
	信息形象度
信息传播度	内容阅读量
	话题引发量
	受众认可率
	社会精英受众比率

五、中国网络内容国际传播力评价体系指标的权重

权重是针对某一指标而言的相对概念,它指的是在整体评价中此指标的相对重要程度,研究者依据相应的权重确定权重系数,对于权重系数的确认一般采用客观和主观两种方法,客观方法包括增值法和变异系数法,主观方法包括专家调查法和层次分析法①。

本书致力于构建中国网络内容的国际传播力评价指标体系,因而应尽力保证评价的客观性,然而本书尝试采用变异系数法及增值法时发现,由于

————————

① 曾五一:《统计学》,中国金融出版社2006年版,第301—304页。

客观赋权的方法主要是通过对各指标的实际数值进行统计分析,并提取有用数据信息来判别效用的方法进行赋权,因而极容易因为数据的不同类别而得出差别较大的赋权值,使得最终的赋值结果不具有可比性,因此本书舍去使用客观赋值的方法。而在主观方法中,专家调查法是相对来说主观程度较高的一类方法,它主要通过制定征询表,访问专家为相应的指标进行权重打分,通过不断修改和完善取得最终结果,其主要依据的是专家的个人经验和知识,由于专家调查法带有较强的主观性,因此难以确保所获得权重数据的客观性,对此本书也予以舍去。层次分析法尽管为主观评分法,但实质上是一种将主观与客观相结合的方法,它是由美国运筹学家匹兹堡大学教授萨迪(T.L.Satly)所提出的层次权重决策分析方法[1],是将问题解构为若干层次要素,然后在分解出的层次要素中对要素两两比较,比较结果经过矩阵计算可以为每个层次要素予以相应的权重,层次分析法相比其他方法更为合理,其主要原因在于其可以将定性与定量结合起来,在指标的确认方面利用了定性在指标确认上的全面性,而定量在数据上的精确又使得指标指数在客观性上获得了保证。

(一)中国网络内容国际传播力评价体系指标权重推算

具体来说,层次分析法的计算原理为将一复杂的系统进行条系化处理,整理出系统中各部分之间的关系和层次,之后请有关专家对相应的层次进行打分,综合有关结果,并将所有的层次以对应的定量数据表示出来,从而建立相应的数学模型,数学模型中的所有指标(即各层次部分)计算出权值,并进行排序处理。运用层次分析法处理复杂系统时主要通过以下 2 个步骤来实现。

第一,建立矩阵。为了获得所有指标之间的判断关系,需要至少知道(n-1)个不同指标之间的判断关系,就可以推出来所有指标之间的关系[2],因为通过知道(n-1)个指标之间横向对比关系之后,便可以通过多向处理

---

① 侯晓临、林德生:《多层次权重分析决策方法》,《中国软科学》1988 年第 3 期,第 33—36 页。

② 范娟霞:《文化产业竞争力评价指标体系研究》,硕士学位论文,湖南大学,2008 年。

获悉其他指标关系,例如 a,b,c 这 3 个指标之间的 2 个关系为 a：b＝1,a：c＝2,则第 3 个关系 b：c 便很容易推出来是 2。假设现在有 n 个中国网络内容国际传播力评价指标要素,随意 2 个要素 i 和 j 之间的比值关系为 X_{ij},因而只要获得(n−1)个 X_{ij} 就可以获得全部国际传播力指标之间的比值关系,对于如何获得 X_{ij} 的值,Satty 等制作了一个标度表格,在此列出其中一部分以用于权重计算。

表 3−2　标度值及意义

标度值	意　　义
1	二者具有同等重要性
3	二者相比前者稍重要于后者
5	二者相比前者明显重要于后者
2、4	以上相邻意义的中间项
倒数	元素 i 与 j 的关系为 X_{ij},则元素 j 与 i 的关系为 $1/X_{ij}$

在矩阵建立完毕后需通过检测一致性,以确保矩阵的合理性。以检测中国网络内容国际传播力评价体系要素的矩阵合理性为例,检验步骤如下所述:首先求取中国网络内容国际传播力评价体系矩阵的最大特征值 λ_{max},通过 λ_{max} 求取检测矩阵一致性的重要数据 CI。CI 的计算方法如下:

$$CI = \frac{\lambda_{max} - n}{n-1} \qquad (式 3.1)$$

其中 λ_{max} 一般通过 Matlab 软件来求取:(Y,D)＝eig(A)(其中的 A 指的是此矩阵)。其次通过 Satly 已有的 RI 值表获得另一重要数据 RI,RI 的取值如下表所示,因中国网络内容国际传播力评价体系表中的指标为 14 个,在此将 Saaty 有关 RI 的 14 个值列为表 3−3。

表 3−3　RI 值(列至第 14 项)

n	1	2	3	4	5	6	7	8	9	10	11	12	13	14
RI	0	0	0.52	0.89	1.12	1.26	1.36	1.41	1.46	1.49	1.52	1.54	1.56	1.58

最后，一致性比例的值 CR 的求取公式即为 CR＝CI/RI，一致性获得通过的矩阵 CR 值满足条件 CR<0.10 的时候，才能判断矩阵最终成立，否则就需要对矩阵的要素进行矫正处理。

第二，计算权重。构建完成中国网络内容国际传播力评价体系的判断矩阵之后，便可以着手求取权重了，权重的求取方式主要利用了基本的算数方法，计算的步骤如下所示：

（1）求取矩阵中每一列元素的平均值，即：

$$= Q_{ij} / \sum_{i=1}^{n} (i, j = 1, 2, \cdots\cdots, n) \tag{式 3.2}$$

（2）将所有平均值数据相加，即：

$$\bar{P}_i = \sum_{j=1}^{n} \bar{Q}_{ij} (i = 1, 2, \cdots\cdots, n) \tag{式 3.3}$$

（3）求出特征向量即为相应层次权重：

$$P_i = \bar{P}_i / \sum_{j=1}^{n} \bar{P}_i (i = 1, 2, \cdots\cdots, n) \tag{式 3.4}$$

最终获得的结果 P_i 即为所要的权重，并可依据权重值对主要指标进行排序。根据以上的层次分析法计算说明，我们结合中国网络内容国际传播力评价体系的 14 个指标元素来进行计算，按照说明的计算步骤，首先构建出矩阵，由于中国网络内容国际传播力评价体系表共包括三个主要部分，即信息传播量、信息传播质和信息传播度，为了保证数据计算的正确，本书将 3 个大项和 3 个大项之下的 14 个小项分别列出，搭建 4 个矩阵，并将整个系统命名为 A，信息传播量、信息传播质、信息传播度分别命名为 B_1、B_2 和 B_3，信息传播量之下的要素外文语种数、海外日均浏览量、海外访问率、月发稿总量及日均发稿量分别命名为 C_1、C_2、C_3、C_4、C_5，将信息传播质之下的信息形象度、稿件原创率、稿件首发率、国际问题信息比率分别命名为 C_6、C_7、C_8、C_9、C_{10}，将信息传播度之下的社会精英受众比率、受众认可率、内容阅读量及话题引发量分别命名为 C_{11}、C_{12}、C_{13}、C_{14}，最终得出 4 个矩阵，矩阵要素关系由笔者通过调查领域专家来获得。

表 3-4　矩阵 A

A	B_1	B_2	B_3
B_1	1	1/2	1/2
B_2	2	1	1
B_3	2	1	1

表 3-5　矩阵 B_1

B_1	C_1	C_2	C_3	C_4	C_5
C_1	1	1/3	1/3	1/4	1/4
C_2	3	1	1	3/4	3/4
C_3	3	1	1	3/4	3/4
C_4	4	4/3	4/3	1	1
C_5	4	4/3	4/3	1	1

表 3-6　矩阵 B_2

B_2	C_6	C_7	C_8	C_9	C_{10}
C_6	1	1/2	1/2	1/2	1/3
C_7	2	1	1	1	2/3
C_8	2	1	1	1	2/3
C_9	2	1	1	1	2/3
C_{10}	3	3/2	3/2	3/2	1

表 3-7　矩阵 B_3

B_3	C_{11}	C_{12}	C_{13}	C_{14}
C_{11}	1	1/2	1/4	1/4
C_{12}	2	1	1/2	1/2

B_3	C_{11}	C_{12}	C_{13}	C_{14}
C_{13}	4	2	1	1
C_{14}	4	2	1	1

表 3-8　矩阵 A 要素关系

中国网络内容国际传播力（A）	要素关系
信息传播量（B_1）	0.2
信息传播质（B_2）	0.4
信息传播度（B_3）	0.4

表 3-9　矩阵 B_1 要素关系

信息传播量（B_1）	要素关系
外文语种数（C_1）	0.066666667
海外日均浏览量（C_2）	0.2
海外访问率（C_3）	0.2
月发稿总量（C_4）	0.266666667
日均发稿量（C_5）	0.266666667

表 3-10　矩阵 B_2 要素关系

信息传播质（B_2）	要素关系
信息形象度（C_6）	0.082757721
稿件原创率（C_7）	0.196832141
稿件首发率（C_8）	0.196832141
国际问题信息比率（C_9）	0.196832141
信息真实度（C_{10}）	0.326745857

表 3-11　矩阵 B_3 要素关系

信息传播度(B_3)	要素关系
社会精英受众比率(C_{11})	0.090909091
受众认可率(C_{12})	0.181818182
内容阅读量(C_{13})	0.363636364
话题引发量(C_{14})	0.363636364

数据来源：根据 Matlab 输出结果整理。

在此对 4 个矩阵的一致性进行检测。依据相关理论 $CR=\dfrac{CI}{RI}$，只有当 CR 的值小于 0.1 时，该矩阵才可归为合理。利用 Matlab 软件可求得以上 A、B_1、B_2 和 B_3 矩阵的 λ_{max} 分别为 3、5、5、4.2361，因此根据 $CI=\dfrac{\lambda_{max}-n}{n-1}$，各矩阵的 CI 值分别为 0、0、0、0.0787，将 Satly 的随机一致性指标 RI 值分别代入公式 $CR=\dfrac{CI}{RI}$，最终获得的 CR 值分别为 0、0、0、0.0498，都为小于 0.1 的值，因此 4 个矩阵都具有一致性，可以使用。再次利用 Matlab，我们可以分别求出这 4 个矩阵的特征向量，即为各指标的权重值。

由于信息传播量(B_1)、信息传播质(B_2)及信息传播度(B_3)在首矩阵 A 中所占的要素关系分别为 0.2、0.4、0.4，因此再将三者次级指标要素关系同三者所占 A 矩阵的要素关系相乘便可获得各次级指标在 A 矩阵中所占的指标权重。

（二）中国网络内容国际传播力评价体系指标权重内涵

由以上中国网络内容国际传播力评价指标的表格可以看出，中国网络内容国际传播力评价体系表一共包括三个主要部分，即信息传播量、信息传播质和信息传播度，三者所占权重分别为 0.2、0.4 和 0.4。维亚康姆董事会主席萨姆纳·雷石东(Sumner M.Redstone)[1]曾说："传媒企业的基石必须而且绝对必须是内容，内容就是一切!"可见，越是优质的信息越能吸引用户，

---

[1]　胡瑛、陈力峰：《从"内容为王"到"品牌为王"》，《青年记者》2008 年第 35 期。

而用户的喜好直接表现为用户的点击率和对于信息的认可率，即信息传播的效果和广度。由此可见，信息传播质和信息传播度是两个相对更为重要的部分，一个是信息传播的基础，一个是信息传播的归宿，因此二者所占的权重也会更高。在信息传播量这一类别中，月发稿总量和日均发稿量为首要部分，它们是网站信息采写能力以及人员设备基础实力的反映，因此二者在信息传播量之下所占比重相对较高，另外，网站外文语种数可在一定程度上反映该网站的传播力，但有一些网站也会因为编辑方针的不同产生差异，例如中国日报网的定位即是"中国最早的国家级英文网站"和"中国最大的英文网站"[①]，因而其并未设置其他语种，但其国际访问量很大，因此综合来说，"外文语种数"的权重值相比其他权重要低，而海外日均浏览量和海外访问率则为网站国际化水平的重要反映，所以二者权重要高于"外文语种数"。

表 3—12　中国网络内容国际传播力评价体系指标及权重值

中国网络内容国际传播力（A = 1）	指标	权重
信息传播量（B_1 = 0.2）	外文语种数（C_1）	0.013333333
	海外日均浏览量（C_2）	0.04
	海外访问率（C_3）	0.04
	月发稿总量（C_4）	0.053333333
	日均发稿量（C_5）	0.053333333
信息传播质（B_2 = 0.4）	信息形象度（C_6）	0.033103088
	稿件原创率（C_7）	0.078732856
	稿件首发率（C_8）	0.078732856
	国际问题信息比率（C_9）	0.078732856
	信息真实度（C_{10}）	0.130698343
信息传播度（B_3 = 0.4）	社会精英受众比率（C_{11}）	0.036363636
	受众认可率（C_{12}）	0.072727273
	内容阅读量（C_{13}）	0.145454545
	话题引发量（C_{14}）	0.145454545

数据来源：根据 Matlab 输出结果整理。

---

① www.chinadaily.com.cn/static_c/gyzgrbwz.html，访问时间：2015 年 2 月 23 日。

在信息传播质这一类别中,包含了对信息质量的多方面解构,在国际传播力竞争中,信息的及时发布特别是一些新闻资讯的快速报道是很多网站与竞争对手竞争时瞄准的主要点,因而稿件原创率和首发率非常重要。另外,在国际传播中,以欧美为主的西方国家认为信息客观性、公正性、真实性是新闻信息必须具备的,即便这与他们实际操作存在差异,中国在国际传播中要实现良好的网络内容质量,也应遵循这种理念,至于如何遵守可以参考VOA(美国之音)的发展史①,在中国网络内容国际传播力评价体系中,稿件原创率、稿件首发率及信息真实度的相对权重比值很高,"信息真实度"比重也略高于前两者,因为当今互联网的虚假信息已很严重,很多网络媒体都曾在"不经意间"传播假消息,例如在新加坡前总理李光耀逝世前几天,包括CNN在内的许多国际媒体均刊发其逝世的假消息。

另外,随着全球化进程加速,一个具有国际影响力的事件信息能够很快通过互联网传遍世界,而一个事件的性质也往往因为各方利益变得错综复杂,此时争夺对事件的舆论场就变得非常重要,例如对于2010年年末至2011年年初发生在北非的"茉莉花革命",不同国家就有不同的解读,是否重视国际事务报道在一定程度上反映了该网站的国际水准高低及话语权大小,因而"国际问题信息比率"也是信息传播质量中很重要的部分。同时由于网站的目标受众有差异,例如类似于南方网英文版(newsgd.com)和东方网英文版(eastday.com)等地域性网站,其目标受众为当地国际人士,所报道的新闻信息主要为当地信息,因而国际新闻的报道量要比人民网英文版(en.people.cn)等针对全球人士的国际性网站少很多,因此"国际问题信息比率"的权重值相对居中。

由于新技术的使用,越来越多的国际观众开始期待在互联网上看到除文字之外的丰富多彩的交互形式,不仅在新闻资讯的信息内容上,在专题服

---

① 美国之音在建立之初作为美国对外的宣传机器大肆抨击敌方国家,妖魔化共产主义,遭到了听众的反感,之后在20年代中后期,美国之音进行了对外宣传的策略调整,"只报道事实,不做评价","对事件的正反两方面都进行报道",然后在日常的报道中隐秘地加入自身的宣传思想,让听众逐渐接受了这种报道方式,即便他们偶尔也会"无中生有"、"造谣惑众"一下,听众已经察觉不出来了。

务类和娱乐综艺类信息中表现尤为突出。据调查,有近 64% 的国际受访者表示,如果中国网站上有视频,将会主动选择中国网站①,可见国际受众对于多媒体新技术应用的追求是颇为一致的,因而信息的多样性和形象性也是传播信息质量的一个重要因素,但同时,尽管受众对信息多样性关注量很大,但是绝大部分受众最终关注的仍然是信息内容的实质,因此"信息形象度"的权重值相比其他指标权重要低。

在信息传播度这一类别中,"内容阅读量"是信息关注度的直接体现,因而占据相对多的指标权重值无可厚非,而"话题引发率"和"受众认可率"则依靠网站所选择的信息内容或是所表现的新闻来吸引受众的注意,一个话题引发的点击和评论展现这个网站所拥有的话题制造能力和舆论引导能力,因而权值相对比较大。由于"二级传播"的存在,意见领袖的引导能力也很重要,具有较高经济、政治地位的受众可以有效地对已知网站内容进行二次传播,进而扩大网站网络内容的影响力,由此也可看出"社会精英受众比例"的重要性。

(三)中国网络内容国际传播力评价体系指标权重修正

本书根据层次分析法求得了中国网络内容国际传播力评价体系各指标权重,由于不同指标针对的指标数据性质差异很大,因此在计算时需要进行一定的权重修正。例如一个网站的语种数为大于 1 的自然数,而其"稿件原创率"为百分数,二者如果直接同所在指标权重相乘进行对比,是没有意义的。因此,为了保证数据的科学性,需要对权重计算时所得权重指数进行权重修正。本书规定,在针对若干网站进行网络内容国际传播力评价时,针对其某一项指标数据,应首先将其中最大数据按照 10^n(n 为整数)比例放大或缩小至 $X(1 \leqslant X < 10)$ 区间,其他网站同项数据应按最大数据的比例同等放大或缩小,然后将运算结果乘以所在项权重,所得结果即为所在项指标指数,最后将各指标指数相加所得即为各网站最终的国际传播力评价指数。设指标指数为 $M_i(i=1,2\cdots\cdots,14)$,指标项的实际指标数据为 $Y_i(i=1,2\cdots\cdots,14)$,则单

① 李智、刘胜楠:《中国媒体国际传播调查及未来传播策略研究》,中国传媒大学科研培育项目"加强中国电视国际传播话语体系建设研究"项目,2014 年。

个网站指数 $A_j(j=1,2\cdots\cdots,n)$ 的最终所得指数计算步骤如下：

（1）求取 X 区间的 Y_i 值，即：

$X_i = Y_i \times 10^n$（n 为整数，$1 \leqslant X_i < 10$，n 根据 Y_{max} 缩小或增大至 X 的 n 来确定，$i=1,2\cdots\cdots,14$）　　　　　　　　　　　　　　　（式 3.5）

（2）求取单个指标指数，即：

$M_i = X_i \times C_i$（$i=1,2\cdots\cdots,14$）　　　　　　　　　　　　　（式 3.6）

（3）求取单个网站综合指数，即：

$A_j = \sum_{i=1}^{14} M_i$（$i=1,2,3,\cdots\cdots 14$）　　　　　　　　　　（式 3.7）

则 A_j 即为单个网站内容的国际传播力综合指数。

此评价体系表统计对象为单个网站，统计目标是对不同网站内容的国际传播力进行衡量评价，通常设定统计时间为 1 个月。接下来对部分指标数据的获得进行说明。

"稿件原创率"根据稿件来源计算，以媒体采写组织的内容计为原创。"稿件首发率"根据所发稿件事件内容在互联网中第一次出现来衡量。

"信息形象度"通过网站内容的多媒体形式来计分。采用"文字加图片"形式的稿件计 1 分，采用"文字加视频"形式的稿件计 2 分，采用"文字、图片及视频"形式的稿件计 3 分，如仅有文字内容则不计分。

"话题引发量"通过受众对稿件的转发量来计算，转发形式主要为受众直接将稿件分享给他人的数量。

"受众认可率"通过对受众评论进行内容分析来获得，通常只有明显表现出对稿件认可态度的评论才可计为"认可"，包括广告、与主题无关以及持反面态度的评论都计为"不认可"，"受众认可率"即稿件"认可"量与评论总量比值。

"社会精英受众"是具有政治权、经济权和话语权的一类人，在此主要通过随机抽取稿件评论者或转发者，并确定其身份来获得比值。同时将主要社会人群分为主管，医生，教育、军事或研究机构人士，媒体人士，一般企业员工，学生，农民及身份未知人士 9 类，"社会精英"则指前 5 类，"社会精英受众比率"即为这 5 类人在所有社会人群中所占比率。

第二节　中国网络内容国际传播力现状评价：
以中国 10 家主流网站为例

为了检测"中国网络内容国际传播力评价体系"的可行性，进而了解中国相关网站国际传播力的发展现状及存在问题，我们从中国主要网站中筛选出了 6 家中央主流媒体网站①、2 家商业网站及 2 家地方性网站，包括央视网、人民网、新华网、中国网、中国日报网、CRI 网（中国国际广播电台网）、新浪网、搜狐网、千龙网及东方网，并将这些网站数据代入中国网络内容国际传播力评价体系表进行分析。

6 家中央主流媒体网站代表了中国互联网的国家形象，具有高权威性，例如人民网和央视网分别脱胎于中国中央级报纸媒体《人民日报》和电视媒体中央电视台，二者在中国媒体中都有较高地位，在中国国内只有这 6 家网络媒体网站具有新闻采写权，而包括新浪网及搜狐网等在内的其他门户网站只有新闻转载权，但作为商业网站，这些网站相对更加注重点击率和广告效应。千龙网及东方网是地方大型综合性媒体网站，千龙网由中共北京市委宣传部主管主办，由北京电视台、北京青年报社等地方主要传媒共同发起和创办，东方网是上海本地的大型地方媒体网站。

一、中国 10 家主流网站国际传播力指数估算

限于人力、物力以及这 10 家网站巨大的发稿量，本文采取缩小范畴的方法，对于"月发稿总量""话题引发量""社会精英受众比例"等较难获得的数据，直接由国际社交媒体脸书（Facebook）来获得。6 家中央媒体网站相关数据通过对各媒体网站下属影响力最大的一个媒体页面内容进行分析获得，经过衡量对比，最终确定的 6 家媒体页面分别为："Xinhua News Agency"，"People's Daily, China"，"CCTV News"，"中国网（China. org. cn）"，"China Daily, USA"，"CRIENGLISH.com"，分别对应新华网、人民网、央视

①　CNNIC"中国互联网数据平台"将这 6 个网站划入"主流媒体"类别。

网、中国网、中国日报网和 CRI 网。而其他 2 个商业性网站及 2 个地方性网站的相关数据则由脸书的新闻分享专页来获得。

通过在脸书媒体页面及新闻分享专页对相应媒体网站进行研究,其可行性主要体现为以下四方面:第一,脸书的点击量居于世界前列,根据亚马逊(Amazon)旗下子网站 Alexa 的世界网站排名,脸书常年居于第二位,仅次于谷歌,美国互联网调查公司 ComScore 公布的数据也显示,脸书的每月独立访客已达 8 亿 2300 万①,受众量巨大,而且其受众可涵盖世界各地各类人群,其本身就像一个小型的"地球村";第二,脸书作为社交媒体而诞生,发展至今已不再局限于社交性,世界多数主流媒体都已通过注册脸书公共页面,发布内容进行传播力博弈,而且越来越多的受众开始将脸书作为获取新闻信息的重要来源,习惯于在脸书上分享及阅读各个网站的新闻信息,而脸书也在加快同各大新闻类门户网站合作的步伐,因此这些网站所具有的国际传播力已经能够在脸书上体现出来;第三,脸书在注册之初会要求用户填写身份信息,因而便于统计分析媒体页面的受众特点;第四,由于本指标体系采用的是加权计分,因此在脸书上的某些指标数据虽然可能会比相应网站的实际数据要小,但是经过加权计分处理后便可具有研究价值。

根据相应网站及 Alexa 已知数据,在此列出信息传播量中"海外日均浏览量""海外访问率""外文语种数"指标数据结果。由于 Alexa 中所得数据仅有网站的"全球日均访问量"和"海外访问率"两个数据,因此海外日均浏览量主要通过日均全球访问量同海外访问率相乘计算所得,即:

3-13　中国 10 家主流网站国际传播力指标数据(1)

体系类别	指标	央视网	人民网	新华网	中国网	中国日报网	CRI 网	新浪网	搜狐网	千龙网	东方网
信息传播量(1)	外文语种数	6	9	7	9	1	43	1	1	1	2
	海外日均浏览量	4143960	4494600	5775000	2095200	1779624	1722840	8359037	1481716	27846	332112
	海外访问率	1.80%	3.20%	2.80%	2.40%	21.40%	24.50%	5.9%	2.7%	1.5%	4.4%

①　new.caijing.com.cn/tech/20150319/3843670.shtml,访问时间:2015 年 3 月 20 日。

海外日均浏览量＝全球日均访问量×海外访问率　　　　　　（式3.8）

另外,外文语种数是网站所提供的外文语种数量。这10家网站主页上一般都包含了多种语言选项,本书除去了藏语、蒙古语等中国国内少数民族语言,仅计算英语、法语、西班牙语等国外语种的数量。

表3-14　中国10家主流网站国际传播力指标数据（2）

体系类别	指标	央视网	人民网	新华网	中国网	中国日报网	CRI网	新浪网	搜狐网	千龙网	东方网
信息传播量(2)	月发稿总量	33	41	763	68	431	117	1130	822	11	41
	日均发稿量	1.1	1.37	25.43	2.27	14.37	3.9	37.67	27.40	0.37	1.37
信息传播质	稿件原创率	66.7%	76.0%	96.7%	40.5%	71.6%	56.2%	2.5%	1.2%	32.3%	56.4%
	稿件首发率	53.6%	69.3%	78.5%	34.8%	64.3%	49.2%	1.6%	0.9%	12.6%	33.1%
	国际问题信息比率	27.27%	41.46%	84.33%	11.76%	7.19%	20.51%	23.24%	20.36%	5.23%	6.65%
	信息真实度	1	1	1	1	1	1	0.98	0.97	1	1
	信息形象度	2.33	1.61	2.25	1.99	1.24	1.63	2.98	2.63	2.34	2.03
信息传播度	内容阅读量	82836	166936.5	213010.9	52406.9	255400.6	3387.9	365422.3	324631.1	2023.9	3895.3
	话题引发量	3618.12	2872.05	11482.09	3453.72	14089.22	2353.74	21432.32	16263.49	1351.29	1561.22
	受众认可率	73.56%	80.40%	72.14%	70.04%	83.00%	51.85%	86.32%	79.35%	81.63%	83.26%
	社会精英受众比率	26%	22%	36%	24%	34%	27%	32%	29%	27%	26%

在脸书媒体页面中进行统计时,为了获得最新数据,本书以月为计量单位,统计了2015年1月1日至2015年1月31日共31天的10家网络媒体脸书媒体页面及新闻分享专业的相关内容,经过数据统计整理,最终获得中国6家中央媒体网站国际传播力其他指标数据。其中,月发稿总量是2015年1月各个媒体网

站在脸书对应媒体页面或新闻分享专页上的发稿总量,包含了文字、视频、音频等多种形式的稿件,单独稿件计为 1 个量,日均发稿量是媒体网站在脸书媒体页面上 2015 年 1 月每日的平均发稿量或在新闻分享专页上出现的稿量。

在"信息传播质"一类中,稿件原创率主要统计的是媒体网站所在页面或新闻分享专页原创稿件所占比率。以"央视网"为例,若所发稿件出处为"中央电视台",则计为原创稿件,而若所发稿件出处为"新华社""中新社"等其他机构时,则计为非原创稿件,最终所得原创稿件占比即为稿件原创率。稿件首发率的计算方式与稿件原创率类似,通过将稿件相关内容代入谷歌、必应等国际搜索引擎进行搜索,并将搜索所得内容与网站发布稿件进行对比,若所发稿件相关信息内容为首次出现在互联网上则计为原创稿件,相反则计为非原创稿件,原创稿件在 1 月内所有稿件中所占比值即为稿件原创率。国际问题信息比率是通过媒体页面所推送的稿件内容或新闻分享专页稿件发生地和事件的国际影响力来评判计算的,国际问题信息比率中的"国际问题"不仅指发生地为国际范围内的信息,而且也指发生在中国境内具有显著国际影响力的事件信息,属于"国际问题"的稿件所占月度所发稿件比率计为国际问题信息比率。信息真实度是指稿件内容的真实度,本书所统计的 2015 年 1 月 10 家主流网站的大部分新闻都为真实新闻,除了部分商业网站出现类似新闻的软广告,受众点开其链接以后直接进入广告页面,从而影响了网站的信息真实度。"信息形象度"通过稿件内容的多媒体形式来计分,采用"文字加图片"形式稿件计 1 分,采用"文字加视频"形式稿件计 2 分,采用"文字、图片及视频"形式稿件计 3 分,如仅有文字内容则不计分,将 2015 年 1 月所有得分相加并除以稿件总量所得即为"信息形象度",我们将"文字加图片"稿件设为 a,"文字加视频"稿件设为 b,"文字、图片及视频"稿件设为 c,则信息形象度的计算公式为:

$$媒体形象度 = \frac{a×1+b×2+c×3}{稿件总量} \qquad (式3.9)$$

在"信息传播度"一类中,内容阅读量可在 2015 年 1 月媒体页面或新闻分享专页所有稿件的阅读量上直接得出,因此稿件阅读量的计算公式即为:

$$稿件阅读量 = \frac{1 月所有稿件阅读总量}{1 月稿件总量} \qquad (式3.10)$$

话题引发量通过受众对稿件的转发量来计算,转发形式主要为受众分享,此数量也在媒体页面或新闻分享专页的推送稿件旁有显示,计算公式为:

$$话题引发量 = \frac{1\,月所有稿件分享总量}{1\,月稿件总量} \qquad (式3.11)$$

"受众认可率"是通过在 2015 年 1 月所有稿件评论中随机抽取 100 个样本并进行内容分析所得,具体分析方法为,对于明显地表现出对稿件认可态度的评论计为"认可",广告、与主题无关以及持反面态度的评论计为"不认可",因此受众认可率的计算公式为:

$$受众认可度 = \frac{稿件内容认可量}{100} \times 100\% \qquad (式3.12)$$

"社会精英受众比率"主要通过随机抽取 100 个稿件评论者,并确定其身份来获得比值。在此将主要社会人群分为 9 类,"社会精英"则指企业主管,医生,教育或军事机构人士,媒体或研究机构人士这 4 类,"社会精英受众比率"即为这 4 类人在所有社会人群中所占比率,其计算公式为:

$$社会精英受众比率 = \\ \frac{主管+医生+教育+媒体+军事+研究人员数量}{100} \times 100\% \qquad (式3.13)$$

二、中国 10 家主流网站国际传播力单次指数评价

通过权重修正后的中国 10 家主流网站国际传播力指数较为明显地展示各大媒体网站的国际传播力实力。本书首先从各个指标所得指数着手,分析在单次指数上 10 家主流网站相应指标项的实力,进而综合评价 10 家主流网站的国际传播力。以下是按照信息传播量、信息传播质、信息传播度三大类别所作折线图对比。

(一)信息传播量指数评价

在"中国 10 家主流网站信息传播量对比折线图"中,可以发现其中有几个较为特殊的峰值。首先在海外日均浏览量、月度发稿量及日均发稿量上,新浪网的折线都相对居于上层,新浪网作为国内老牌商业网站注重网站的商业性,经常处于全天候大量发稿状态,一天动辄上千条的发稿量足以吸引众

多注意力。而新华网依托遍布全球的分社发布了巨量信息,其"海外日均浏览量""月发稿总量"和"日均发稿量"的指标指数也很高,根据 Alexa 的测算,新华网在 2015 年 1 月的全球网站排名中居于第 67 位,每日的平均访问量(包括中国大陆)达到了 206250000,同时期平均排名为 77 的央视网的日均访问量达到 230220000,稍高于新华网,但是新华网的海外访问率要比央视网高一成,这显示了其作为中央媒体网站所具有的较高知名度。另外,近年来,随着对外传播的需要,中国很多主流网站都开始增加网站的他国语言板块数,除中国日报网之外的 5 家中央媒体网站都已开辟了包括英语、西班牙语、法语、阿拉伯语、俄语、韩语等外国语板块及包括藏语、蒙古语等在内的国内少数民族语言板块,有效覆盖了除汉语、英语语系使用者之外的人群。

表 3-15　中国 10 家主流网站国际传播力指标数据(3)

类别	指标	央视网	人民网	新华网	中国网	中国日报网	CRI 网	新浪网	搜狐网	千龙网	东方网
信息传播量	外文语种数	0.008	0.012	0.0093333	0.012	0.0013333	0.0573333	0.0013333	0.0013333	0.0013333	0.002666667
	海外日均浏览量	0.1657584	0.179784	0.231	0.083808	0.0711849	0.0689136	0.3343614	0.0592686	0.0011138	0.01328448
	海外访问率	0.0072	0.0128	0.0112	0.0096	0.0856	0.098	0.0236	0.0108	0.006	0.0176
	月发稿总量	0.0176	0.0218666	0.4069333	0.0362666	0.2298666	0.0624	0.6026666	0.4383999	0.0058666	0.021866667
	日均发稿量	0.0058666	0.0073066	0.1356266	0.0121066	0.07664	0.0208	0.2009066	0.1461333	0.0019733	0.007306667
信息传播质	信息形象度	0.0771301	0.0532959	0.0744819	0.0658751	0.0410478	0.0539580	0.0986472	0.0870611	0.0774612	0.067199269
	稿件原创率	0.5251481	0.5983697	0.7613467	0.3188680	0.5638847	0.4427148	0.0196832	0.0094479	0.2543071	0.444053308
	稿件首发率	0.4220081	0.5456186	0.6180529	0.2739903	0.5062522	0.3873656	0.0125972	0.0070859	0.0992033	0.260605753
	国际问题信息比率	0.2147259	0.3264533	0.6639541	0.0926268	0.0566292	0.1615032	0.1829751	0.1603000	0.0411772	0.052357349
	信息真实度	0.1306983	0.1306983	0.1306983	0.1306983	0.1306983	0.1306983	0.1280843	0.1267773	0.1306983	0.130698343

续表

类别	指标	央视网	人民网	新华网	中国网	中国日报网	CRI网	新浪网	搜狐网	千龙网	东方网
信息传播度	社会精英受众比率	0.0945454	0.0799999	0.1309090	0.0872727	0.1236363	0.0981818	0.1163636	0.1054545	0.0981818	0.094545454
	受众认可率	0.5349495	0.5847272	0.5246753	0.5094119	0.6036363	0.3771043	0.6277818	0.5770909	0.5936727	0.605527275
	内容阅读量	0.1204887	0.2428167	0.3098340	0.0762282	0.3714918	0.0049279	0.5315233	0.4721907	0.0029439	0.00566592
	话题引发量	0.0526272	0.0417752	0.1670122	0.0502359	0.2049365	0.0342362	0.3117428	0.2365598	0.0196551	0.022708654
综合得分		2.3767467	2.8375126	4.1750581	1.7589889	3.0668384	1.9981375	3.1922670	2.4379038	1.3335881	1.746085805

　　另外一个比较特殊的数值表现为海外访问率,CRI 网作为全球使用语种最多的国际传播机构,在网站的"海外访问率"高于其他网络媒体,体现了其受众的多元化和国际化,2009 年,CRI 网站的语种在涵盖中国少数民族语系及多国语系的情况下,达到了 61 种的语种总量,包括众多小语种语系,例如越南语、土耳其语等,已经成为全球语种最多的新闻网站①。

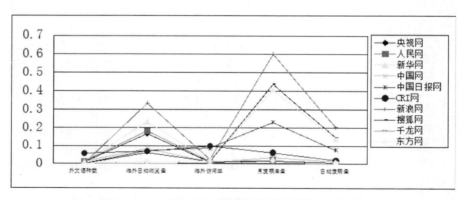

图 3-1　中国 10 家主流网站信息传播量对比折线

---

① www.cri.com.cn/2014-1-10/418f47fd-e40c-d68e-0292-afd8206803b4.html,访问时间:2015 年 3 月 20 日。

（二）信息传播质指数评价

从中国 10 家主流网站信息传播质对比折线图 3-2 也可以发现几个比较特殊的数据点。首先为终端的"信息真实度"，除了 2 家商业网站因明显软广告拉低"信息真实度"外，8 家网站的"信息真实度"统计得分都为满分，这体现了当前主流网络媒体对于信息真实性的重视，但由于信息把关不严，在这些媒体网站中也曾出现过虚假信息，2012 年 11 月，人民网误信美国专发假新闻的网站"洋葱网（theonion.com）"，刊播了所谓金正恩当选"The Onion's Sexiest Man Alive for 2012（洋葱杯 2012 年最迷人在世男性）"的假新闻，闹了不少笑话，虽然人民网迅速将此新闻删除，但却造成了不好的舆论影响，由此可见"信息真实度"仍需作为一个核心指标存在于国内网站的信息发布活动中。

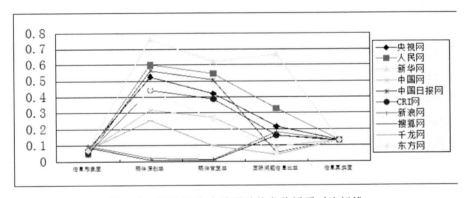

图 3-2　中国 10 家主流网站信息传播质对比折线

其次，新华网在此类指标中得分较高，在"国际问题信息比率"上占据制高点，新华网作为新华社的稿件传播平台，全天候发布来自世界各地的新闻信息，其中的"国际问题信息比率"将近 60%，远高于其他网站，这与其"传播中国、报道世界"①的职责诉求相符合，同样的信息优势也体现在"稿件首发率"和"稿件原创率"上，在 10 家新闻媒体中，新华网在这 2 项的比重同样处于第一位，新华网背后的国家级通讯社新华社，不仅将原创信息发

①　www.xinhuanet.com/aboutus.htm，访问时间：2015 年 3 月 20 日。

布在新华网上,在其他 5 个中央媒体网站、2 个商业性网站和 2 个地方性网站上也会经常出现源自新华社的信息,因此在稿件的首发和原创上,新华网理所当然位于首位。在"信息形象度"指标中,虽然指标权重关系各项指标得分较为接近,但通过查看数据值可以发现,新浪网和搜狐网的指标得分最高,这与其视频形式的大量存在有很大关系,作为商业网站,这两家网站经常会以多样的内容形式来吸引受众,例如大量的短新闻和小视频排列等,另外,央视网在脸书推发的新闻信息基本都为视频形式,在其官网上也大量使用了电视视频,例如在 2015 年全国人大及政协会议期间,央视网就以"2015 NPC&CPPCC Sessions"("2015 两会系列")的专题形式来报道会议,达到优化利用电视视频资源和提升网站点击量的双丰收。

(三)信息传播度指数评价

在《中国 10 家主流网站信息传播度对比折线图》中,各折线指标的区隔比较明显,在"受众认可率"上,CRI 网的得分较低,这与 CRI 网在脸书媒体页面推送的内容评论量较小有一定关系,由于在计算"受众认可率"时,针对稿件评为 0 的稿件,其"受众认可率"的得分计为 0,因而对于评论量较少的 CRI 网,其"受众认可率"相比要低很多。在"话题引发量"上,新浪网和中国日报网的话题引发量相对较高,无论是在母网站还是在社交媒体上都拥有较高的转发率。

在"社会精英受众比例"一栏,由于权重值较小,各部分得分也较为接近,但是通过查询实际数据发现,新华网的"社会精英受众比率"值相对较大,这与新华网作为国家通讯社官方网站的地位和严肃性有很大关系,以下是在脸书各媒体页面和新闻专页评论中随机抽取 100 人的受众身份统计表,由此表可以看出 10 家主流网站的受众构成。

由表 3-16 可以看出,9 家主流网站的主要受众群以"企业民工"群体和"学生群体"为主,由于这两类人群都属于经济地位不太高、话语权较少的一类人,因此不能算是"社会精英受众人群",而"企业主管"由于经常身居企业要职,因此经济地位较高,而"医生""教育或军事机构""媒体或研究机构"人员由于具有较高职业地位,因此具有一定的社会话语权,所以"企业主管""医生""教育或军事机构""媒体或研究机构"人群属于"社会精英受

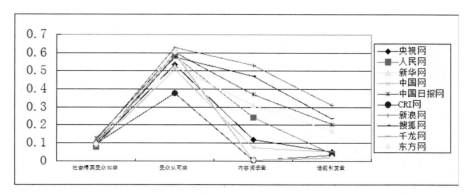

图3-3　中国10家主流网站信息传播度对比折线

众人群"。显而易见,在各网站中,新华网的受众人群中社会精英受众比例较高,例如其"媒体或研究机构"在100人中所占数量为10,在9家主流网站中排名第一,在"农民"一栏内,中国网每100人的受众人数为12,在9家网站中排名首位,可见有大部分身份为农民的国际人士会通过进入中国网来搜寻与中国相关的信息,在"企业员工"一栏内,人民网所占的数量最大,显示了人民网获得大量企业员工的欢迎。

　　另外,本书注意到,在6大中央媒体网站中,虽然在"信息传播量"中的"月发稿总量"和"日均发稿量"上新华网均排在中国日报网之前,但从"信息传播度"类别中的"内容阅读量"来看,新华网却略低于中国日报网。经过分析笔者认为,这是因为在脸书上分析的媒体页面受众都为相应网络媒体的英文系受众,中国日报网只使用英文和中文两类语种,因此其受众阅读量基本可以同比表现在脸书媒体页面上,但是因为新华网的受众分布广泛,不仅包含了英语语系的受众,还涵盖了他国语系的受众,因而虽然在信息发布总量上高于中国日报网,但是在单个的英语类别中要略少于中国日报网,这就导致了在"信息传播度"中的"内容阅读量"类别上,新华网要略低于中国日报网。

表3-16　中国9家主流网站受众构成

受众身份	央视网	人民网	新华网	中国网	CRI网	新浪网	搜狐网	千龙网	东方网
学生	22	30	16	26	19	25	19	23	11

续表

受众身份	央视网	人民网	新华网	中国网	CRI网	新浪网	搜狐网	千龙网	东方网
企业主管	14	12	16	8	6	15	12	18	12
企业员工	28	36	20	22	18	16	29	15	29
农民	2	0	0	12	2	1	2	2	1
医生	4	4	2	4	4	3	2	3	2
自由职业	10	2	12	6	9	6	10	11	21
教育或军事机构	4	4	8	6	12	10	9	2	3
媒体或研究机构	4	2	10	6	5	4	6	4	9
未知	12	10	16	10	25	20	11	22	12

数据来源:笔者整理,其中"未知"指通过随机抽样不能确定身份信息的受众。

最后,本书对每个指标指数的前3名进行汇总对比,可见新浪网、新华网在14个指标中占据了大多数第一名,显示了它们分别在商业网站及中央媒体网站领域相对较强的竞争力。

三、中国10家主流网站国际传播力综合指数评价

按照综合得分结果,10家主流媒网站的国际传播力排名对比如图3-4所示。从"中国10家主流网站内容国际传播力排名图"可见,在10家国家级网络媒体中,新华网的得分最高,它作为中国国家级通讯社新华社建立的网站,拥有相对较高的国际传播力。通过在全球建立150多个分支机构①,24小时不间断发布来自世界各地的信息,新华网获得了较多的瞩目。在新华网英文世界版页面中,"Latest News"(最新新闻)每隔半小时左右就有几条新闻信息更新,有时候甚至达到了每五分钟一条,可见新华网的信息发布量在国内处于领先地位。新浪网和搜狐网作为商业网站,除了少量原创新闻内容外,大部分新闻内容都为大量转载的其他媒体稿件,每日发稿量巨大,通过不断的提升市场占有率和影响力,商业网站的排名处于国际前列,

---

① 向志强:《中国传媒产品质量评估报告》,新华出版社2012年版。

表 3-17 中国 10 家主流网站单次指标指数前 3 名网站

指 标	第 1 名	第 2 名	第 3 名
海外日均浏览量	新浪网	新华网	人民网
海外访问率	CRI 网	中国日报网	新浪网
外文语种数	CRI 网	人民网	中国网
月发稿总量	新浪网	搜狐网	新华网
日均发稿量	新浪网	搜狐网	新华网
稿件原创率	新华网	人民网	中国日报网
稿件首发率	新华网	人民网	中国日报网
国际问题信息比率	新华网	人民网	央视网
信息形象度	新浪网	搜狐网	千龙网
内容阅读量	新浪网	搜狐网	中国日报网
话题引发量	新浪网	搜狐网	中国日报网
受众认可率	中国日报网	人民网	新华网
社会精英受众比率	新华网	新浪网	中国日报网

资料来源:笔者整理,因"信息真实度"项除商业网站外得分相等因此未予排名。

例如新浪网国际排名一直维持在 13 左右。中国日报网虽然仅有英语一种外文语种,其得分排名仍获得了第 3 位,这也从侧面反映了英语使用者的全球性,中国网在 6 大中央媒体网站中排名最后,这与其缺乏多方位媒体传播渠道有一定关系,中国网仅有网站这一门户作为窗口提升其国际知名度和影响力,而中国日报网和人民网分别有线下报纸媒体《中国日报》和《人民日报》做支持,央视网和 CRI 网有同名传统媒体做基础支撑,因此它们在传播力上也能胜过一筹。虽然东方网及千龙网排名最后,但作为地方性网站,它们在所在地区的华人和外籍人士中也有很大的影响力。本书结合 10 家主流网站的具体指标指数分析这 10 家网站的综合现状,指出其优势方面和劣势方面,以此作为对这 10 家主流网站的评价。

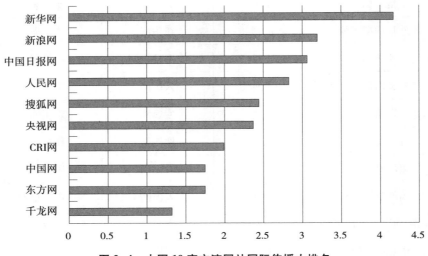

图 3-4　中国 10 家主流网站国际传播力排名

（一）访问总量大但国际访问量偏小

首先,这 10 家主流网站访问总量很大,但是来自海外的访问比重相对偏小。其中,除了 CRI 网及地方性网站,其他网站的日均访问量均居于世界网站前 200 名,拥有很高的综合访问量。然而将访问量来源分国家和地区来看,来自海外的访问量要远远少于国内,中国网络媒体的主要访问者仍是中国受众,以新华网为例,其海外日均浏览量最高,为 5775000,而其海外访问量占据总访问量的比例却只有 2.8%,绝大部分的访问流量都来自于国内,尽管语言差异会给网站的国际流量带来一定的影响,但实际上很多非英语系国家网站已经获得了很高的国外访问量,我们以同为非英语系通讯社网站法新社网(AFP.com)为例,根据 Alexa 的统计结果,法新社网的访问用户来源如表 3-18 所示。由表 3-18 可见,法新社总部所在地法国的网站访问量只占 10.5%,其余近 89.5% 的网站访问量均来自于法国之外,由此可见,作为一个有国际影响力的网站,并不一定会因为母语非英语失去关注,法新社作为世界第三大通讯社在受众的国际化上要远优于新华社。

表 3-18　法新社网（AFP.com）访问用户来源

国家/地区名称	国家/地区代码	网站访问比例（%）
法国	FR	10.50
印度	IN	9.90
孟加拉国	BD	3.50
西班牙	ES	0.70
美国	US	6.40
伊朗	IR	1.60
波兰	PL	1.40
英国	GB	1.20
巴西	BR	9.60
加拿大	CA	2.20
其他	O	45.90
德国	DE	7.10

数据来源：笔者整理自 alexa 网站，时间为 2015 年 3 月 20 日。

（二）国际稿件首发量和话题引发量偏低

除了没有新闻采写权的 2 家商业网站，这 8 家主流媒体网站的国内新闻首发率很高，但在国际上的新闻首发率和话题引发量仍然偏低。由表 3-14 可见，6 家中央网络媒体的新闻首发率平均为 58.23%，然而这其中有很大一部分是由国内新闻首发带来的，在国际上，这 8 家主流网络媒体的新闻首发率都偏低，很多国际新闻的首发媒体依然是欧美的强势网络媒体，而且这些强势网络媒体由于积累了多年的声誉，在国际事务上靠着其全球性的声誉和影响力支配着国际舆论导向，在话题引发能力上要强于中国的网络媒体，这使得中国在报道国际事务时显得力不从心。2014 年 3 月的马航 MH370 航班失联事件发生初期，包括飞行轨迹、雷达信息和假护照等最新信息，几乎都来自于包括 CNN、BBC、《纽约时报》等在内的西方媒体，中国媒体在此次事件中的表现让很多中国人唏嘘不已，这一方面显示了中国在海外的资金实力、人脉资源等方面处于相对弱势的状态，另一方面在提醒中国的海外媒体渠道建设应该转换方向，朝着专业性、传播本地化去深耕细作,在海外扎稳了根才有可能在国际事件上更有力地发声。

（三）社会精英受众比率偏小

10家主流网络媒体的国际受众认可率数据显示,经过多年发展,它们国际受众认可率正逐步提升,然而它们国际社会精英受众比例很小。根据统计,这10家主流网站的"受众认可率"达到了76.2%,由于在统计中部分稿件缺乏评论,认可率计为0,实际得分比这个数值更高,因此,中国这几年谋求对外传播的主流媒体已经在硬件及软件实力上有了很大提升,人员业务素质相对提高,"Chinglish"（中式英文）和带着宣传口味的稿件不断减少,新闻工作者开始更加注重外国人的新闻口味。然而与此相对的是,尽管在不少新闻媒体平台上发布的新闻有很高的关注度和受众认可率,但选择通过中国媒体来获得新闻信息的外国社会精英受众其实很少,根据中国外文局对外传播研究中心发布的《中国国家形象全球调查报告2014》报告中的相关数据,57%的海外人士了解中国的主要渠道为"当地的传统媒体",仅有19%的海外人士选择通过"中国在当地推出的新媒体"来了解中国,对中国的了解都来自于本地媒体,在获取全球新闻时选择中国媒体的频率则更小。根据之前的统计,10家主流网站的平均"社会精英受众比率"仅为28.3%,另外本书在进行调查时也发现,在10家主流网站稿件下留言的人士多为有色人种,尤其以南亚、东南亚、非洲的人士居多,这些人士所在国家多为发展中国家,而欧美国家的白人受众留言却难找到,这也是中国目前国际传播所面对的问题之一——接受和认可中国网络内容的多为亚非拉的发展中国家民众,欧美国家对中国网络内容的关注度和认可率相对较低。

第四章　中国网络内容国际传播力
提升路径现状及存在问题

由第三章评价结果可以看出,中国网络内容国际传播力无论是单次指数,还是综合指数都普遍不高,表明中国网络内容国际传播力还有极大的提升空间。那么引发中国网络内容国际传播力不够理想的原因何在? 本章将对中国网络内容国际传播力路径现状进行分析,探讨其存在的问题,为中国网络内容国际传播力提升措施的完善提供现实基础。

第一节　中国网络内容国际传播力提升
路径现状的内容分析法

本章通过选取中国国内 10 家具有代表性的大型新闻传播网站的英文版,分析它们的网络内容在国际传播中议程设置、平衡报道以及本土化等提升中国网络内容国际传播力路径的现状,从消息来源、报道态度和报道立场三个方面进行研究,并总结出当前中国网络内容国际传播力提升中议程设置、平衡报道以及本土化等微观路径存在的问题。

一、样本选择

本书选取的研究样本是中国 10 家网站英文版,具体包括:六大国家级门户新闻网站人民网(en.people.cn)、新华网(www.xinhuanet.com/english/)、中国日报网(www.chinadaily.com.cn)、中国网(www.china.org.cn)、央视网(english.cntv.cn)、中国国际广播电台网(english.cri.cn),以及地方新闻网站千龙网(english.qianlong.com)、东方网(english.eastday.com)和商业门户网站新浪网(english.sina.com)、搜狐网(english.sohu.com)。

本书选取的新闻网站具有一定代表性,主要包括三种类型:第一类是国家重点建设的六家对外新闻传播网站,即人民网英文版、新华网英文版、中国日报网英文版、中国网英文版、央视网英文版、国际在线英文版。选取这6家网站,一方面是因为它们是国家确立的重点对外新闻传播网站,在国际受众心目中的权威性高、影响力大;另一方面是因为它们拥有独立的新闻采编平台,对外传播新闻报道的原创率高,并拥有强大的新闻生产能力,是国外受众了解中国的重要窗口。

人民网是《人民日报》建设的以新闻为主的大型网上信息发布平台,经过几年发展,已成为互联网最大的中文新闻网站之一,其受众已遍及全球200多个国家和地区,是海外受众了解中国的重要渠道;新华网是由新华社主办的中央级重点新闻网站,是中国最大、最具全球影响力的国际传播网站之一,24小时不间断发布全世界的新闻,作为名副其实的"网上新闻信息总汇",已成为中国网络媒体进行国际传播的"排头兵";中国日报网创立于1995年12月,是中国最重要的英文报纸《中国日报》开设的新闻网站,也是国内第一个英文对外传播网站,它以其客观公正的报道、特殊的新闻视角和人性化的表达方式,向海外受众展示中国的发展历程,影响力已遍及海内外主流社会;中国网采用多种语言同步向全球传递信息,及时快速地向全球全面介绍中国,取得了很好的国际传播效果,其读者涵盖全球200多个国家和地区;央视网是中央电视台的官方网站,它以视频为特色,是面向全球、多终端、立体化的新闻信息共享平台,以最丰富的新闻视听与互动服务而著称;中国国际广播电台网的"国际在线"网站已发展成为由60多种语言组成的中国语种最多的网络平台,其访问者来自全球180多个国家和地区,日均页面浏览量1900多万,其主旨为介绍中国的政治、经济、体育等各个方面。

第二类是具有非官方背景的商业性对外传播网站,即新浪网英文版和搜狐网英文版。由于这两个网站是相对独立于官方和政府的商业性新闻网站,更容易赢得国际受众的信任和关注。虽然他们没有独立的新闻采编权,大部分新闻要靠转载,但这类网站刊载的新闻在国外受众中的阅读率往往要高于六大国家级重点新闻网站。而在国内众多的商业网站中,之所以选择这两家新闻网站,是因为新浪和搜狐是中国商业网站的典型代表,其综合实力在中国国内网站中名列前茅,在受众心目中的权威性和影响力要大于一般性的商业网站。

新浪网是中国大陆及全球华人社群中最受推崇的互联网新闻品牌,在全球范围内注册用户超过 2.3 亿,日浏览量超过 7 亿次,凭借其先进的技术和高质量的服务,深受广大网民的好评;搜狐网是中国最大的门户网站,作为中国门户网站的领航者,已成为国内极有影响力与公信力的新闻中心。

第三类是具有代表性的地方性新闻网站,即千龙网英文版和东方网英文版。随着中国经济的快速发展以及对外开放程度的不断提高,一些地方新闻网站快速崛起,并相继推出了英文版的新闻网站,以提高自己的国际化程度和国际传播力,这些地方新闻网站在一定程度上因为英文版的推出而提升了自身的影响力。同时,选取他们也是为了保证抽样对象的全面性。千龙网创办于 2000 年,是国内第一个亦是北京地区最有影响力的综合性新闻网站,是全球各国和地区了解北京的重要窗口,在全国地方新闻网站中占据着十分重要的地位;东方网是上海地区一个极具新闻特色的大型综合性网站,具备大型网站的所有互动功能和媒体新闻传送能力,现在拥有中、英、日三个语言版本,是国内语种最多的地方新闻网站。

二、抽样方式

1. 议程设置路径现状的研究选取了 2015 年 3 月 1 日至 3 月 31 日这一时间段,将各网站每天下午 6 点的网页新闻头条作为样本分析单位。10 家新闻网站英文版的新闻题材选择和信息量都相对稳定,因此抽取近期一整月的新闻报道作为分析对象具有一定的代表性和时新性。本文抽取的新闻篇数共 992 篇,达到了多变量研究样本数量的基本标准。

2. 平衡报道路径现状的研究抽取时间段为 2015 年 2 月 1 日至 2 月 28 日,将 10 家网站每天的网页头条作为样本分析单位。其发布的信息,无论是在题材选择、关注重点和报道地域等方面均具有一定的稳定性,这在一定程度上保证了一个月的头条新闻作为分析单元及对象的代表性。

3. 本土化路径现状的研究是选取了 2015 年 4 月 1 日至 4 月 30 日,10家网站每晚 8 点的相关板块样本为分析单位。选取的样本板块分别是首页头条新闻、首页头版图片、"China"板块和"World"板块。在这一时间段,10家英文新闻网站的信息更新已基本稳定,一天中发生的大事也基本得到报道,受众的评论和互动也基本得以完整体现,具有采样的科学性。

第二节　中国网络内容国际传播力提升的路径现状

提升中国网络内容国际传播力的路径很多,既有宏观路径,也有微观路径;既有战略性路径,也有策略性路径。本节将从中国网络内容国际传播力提升路径中选择议程设置、平衡报道以及本土化三条路径来进行具体的探讨和研究。

一、议程设置路径现状

议程设置是进行社会控制的方法之一,是舆论引导力构建的重要组成部分。基于"议程设置"的理论假设,国际传播内容必然会带有媒介引导的色彩,那么国际社会对一个国家的认知与评价也就脱离不了这个框架。在中国国际传播能力总体不足的今天,国际社会对中国国家形象的认知产生了一定偏见,西方媒介的议程设置很大程度上形成了涉华舆论传播的强势。成功的议程设置,是传播本国文化传统、传递核心价值观的一种高效途径。

议程设置理论起源于 20 世纪 70 年代,最初由美国传播学者麦库姆斯(McCombs)和肖(Shaw)作为传播理论的一种效果假说提出。1968 年,他们通过研究总统竞选期间的议程设置,印证了大众媒介设置的议程在一定程度上能影响公众对政治议题的态度。该理论认为大众传播或许不能决定人们对某些事物的具体看法,却可以通过提供信息和安排相关的议题来有效地左右人们关注哪些事实。换句话说,大众传播或许无法决定人们怎么想,却可以决定人们想什么。所以,成功的议程设置是传播理念、主张、决策的一种有效途径。

在信息科技发展的新时期,"议程设置"在互联网出现之后变得更加难以把握,对通过设置"议程"引导大众舆论更是提出了更高难度的要求。网络技术下的"议程设置"主要呈现以下新特点:

第一,议题的不可控性。孙卢震、徐海丽(2011)认为互联网虽然带来大众媒介议题设置效果上的一些改变,但议题设置的本质并没有改变,在网络媒介出现之后的新媒介环境下,议题设置功能不仅没有被削弱反而有所增强。李敏(2008)认为,网络议题设置的不可控性和网络信息的海量传播,使网民获得很大的表达和选择自由,传者难以控制网络受众的选择。网络传媒的高效运转使其在某种意义上成为传统媒介议程的"先头兵"。由此可见,网络时代的议程设置功能,是对传统媒介"议程设置"理论内涵的补充和延伸。①

第二,主体的交互性。刘德萍(2006)以"天仙妹妹"议题为例,总结出网络媒介的出现改变了受众在传统媒介传播中的被动局面,从而使传播者、媒介和受众在议题设置中的交互性充分发挥。② 在网络媒体与传统媒体的互动中,议题设置的功能得到强化,议题设置的主体慢慢走向了从单一到多元,补充和延伸了传统媒介"议题设置"的理论内涵。③

第三,功能的强化性。冯梦莎、王静(2009)从传统媒体是网络虚拟社区个人议题主要设置者、议程互动使议程设置功能螺旋式上升、网络高科技隐性提升议程设置三个方面进行论述,提出议程设置功能随着网络媒体的运用不仅存在而且获得了强化。④

新闻内容是网络媒体国际传播中的灵魂,也是国际公众最关心的部分,对新闻内容的议程设置也最能体现网络媒体的编辑意图和倾向。本节从以

---

① 李敏:《网络环境中议程设置的新特点》,《青年记者》2008 年第 23 期。
② 刘德萍:《网络传播中议程设置的交互主体性》,《中国企业运筹》2006 年第 3 期。
③ 孙卢震、徐海丽:《新媒体时代议程设置功能的强化与其主体的泛化》,《新闻世界》2011 年第 3 期,第 74—75 页。
④ 冯梦莎、王静:《试论议程设置功能在网络环境中的强化》,《东南传播》2009 年第 7 期。

下六个方面对 10 家新闻网站英文版报道进行内容分析。

（一）议程设置主题

10 家门户网站英文版报道的内容主题主要考察网络新闻议程设置的侧重面和倾向性，以及是否着力于配合中国的政治、外交活动，传递中国声音，向国际受众介绍真实的中国社会。

1. 议程主题类目构建

考察指标分为政治、经济、军事、社会、文化 5 大类，鉴于编码不能重复的原则，如果一则新闻涉及二类不同内容，则主要观其为主的一类新闻内容，并归入其相应的类别。各指标的具体统计项如表 4-1。

表 4-1　10 家网站议程主题类目

一级类目	二级类目
政治	外交合作、会议访问、谈判协议、政策法规等
经济	投资上市、经济条款、财政政策、金融危机等
军事	国防部署、军事演习、军事对抗、动乱袭击等
社会	医疗卫生、环境能源、科技发明、交通旅游、人口就业、集会抗议等
文化	节庆民俗、教育培训、文化传播、文化展览等

2. 议程主题现状

如图 4-1、表 4-2 所示，10 家门户网站英文版新闻头条的议程主题报道面广泛，涉及各个领域，主要以经济、政治为主，分别约占据 39% 和 24%；其次是社会，约占 20%；而军事和文化主题报道相对较少，仅占约 6% 和 11%，可以看出，10 家门户网站的新闻头条仍然将报道政治、经济作为中国国际传播的主要方向。

表 4-2　10 家网站议程主题现状分布

网站	政治	经济	军事	社会	文化
人民网	51	68	12	32	23
新华网	16	25	5	9	7

续表

网站	政治	经济	军事	社会	文化
中国日报网	60	96	14	46	32
中国网	23	38	6	17	9
央视网	18	34	10	23	8
CRI	19	39	5	24	6
千龙网	17	40	2	23	11
东方网	8	11	2	6	4
新浪网	20	24	3	10	5
搜狐网	7	12	1	8	3

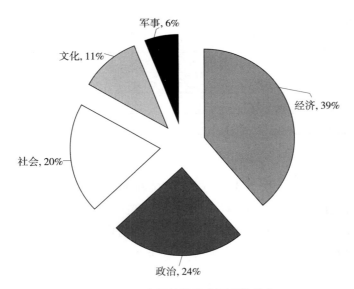

图 4-1　10 家网站议程主题现状分布

（二）议程来源

议程来源分析主要统计分析 10 家网站英文版的自采新闻率,稿件主要来源及是否全面、公正地兼顾国际观点。

1. 议程来源类目构建

具体指标分为中国传统媒体或通讯社（如中国日报、人民日报、新华社等)、中国网络媒体(中国网、新华网等)、自采稿件、其他(主要指未标明出处的新闻,如 Agencies 或出现率极低的网站等)。

2. 议程来源现状

表 4-3　网站议程来源现状分布

网站	中国传统媒体或通讯社	中国网络媒体	自采稿件	其他
人民网	128	18	31	9
新华网	5	1	55	1
中国日报网	102	3	97	46
中国网	62	9	20	2
央视网	68	5	19	1
CRI	42	4	39	8
千龙网	14	74	5	0
东方网	17	9	4	1
新浪网	3	36	0	23
搜狐网	25	4	0	2
所占百分比	41%	21%	31%	7%

来源:笔者自制。

由表 4-3 可见,第一,10 家门户网站新闻头条的来源主要以中国传统媒体或通讯社为主,约占 41%;网络媒体在一定程度上有了自己采写的新闻稿件,约占 31%,除中国日报网拥有较多自编稿件外,其余网站自编稿件都相对较少。第二,地方级新闻网站自采率明显低于国家级新闻网站,且大多从其他网站直接转载,原创率较低,而新浪网、搜狐网作为商业门户网站本身并没有采访权,所以自采稿件为 0 篇。第三,10 家网站新闻头条议程来源基本从中国媒体获得,国外媒体的声音相对较少,或几乎没有。

(三)议程主角

议程主角主要考察 10 家门户网站英文版在国际传播中的着力点,还可间接反映其重点关注的受众群。

1. 议程主角类目构建

议程设置的主角分为两类：一类是按主角性质分，包括组织和自然人；另一类按主角地域分，包括国内和国外。

表 4-4　网站议程主角类目

性质	组织	政府机关、企业、事业单位、协会团体等
	自然人	官员、学生、运动员、艺术家、科技人员、企业家、群众、儿童、警察、学者、军人等
地域	国内	全国、北京、广州、上海等
	国外	全球、亚洲、欧洲、北美洲、南美洲、非洲、大洋洲、南极洲

来源：笔者自制。

2. 议程主角现状分析

表 4-5　网站议程主角现状分布

一级类目	二级类目	报道比例（%）
组织（61%）	政府机关	36
	企业	13
	其他	12
自然人（39%）	政府官员	19
	企业家	7
	科技人员	6
	运动员	3
	其他	4

来源：笔者自制。

如表 4-5，按主角性质分，10 家网站议程主角主要以组织团体为主，大多数新闻报道的是中国政府为主导的新闻事件，比如政治外交、经济联盟等，所以企业组织也就成了议程主角的另一个重要组成部分。而 10 家网站中针对个人的报道则相对较少，仅占 39%。其中以政府官员为主，大多数关注的是国家领导人，如习近平、李克强等出席的活动和发表的重要讲话。

如图 4-2 从地域上划分议程主题，10 家网站的新闻头条呈现出国内国

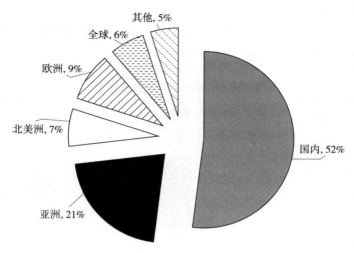

图 4-2　10 家网站议程主角现状分布

外相对均衡的趋势,分别占 52% 和 48%,其中国际报道中的新闻也大多与中国相关。同时,在国际报道中,处于中国周边的亚洲地区国家的报道比例高达 21%,其次是欧洲和北美洲,分别占 9% 和 7% 的比例。可以发现,国外报道中的关注点倾向于发达国家和地区,对于非洲、南美洲等第三世界国家关注相对较少。

(四)议程态度

议程态度主要考察的是 10 家门户网站英文版的国际传播是否具有客观性,在积极表达中国立场和态度的同时,能否尊重新闻事实而非过度宣传。

1. 议程态度类目构建

考察指标分为中性、正面和负面报道三项。划分的标准为:正面报道是赞扬题材(科技成功、社会发展等)或语言(崛起、腾飞等);中性报道是客观陈述事实,没有明显的倾向;负面报道是贬损题材(腐败、吸毒等丑闻)或语言(批评或谴责类词汇)。

2. 议程态度现状

通过图 4-3 显示,10 家门户网站英文版新闻头条的议程态度呈现以下特点:第一,客观、中立是新闻报道的基本原则,10 家网站在国际新闻报道

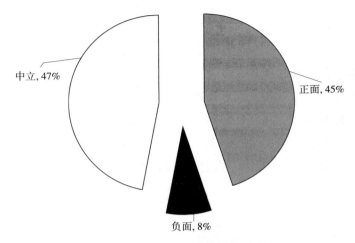

图 4-3 10 家网站议程态度现状分布

中明显秉承了这一原则,客观中立性新闻达 47%。第二,正面报道较多,与中立报道相对持衡,占据了 45% 的高额比例,表明 10 家门户网站在国际报道中大多以维护中国正面形象为主。第三,负面新闻仅占 8%,只有为数不多的负面题材的新闻在国际传播新闻报道中出现,负面批评的报道出现较少。

（五）语篇形式

中国网络内容国际传播的议程设置研究不仅可以从宏观内容进行分析,也可以从微观语篇着手研究。实际上,语言文字的运用在一定程度上也代表着媒介的议程设置。本节将结合文本,从语篇形式、语篇结构角度进行分析。

1. 语篇形式的意义

构建任何一个语篇,总是为了完成某种目的,发挥某种功能,阐述某个观点。在语篇构建过程中,功能和形式之间相互联系。作者要语篇完成什么样的功能,就规定语篇采用哪种形式表达,即目的决定形式。

本书将对 10 家门户网站英文版的新闻头条进行语篇种类的划分,主要包括描写和叙述两种。在描写语篇中,作者的目的是要使受众尽可能生动地感受到作者所感觉到的东西,使受众产生一种身临其境的感觉;叙述的目的是向受众展现一个事件发生了什么,又是如何发生的,其主要目的是给人以事件的时间感。

因为考虑到具体的新闻中有语篇混合使用的情况,所以我们选取新闻报道中主导的语篇形式。

2.10 家门户网站英文版的语篇形式

综观图 4-4,通过分析 10 家门户网站英文版的报道,可以发现,992 篇头条新闻报道中,叙述语篇 734 篇,占总比约 74%;描写语篇 258 篇,占总比约 26%。由此可见,在语篇形式上,10 家网站倾向于叙述语篇的运用,用语相对严肃规范。

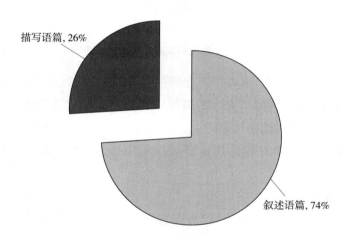

描写语篇,26%

叙述语篇,74%

图 4-4 10 家网站语篇形式现状分布

(六)语篇结构

1.语篇结构的意义

语篇结构是语篇组织的宏观结构,指的是语篇中各个主要成分的组合结果。在语篇交际过程中,议程设置者会根据自己议程的目标,选择相应的语篇结构来建构符合语篇交际目的的语篇。因此,本文在研究中针对新闻语篇结构,进行深入解析,了解掌握其内在规律性,有助于国际传播顺利展开。

本书将对 10 家门户网站英文版的新闻头条进行语篇结构的划分,主要包括并列式、车辐式、菱形式、金字塔式、倒金字塔式五种。其中并列式即对文中主要事实信息进行并列叙述,大多报道事实各部分的重要性相等或相似的新闻;车辐式指以一个中心事件或事物为主,其他信息像车辐一样辐射出去;菱形式即指"两头小、中间大"的结构;金字塔式结构即按照时间顺序来传达新闻事实,事件的开始就是消息的开头,事件的结尾就是消息的结尾;倒金字塔式即把最重要、最精彩的内容放在前面,随重要性的削弱依次排列信息。

2. 10 家门户网站英文版语篇结构

由图 4-5 可知,在 10 家门户网站英文版 992 篇头条新闻报道所选用的语篇结构中,采用并列式结构的语篇共 228 篇,约占总数的 23%;采用车辐

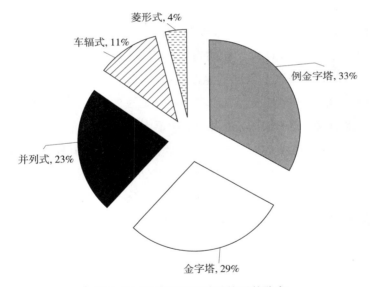

图 4-5 10 家网站语篇结构现状分布

式结构的语篇共 109 篇,约占总数的 11%;采用菱形式的语篇共 40 篇,约占总数的 4%;采用金字塔式结构的语篇共 287 篇,约占语篇总数的 29%;采用倒金字塔式结构的语篇共 328 篇,约占语篇总数的 33%。由此可见,在语篇结构上,10 家网站基本以倒金字塔式结构为主,在语篇一开始就强调重要事实,有利于吸引国际受众的眼球。

二、平衡报道路径现状

平衡报道理念和原则无论是在西方还是在中国,均获得了新闻界和学术界的一致推崇。在西方,平衡报道的发展主要体现在新闻媒介实践中,国外学者对其理论的系统研究也只有几十年。直到 20 世纪 80 年代,平衡报道这一理念才被学者孙培旭引进到中国,在短短的 30 多年时间里,无论是在实践运用还是在理论研究上,均取得了丰硕成果。

平衡报道理论源于西方,本杰明·富兰克林(Benjamin·Franklin)(1731)①在《宾夕法尼亚报》上发表《为出版者辩护》的论文中写道:"当民众持有不同观点时,每一方都有相同的权利让受众知道他们的观点;相信当真理和谬误公正较量时,前者总会取得胜利。"这一主张被看作平衡报道原则的首次提出。国内对于平衡报道研究起步较晚,主要集中于探讨平衡报道定义。关于平衡报道定义,最具代表性的当属孙培旭(1994)的观点,他认为平衡报道所追求的目标体现在新闻的全面、客观、公正之中。可见他提出的定义是一种两点论式的平衡报道,蕴含着唯物辩证法的观点。郭卫华(2000)则提出平衡报道就是客观、中立地揭示被报道者之间的分歧和矛盾,且新闻媒介可以通过"本报道不代表本媒介"和"给予每个被报道者充分的辩论机会,以平衡照顾每一种观点"这两种途径来保证平衡报道的实现。②

对 10 家中国英文网站头条新闻进行内容分析,可以反映中国网络内容国际传播平衡报道整体现状。此次内容分析针对 896 篇新闻报道,主要从消息来源、报道态度、报道立场三个角度进行统计分析。

(一)消息来源

在网络内容国际传播平衡报道中,消息来源至关重要,它直接影响新闻报道的客观与公正,消息来源失衡会直接导致新闻报道失衡,而消息来源的多元化直接关系到国际新闻报道中平衡的实现。如果 10 家对外传播网站

---

① 本杰明·富兰克林:《为出版者辩护》,转引自[美]沃尔特·艾萨克森:《富兰克林传》,杨颖译,中国社会出版社 2008 年版。

② 郭卫华:《新闻侵权热点问题研究》,人民法院出版社 2000 年版,第 35 页。

英文版的消息主要来源于政府机关,就会让海外受众误以为中国对外传播网站只代表政府官方立场,是一种宣传行为而非国际传播;相反,消息来源多样化会增加中国网络内容国际传播的可信度。

1. 消息来源类目建构

本书考察的类目分为政府机关部门、社会团体、记者媒体、专家学者、企业、民众、其他。鉴于编码和样本不能重复的原则,一篇新闻报道可能会出现多个消息来源,遇见这一情况,则选取一个主要的消息来源,并归入相应类目。其中政府机关是指行政、立法、司法等权力机关和部门,包括国内和国外;社会团体主要包括消费者协会、国际红十字会等社会民间团体;记者媒介主要指网站从其他媒介获取或转载的新闻报道;专家学者特指在某一领域具有权威发言资格的专家或进行专业研究的学者;而企业是指那些以营利为目的的公司;民众则指普通大众;其他主要包括一些消息来源模糊不清的情况。

2. 消息来源分析

如图 4-6 所示,10 家网站英文版头条新闻消息来源较为多元,但依然

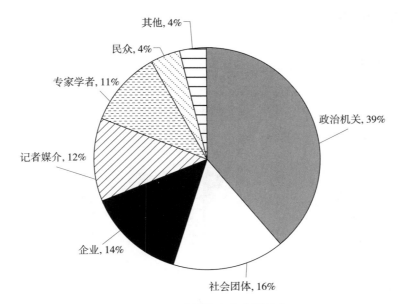

图 4-6　10 家网站消息来源分布

以政府机关为主,比例占到了总数的 39%;其次是社会团体和企业,分别占据 16% 和 14%,此外,记者媒体和专家学者分别占据 12% 和 11%,这四种渠道虽是消息来源的重要途径,但均不足以撼动政府机关作为消息来源的主体地位。而作为受众主体的民众在消息来源中所占比例仅有 4%,显得无足轻重。

（二）报道态度

主要考察 10 家新闻网站英文版头条新闻在国际传播过程中是否遵守了客观性、公正性原则,尤其是在遇到关于中国的负面事件时,能否做到不遮掩、不回避、不美化,以正面的姿态积极面对问题。

1. 报道态度类目建构

考察类目分为正面报道、负面报道和中性客观报道。主要划分标准为正面报道是指报道题材的正面性,主要是指好成绩、好形势等,比如经济快速发展、重大科技进步、国际地位提升、奥运会上收获金牌等;负面报道是指那些贬损或带有批判性质的题材,通常是指"报忧",例如官员腐败、犯罪案件、明星吸毒等;中性客观报道是指仅客观陈述事实,不管事实本身是正面还是负面的,均不带明显的情感倾向。

2. 报道态度现状分析

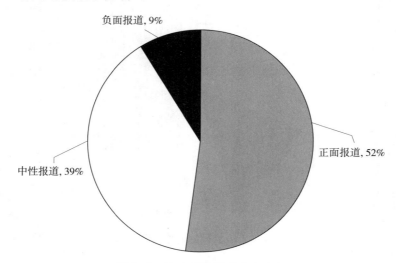

图 4-7　10 家网站报道态度分布

由图4-7可以得出：第一，10家对外传播网站头条新闻报道的内容以正面报道居多，达到52%，这表明传统上"以正面报道"为主的传播观念并未发生实质性改变。第二，负面报道偏少，所占比例还不到10%，不符合国际受众尤其是欧美受众的阅读习惯。第三，中性客观报道的比重达到39%，虽然小于正面报道52%的比重，但足以表明平衡报道在中国网络内容国际传播中运用的成效显著。

（三）报道立场

报道立场的选择直接体现10家对外传播英文网站平衡报道的采用，以及在积极报道中国立场和观点的同时是否敢于发出不同声音。

1.报道立场类目建构

考察类目分为倾向性报道和平衡报道。其划分依据为，倾向性报道是指"以我为主"或美化对己方不利的事实和观点；平衡报道意味着平等对待多方意见，尤其是反方的观点和态度。

2.报道立场现状分析

图4-8显示：第一，倾向性报道在10家新闻网站国际传播中依然占据着较高比例，达到了65%。第二，平衡报道在网络内容国际传播中所占比例较小，说明平衡报道的理念和原则还未在中国网络内容国际传播中得到广泛应用。

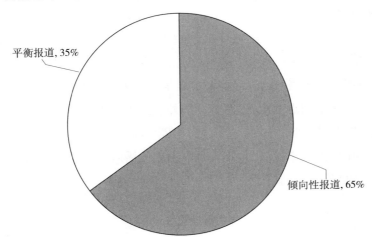

图4-8　10家网站报道立场分布

三、本土化路径现状

本土化并不是一个专有领域的概念,传播学、广告学、经济学中都包含与本土化相关的内容,一般来说,本土化理论随着全球化、一体化等理论发展而发展,总结归纳关于国际传播中的本土化研究,可以分为以下两个部分。

一是本土化的定义。"本土化"(Localization)是一个涉及经济学、传播学、语言文学等多个领域的术语,和"全球化"一样,对于究竟什么是"本土化",在学术界有许多定义,且目前尚无统一标准。复旦大学的王强博士指出,所谓本土化就是在华企业为了适应中国社会及商业传统以达到扩大中国市场、提高销售业绩、扩大企业利润的目的,在组织机构、经营管理、销售网络、企业文化等方面进行的适应性调整和转变。刘文纲(2003)在《经济全球化与中国企业"走出去"战略研究》一书中表示,本土化也即当地化,是指跨国公司在进入某国市场后,努力融入东道国的经济体系,成为具有当地特色的经济实体的发展战略。[①] 王朝晖在《跨国公司的人才本土化》(2006)中表示,本土化是指海外投资企业以东道国独立的企业法人身份,为了在所在国或地区获得最大化的市场利益,充分满足当地市场的需求,适应当地文化,利用当地人员适应特定区域的产品和服务,而实行的一系列管理、决策的总合。[②] 尽管上述表述方式不尽相同,但这些定义都指向了同一含义,即所谓的本土化是指"外来之物融入当地文化群落,采用与当地国民特性、价值观念、审美心理相一致的方式,以达到被'认同'的目的"。

二是本土化传播与国际经验。中国早期对外传播往往强调以"正面宣传"为主,忽视了贴近受众、提高传媒国外适应力。中国媒体国际传播力提升经过了"对外宣传——对外传播——国际传播"的过程,因而早期本土化传播研究显得较为薄弱,大部分国内本土化传播研究都选择借鉴国外经验来探讨"中国模式"。如张雷(2012)在《球土化视野下的本土化传播:国际

---

① 刘文纲:《经济全球化与中国企业"走出去"战略研究》,经济科学出版社 2003 年版。

② 王朝晖:《跨国公司的人才本土化》,机械工业出版社 2007 年版。

经验与中国面向》以国外跨国媒体在本土化传播中的经验为基础,探讨如何构建符合中国国情的国际传播格局,实现从"信号落地"向"影响力落地"的实质性转变,并详细阐述了广电产业链的基本环节和本土化的策略类型。于迎(2013)在《纽约时报的跨国传播策略研究》中以《纽约时报》为研究范本,重点分析对中国媒体跨国传播有积极借鉴意义的本土化方式,如英文翻译与本土作者原创的结合,母媒体品牌优势和资源优势的延续,先进的数字化运营经验在中国网络中的运用。常江和文家宝在《BBC的全球化与本土化传播策略及启示》(2014)中分析了BBC全球化叙事策略与多元本土文化的融合、注重用户需求和体验等本土化的传播策略,并对中国电视媒体国际传播提出了本土元素、产业链和受众需求上的改进对策。

我们常说西方新闻界在对中国事务进行报道时,总是喜欢关注中国灰暗的一面,忽视了中国改革开放以来所取得的重大成就,但在探讨如何更好地提升中国网络媒体国际传播力时,则更应审视自身在报道全面性和贴近性上的不足。本土化对提升中国网络内容国际传播力的作用是不言而喻的,本节将通过内容分析法剖析中国网络媒体国际本土化传播的现状。

(一)首页头条新闻

头条新闻在网站内容中可以第一时间抓住受众眼球,对首页内容以及网站的态度起着提纲挈领的作用,是网站定位的最佳代表。对英文网站头条新闻的内容分析,可以通过稿件来源、报道地区等类目来分析网站在本土化上的特点。本书统计得出10家网站的头条新闻在一个月内共发布960条。

1. 稿件来源

稿件来源主要探析网站所选文章的原创性、对新闻资源的整合力以及与其他网站的合作情况等。稿件来源可分为转载稿件和自采稿件。由表4-6可见,目前10家英文对外网站的稿件来源主要以新华社供稿和自采稿件为主。其中人民网和中国网英文版对新华社的稿件采用比例较高,中国日报网英文版和央视网的英文版自采稿件比例较高。由此可以得出,一是新华社作为"消息总汇"仍是各主流网站普遍信任的供稿来源,对国外新闻的报道比较全面;二是除新浪和搜狐两个商业网站没有采访权以外,其他8个网站都有一定的自采稿件,说明已经具备一定的原创性;三是10家网站很少与国外媒体机构合作；四是 10 家网站供稿渠道不丰富，缺少对新闻资源的整合。

表 4-6　10 家网站英文版头条稿件来源分布

稿件来源	人民网英文版	新华网英文版	中国日报网英文版	央视网英文版	中国网英文版	中国国际广播电台网英文版	新浪网英文版	搜狐网英文版	千龙网英文版	东方网英文版	百分比（%）
自采稿件	132	60	189	82	73	78	0	0	78	25	74.7
转载稿件	48	0	51	8	17	12	60	30	12	5	25.3
合计	180	60	240	90	90	90	60	30	90	30	

2. 报道地区分布

通过分析报道地区的分布，可以探讨 10 家网站报道的区域特点、关注焦点地区以及本土化程度。地区首先可分为两大类，即国内和国外，其中国内可分为东部、中部和西部，国外可分为亚洲、欧洲、南美洲、北美洲、非洲、大洋洲、南极洲七个大洲。由表 4-7 可以看出，10 家网站的头条新闻对国内新闻的报道多于国外新闻的报道，所占比例国内为 58.9%，国外为 41.1%，各网站还是更倾向于报道国内事务，这样尽管可以满足国外受众了解中国的需求，但是却不利于新闻贴近性以及本土化发展。

表 4-7　10 家网站英文版首页头条新闻地区分布

稿件来源	人民网英文版	新华网英文版	中国日报网英文版	央视网英文版	中国网英文版	中国国际广播电台网英文版	新浪网英文版	搜狐网英文版	千龙网英文版	东方网英文版	百分比（%）
国内	128	37	122	48	52	49	37	18	55	19	58.9
国外	52	23	118	42	38	41	23	12	35	11	41.1
合计	180	60	240	90	90	90	60	30	90	30	

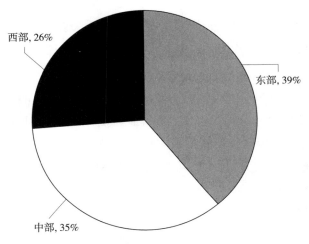

图 4-9　10 家网站国内头条地区分布

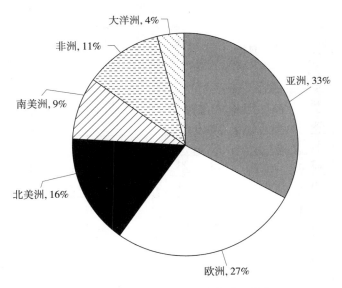

图 4-10　10 家网站国外头条地区分布

　　另外,通过对比图 4-9 和图 4-10 可以发现,国内头条的地区分布比例基本是东部>中部>西部。东部地区由于经济、政治、文化相对繁荣发达,受关注的程度自然较高。在国外地区的分布中,欧洲、北美洲由于经济、文化的繁荣,受到了比非洲、大洋洲等更多的关注。在国外地区分布中,亚洲是报道最多的地区,其原因主要是文化的对接性和地缘政治的接近性。总的来看,头条新闻对世界各地区的报道并不均衡。

3. 报道题材

报道题材选取可以看出一个网站关注的焦点、对当地的了解程度。报道题材主要选取经济、政治、社会、文化、军事及其他六个类目进行分析。如表4-8所示,10家网站头条新闻最关注的还是经济题材和政治题材,特别是政治题材所占比例为32.6%,可见国际传播中政治题材仍是热点话题,这是因为:第一,国外受众对世界政治的关注,第二,10家网站受制度制约需投入更多精力在政治议题上。

表4-8　10家网站英文版头条新闻题材分布

稿件来源	人民网英文版	新华网英文版	中国日报网英文版	央视网英文版	中国网英文版	中国国际广播电台网英文版	新浪网英文版	搜狐网英文版	千龙网英文版	东方网英文版	百分比(%)
经济	48	17	63	17	21	19	20	6	21	6	24.7
政治	66	19	82	29	30	33	13	8	22	11	32.6
文化	34	8	47	25	11	20	9	5	12	5	18.3
社会	23	10	31	13	23	15	17	9	34	8	19.2
军事	6	3	9	4	1	2	1	0	0	0	2.7
其他	3	3	8	2	4	1	0	2	1	0	2.5
合计	180	60	240	90	90	90	60	30	90	30	

4. 与受众互动

与受众互动程度是考察一个网站传播成效的重要指标。通过对10家网站一个月的受众评论量跟踪可以看到,只有中国日报网英文版的头条新闻能及时引发网友的评论,且评论数量也远超其他网站(如图4-11所示)。此外,在与其他网站报道同一事件时,多数情况也只有中国日报网能收获较多的网友评论,可见中国日报网英文版在国外受众心中的公信力、权威性、贴近性等更胜一筹。

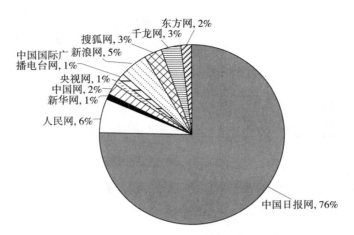

图 4-11　10 家网站英文版受众评论比例

（二）首页头条图片

首页头条图片是考察本土化的重要指标,图片的主体、色彩等都关系到国外受众的喜好,图片更能直观反映事件的本质和编辑所表达的主题,也更易吸引人眼球,因此对头条图片进行分析是分析中国网络内容国家传播本土化的重要依据。10 家网站一个月的头条图片发布量共1650 张。

1.图片主体分布

图片主体分布可以考察网站报道的敏锐度、对时事的关注度以及受众的贴近度。主体分布主要通过人物和事件两个指标来分析。由表 4-9可以看出,图片主体中对事件的记载多于人物的记载,一方面是由于还原事件本身的震撼力要大于对人物的刻画,另一方面是事件的重要性大于人物个体感染力。但是值得注意的是,在本土化进程中,网站也要将注意力多投注于个体身上,这样更易跨越文化障碍,从而引起受众心中的共鸣。

表 4-9　10 家网站英文版首页头条图片主体分布

稿件来源	人民网英文版	新华网英文版	中国日报网英文版	央视网英文版	中国网英文版	中国国际广播电台网英文版	新浪网英文版	搜狐网英文版	千龙网英文版	东方网英文版	百分比（%）
人物	59	92	103	75	33	98	58	11	14	15	33.8
事件	121	208	77	105	87	142	92	19	136	105	66.2
合计	180	300	180	180	120	240	150	30	150	120	

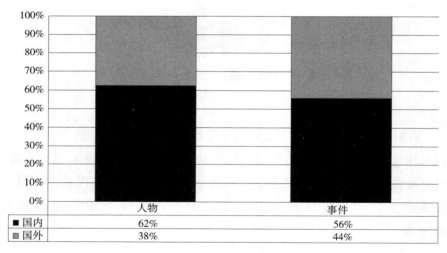

	人物	事件
■ 国内	62%	56%
□ 国外	38%	44%

图 4-12　10 家网站英文版头条图片主题分布

由图 4-12 可以看出,在对事件和人物的报道上,国内与国外有所区别,主要体现在国内人物表现更多,而国外事件记载更多,一是因为各大网站对国内人物更熟悉,更易跟踪采访;二是因为在全球范围内,国外的事件比人物更具知名度。

2. 报道题材

报道题材选取经济、政治、社会、文化、军事及其他六个类目进行分析。由表 4-10 可以看出,在头版图片中政治和经济仍然是网站关注的两个重

表4-10 10家网站英文版头条图片题材分布

稿件来源	人民网英文版	新华网英文版	中国日报网英文版	央视网英文版	中国网英文版	中国国际广播电台网英文版	新浪网英文版	搜狐网英文版	千龙网英文版	东方网英文版	百分比（%）
经济	32	65	36	23	21	44	27	8	32	22	18.8
政治	73	137	53	67	47	85	44	8	53	41	36.8
社会	45	61	31	56	12	37	35	3	23	17	19.4
文化	24	29	54	23	34	65	42	8	41	37	21.6
军事	6	6	3	6	3	3	1	2	0	1	1.9
其他	0	2	3	5	3	6	1	1	1	2	1.5
合计	180	300	180	180	120	240	150	30	150	120	

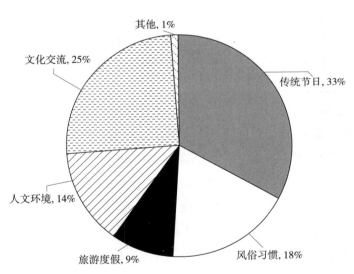

图4-13 10家网站头条图片文化问题中的话题比例

点,但与头条新闻不同的是,文化内容超过经济内容成为第二大内容,一是因为文化内容如节日、风俗等,通过图片可以更好地展示出来,经济新闻则更好地通过文字表达;二是图片能与头条新闻起到互补作用;三是图片中选用更多文化内容可以更好地吸引读者,引起读者共鸣。同时从图4-13可以看到,在文化部分中,关于节日和文化交流的内容居多,一是因为各国节日最能体现国家文化内涵;二是因为在国际交流频繁的今天,受众都需了解其他国家的风俗习惯;三是因为文化交流是国与国之间交流最常见也是最好的方式。在10家网站中中国日报网英文版和央视网英文版对文化内容的报道相对较多,这两个网站的头版图片制作效果都比较精美,涉及范围也较广。

(三)"China"板块

"China"板块是各大网站国际传播比较受青睐的部分。在这个板块中,网站重点面向国际受众,介绍中国政治、经济、文化等方面的发展,满足国外受众对中国本土的信息需求,因而该板块是衡量本土化的重要内容。由于人民网英文版未专设"China"板块,央视网英文版的"China"板块的新闻主要以视频为主,千龙网英文版的"China"板块已放入头条新闻进行了分析,因此本书仅选取了10家网站中的7家网站作为样本。另外由于中国国际广播电台网英文版在"China"板块并未明确区分头条新闻和普通新闻,因此本书选取了该网站的"China"板块前5条作为分析样本,最后共得到780个样本量。

1. 报道题材

主要选取经济、政治、社会、文化、军事及其他六个类目进行分析。从表4-11中可以看到,政治和经济是报道的主要内容,新华网和中国国际广播电台网对政治的报道居多,中国日报网和中国网对经济的报道居多。随着中国近年来政治地位的提高和经济的发展,全世界目光更多投向中国,特别是投向中国的经济与政治。同时文化报道也占较大比例,这主要是中国儒家文化、汉语文化和"孔子学院"吸引了大批国外受众,并且神秘的敦煌、恢宏的青藏高原、秀美的江南景色,也为国外友人感兴趣的去处。

表4-11 7家网站英文版"China"板块题材分布

稿件来源	新华网英文版	中国日报网英文版	中国网英文版	中国国际广播电台网英文版	新浪网英文版	搜狐网英文版	东方网英文版	百分比(%)
政治	51	28	31	36	45	8	31	29.5

续表

稿件来源	新华网英文版	中国日报网英文版	中国网英文版	中国国际广播电台网英文版	新浪网英文版	搜狐网英文版	东方网英文版	百分比（%）
经济	57	17	19	49	39	8	18	26.5
社会	28	15	21	21	25	6	27	18.5
文化	29	22	15	29	35	6	11	18.8
军事	11	6	4	10	3	0	1	4.5
其他	4	2	0	5	3	2	2	2.2
合计	180	90	90	150	150	30	90	

2. 题材比例

除分析"China"板块题材分布外,题材中的话题比例也是非常重要的。首先可以观察网站对敏感话题的报道程度,从而判断网站透明度和公开性,其次可分析对中国现实社会的表达是否完整准确,是否存在盲目夸大宣传以至于误导国外受众。

（1）政治问题中的话题比例

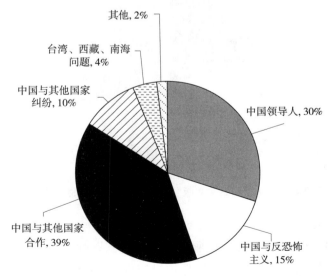

图 4-14　7 家网站英文版"China"板块政治题材话题分布

由图 4-14 可见,中国领导活动是政治板块最为关注的内容,所占比例高达 30%。领导人形象是国家形象的缩影,在国外受众心中知名度极高,是建设国家形象的一部分;其次是中国与其他国家的合作,随着中国政治经济的发展,中国与世界各国交流互惠越来越多,这一板块既报道中国内容,又涉及其他国家,最易引起国际受众共鸣;另外 2015 年 4 月 IS 组织恐怖活动、日本参拜靖国神社等事件频繁爆出,使得中国与反恐怖主义和中国与其他国家的纠纷内容占到一定比例;另外值得肯定的是,对西藏、台湾等问题,各网站都不遗余力地表达中国观点,传达中国声音,保持了对这些敏感话题的透明度。

(2)经济话题比例

如图 4-15 所示,在经济话题中,中国国内经济话题仍是报道最多的内容,占 47%。中国已进入深化改革期,各种制度与矛盾不时涌现,报道国内经济话题,一是可以加强受众对中国的了解,二是可以展现中国的经济实力,另外也避免封闭发展的老路。中国企业和外国企业有不同程度的报道,其中中国企业的报道相对较多。

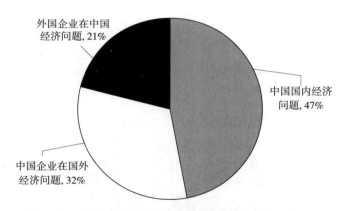

图 4-15　7 家网站英文版"China"板块经济题材话题分布

(3)社会话题比例

如图 4-16 所示,在社会话题中,能源环境、医疗健康和劳动就业等话题排名前三。环境问题以及环境保护措施成为 2015 年中国社会问题中最

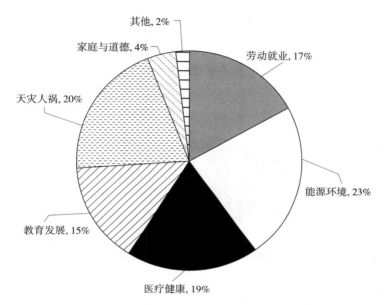

图4-16　7家网站英文版"China"板块社会题材话题分布

突出的问题,PM$_{2.5}$的监测以及北方沙尘暴,都使报道话题与环保牵扯很深。与此同时,医疗健康和劳动就业与百姓生活密切相关,了解中国老百姓生活状态,必须重点关注这两类新闻。另外突发事件、教育发展以及家庭伦理道德同样受到不同程度的关注和重视。

（4）文化话题比例

如图4-17所示,风俗习惯和传统节日是文化板块报道的重点。中国地形复杂,孕育出了各地独特风俗习惯,蕴含了中国文化特有气质。实际上这是国外受众期待了解的重点。中国地大物博,每一地区每一民族都有自己的节日,而通过节日来了解一个国家是最快捷也是最简单的方式,并且中国许多传统节日,如春节、中秋正逐渐成为世界潮流节日,受到国外受众的普遍欢迎。另外随着旅游业的发展,旅游度假和文化交流正受到更多的关注。

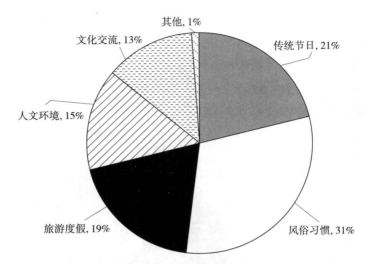

图 4-17 7 家网站英文版"China"板块文化题材话题分布

（四）"World"板块

"World"板块是考察网站英文版本土化最直观的标准。报道辐射的全面性、态度的倾向性和主体的选择性，最能代表网站内容筛选时所表现的世界眼光以及关注焦点。这个板块的设置最能引起国外受众共鸣，也最易跨越文化障碍。由于央视网英文版的"World"板块制作视频，千龙网的"World"板块已放入头条分析，所以本文重点分析其余 8 家网站。人民网和中国国际广播电台网的"World"板块并未设置明显的头条新闻，所以本文选取这两个网站每日前 5 条作为分析样本。最后，"World"板块共选择900 个样本。

1. 报道主体

从报道主体选择可以看出一个网站重点关注的地区以及受众群的特点。如图 4-18 所示，亚洲、欧洲和北美洲仍是各网站关注的焦点，亚洲国家由于地缘的接近性而成为报道频率最多的地区，欧美作为经济发达地区一直把握国际话语权，且这两个地区的国外受众经济实力强、受教育水平高，更易频繁接触网络，以及浏览国外网站，因此增加了其报道比例。

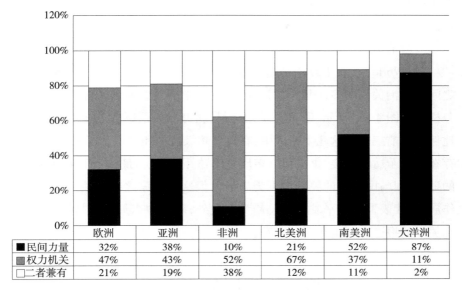

	欧洲	亚洲	非洲	北美洲	南美洲	大洋洲
■民间力量	32%	38%	10%	21%	52%	87%
▨权力机关	47%	43%	52%	67%	37%	11%
□二者兼有	21%	19%	38%	12%	11%	2%

图4-18　8家网站"World"板块报道对象分布

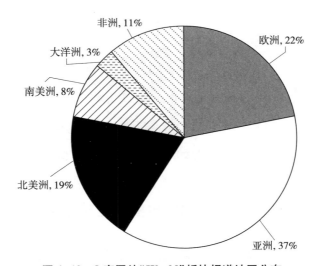

图4-19　8家网站"World"板块报道地区分布

　　另外,从对权力机关和民间力量的报道对比来看,欧洲、北美洲和非洲的权利机关报道居多,亚洲和大洋洲等的民间力量关注居多。一是因为欧洲王室和美国白宫一直是世界比较关注的话题,二是因为亚洲的接近性使得网站对民间力量的关注更多,个体报道更能吸引受众注意。

2.政治话题

在"World"板块中政治话题是最受关注的内容,其中尤以各国各地区之间的政治关系居多,因此本书对政治话题中的几组显著国际关系进行了分析。如图4-20所示,欧美关系、亚洲与北美洲关系以及东亚关系的报道比例位居前三。在这几个地区中,有世界超级大国和发展中国家,它们之间存在许多矛盾与冲突,仍遗留许多历史问题,因此成为最易产生世界性话题的地区,国与国之间的关系也更为微妙。但这些国家之间的关系还是以合作居多,代表世界和平发展的总趋势。此外,随着中东局势的持续发展,中东关系的报道比例也在不断上升。

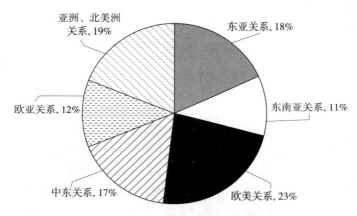

图4-20 8家网站英文版"World"板块政治话题分布

第三节 中国网络内容国际传播力提升路径存在的问题

通过对10家网站英文版的现状统计不难发现,在中国网络内容国际传播力提升路径中,中国网络媒体在议程设置、平衡报道以及本土化中仍存在一定问题。

一、议程设置路径存在的问题

通过对中国 10 家具有代表性的对外传播英文网站头条新闻的内容分析,可以看到中国网络内容国际传播议程设置取得了一定的成绩,但依然存在不少问题。主要表现在:

（一）议程设置意识不足

"客观、公正、独立、均衡"一直以来是媒介必须遵守的原则。在中国网络媒体进行国际传播议程设置中,不难发现,以"正面报道"为主的新闻一直贯穿始终,这种"报喜不报忧"的议程态度,致使中国网络媒体的新闻报道失去了一定的原则与立场。从 10 家网站英文版的报道可以看出,"正面报道"占据了绝对的比例,中国对外的国际报道基本维持在中国政府的态度框架之内。中国网络媒体在国际传播中对负面新闻的报道仍然存在较多阻力与限制,在新闻实践中也多抱有谨慎态度。很多所谓"负面"事件发生之后,中国网络媒体选择瞒报或不报,采取轻描淡写、避重就轻的规避态度,甚至"负面新闻正面报"的事件屡见不鲜,对中国网络新闻媒体的公信力造成了极大的损害。

菲律宾《世界日报》社长陈华岳说,没有哪个国家政府不搞宣传,中国政府提出"弘扬主旋律""以正面报道为主"的宣传方针是对的,但好的要说,坏的也要说,"好与坏的比例当然可以适当控制,但绝不能一边倒"。①危机和突发事件是每个国家在发展过程中无法避免的事情,它就像一把"双刃剑",或许事件本身会带来一定的负面影响,但如果能够恰当处理,不仅可以挽回负面影响带来的损失,还可以在国内外受众心中塑造政府的良好形象。中国网络媒体如经常选择性地报道新闻,经常回避问题的实质,就极易使国际受众质疑中国网络内容的客观性和可信度。纽约城市大学史坦顿岛学院媒体文化教授朱英表示,中国网络媒体向国际化发展,但中国媒体仍然不愿去过多报道中国的政治新闻,无法提供任何深层次有关中国的报

① 千龙网:《我国媒体对外宣传报道存在的主要问题及成因》,2004 年 5 月 31 日,见 http://medianet.qianlong.com/7692/2004/05/31/33@2081585.htm。

道和分析,这是中国网络内容"走出去"应该逐步改善之处。

（二）议程设置内容单一

中国网络媒体在设置中国新闻议题时,政治和经济内容占绝大多数,政治话题一般涉及会议新闻、领导人调研、会见外宾,经济话题一般包括经济政策、合作协议等。政治性话题太多往往会让人感到厌倦,话题相对单一,会影响受众的贴近性。近年来,以美国为首的西方国家在国际上发起了对中国人权问题的攻势,加之"中国威胁论"的不断升温,国际社会逐渐将目光和舆论转向中国。在舆论的风向标下,国际社会对中国的了解主要集中在中国社会内容上。而10家门户网站的新闻头条却较少报道社会民生,这与西方受众的信息需求有相当大的距离。当西方受众不能从中国媒体获知关于中国新闻的一手信息时,他们就会转向其他国家的媒体,而通过其他国家的媒体报道出来有关中国政治的一些新闻则难免会与事实有距离,带上意识形态的烙印。

国际受众对新闻舆论的要求是多元的。中国新华新闻电视网董事吴锦才曾说:"在国际舞台上,并非天天说中国的事情,才表明中国掌握世界的话语权。最理想的选择是,对一切国际事务,都要有效地体现中国对世界问题的视角。"[1]分析对外网站可以发现,中国网络内容以报道中国为主,对于世界其他地区,譬如非洲所发生的国际事件则关注相对较少,在西方强大的媒介力量中也很难寻觅中国独到见解。"中国特色"的新闻报道并不等同于中国的"官方报道"。国际传播中的"中国特色"是基于全球视野和全球理念,用中国立场、中国思想、中国价值观所构建的,获得国际公众认同的新闻报道,是"中国视角"和"国际视角"的综合。而目前,中国网络内容的新闻报道,还停留在"官方报道"的层面,没有深入到实质中去。

（三）议程设置来源匮乏

在中国国际传播议程设置中,中国网络内容所代表的是一个国家、一个民族的思想观和价值观。中国需要通过网络媒介尽可能多地将中国文化、

---

[1] 吴锦才:《CNC:以全球70亿人为传播对象》,2012年11月29日,见http://news.xinhuanet.com/zgjx/2012-11/29/c_132007290.htm。

中国理念传播出去。然而其前提是将国际受众吸引到中国网络媒体的平台上。这应是一个观点聚集、思想融汇的世界性平台，因此，对议程来源也提出了多样性要求。

通过上述对10家门户网站的数据统计发现，中国网络内容呈现的新闻报道几乎全部来源于国内媒体，鲜有国际媒体对同一事件的报道。国际公众很难在中国网络内容的平台上看到国际媒体的多维解读，在一定程度上也就满足不了受众多样化的需求。中国网络内容需要表现自己的观点、自己的立场，但这并不意味着对外来观点的忽略与排斥。新闻的多源以及多角度解读，能让国际公众更加公正客观地了解新闻事件的全貌，这在一定程度上将促进中国网络媒体公信力的提升。

（四）议程设置语言生硬

目前中国网络内容国际传播议程设置的语篇形式和语篇结构都存在一定的不足。首先，从语篇形式分析可以看出新闻报道呈现出叙述模式化的弊端。在头条新闻中出现的会议报道、活动报道等同类新闻，其写作方式都以时间为顺序，随着进程展开。譬如会议新闻中会议名称频繁再现，会议场面及其进展程序，包括会议的各项仪式与议题、领导的发言稿、领导人言行举止及出席会议的领导人名字与职称等，都被用作模式化介绍，千篇一律。显然，这种形式的网络内容呈现不是在报道新闻，而是在向受众描绘会议过程及情形。因此，很难吸引国际公众的眼球。

语篇形式与结构问题，归根结底是英语语言问题。对中国来说，网络媒体的技术、数量与全球发达国家的媒体相比，还存在一定差距，但语言的弱势运用，更加影响传播效果。可以说，网络内容议程设置能力是网络媒体的核心竞争力，议程设置能力强弱直接关系国际受众市场与传播效果。未来中国媒体的议程设置需要从新闻议程的报道态度、报道内容以及语言表达方面寻求改变，要及时研判海外舆情信息，精心策划，主动设置议程，主动提供所需信息，主动喂料。唯有如此，中国网络媒体的议程设置能力才会得到提高，才会发挥媒体对于舆论的塑造与引导功能，才会在媒介国际话语权的竞争中胜出。

二、平衡报道路径存在的问题

通过对中国国内 10 家具有代表性的对外传播英文网站头条新闻的内容分析，可以清晰地看到，中国网络内容国际传播平衡报道取得了一定的成绩，但依然存在不少问题，主要表现在传播理念偏差、传播导向失衡、传播模式僵化三个方面。

（一）传播理念偏差

中国网络内容在国际传播中长期以来都存在一个问题，即宣传色彩过于浓厚，主观倾向明显，急功近利，对内与对外不加区分，尤其是把"对内传播"和"国际传播"这两个概念混淆使用，导致宣传与传播的倾向性失衡。传播属于国际通用词汇，它的词义属于中性，是一种媒体行为，易于为受众接受，而宣传的英语原词"Propaganda"具有强烈的贬义，带有"强行灌输"的含义，是一种政治举动，但中国网络媒介在国际传播中依然沿袭这一传统，这就导致传播理念存在很大的偏差，长期的"以我为主"的内向宣传式思维和逻辑，不谙国际传播规律，与平衡报道的理念背道而驰。

美国《世界日报》记者梁国雄指出，"中国媒介在进行国际传播报道时，不遵循国际传播报道规律，往往采用对内宣传的口气向国际受众灌输带有意识形态色彩的观点和立场，这会导致受众强烈的逆反心理，即使原本对中国没有偏见的国外受众也会因此抵制这些报道，进而无法达到预计的国际传播效果"。[①] 就拿 2015 年召开的两会来说，中国受众更关心的是和中国民众切身利益相关的提案和政策，同样国外受众关心的也是更全面客观的内容，而中国网络媒体在国际传播中更多地把关注重点放在了官员讲话以及明星代表的言论上，对普通百姓关注的话题报道得比较少。尤其是在一些敏感话题诸如中日关系、台湾问题、雾霾问题等的报道上则更少深入报道，只是蜻蜓点水式地简单报道。在报道中国政府下调经济增速目标时，一味强调这是中国改变经济发展方式以及提高发展质量的需要，刻意回避中

---

① 新华社"对外宣传有效性调研"课题组：《进一步提高我国对外宣传的有效性之二——对外宣传报道存在的主要问题及成因》，载《中国记者》2002 年第 2 期。

国现行经济发展稍显疲软的事实,这就给国外受众留下这样的印象:人民网、新华网等国际传播媒体代表的就是政府和官方的立场和观点。国外受众戏称为"政府网络媒介",这是对中国网络内容国际传播观念落后的一种变相讽刺和批评。长此以往,国外受众对中国网络媒体的刻板成见会越来越深,逐渐排斥甚至从反面来解读中国网络内容的国际报道。

传播理念的偏差会导致信息在国际传播过程中发生"变形",包括传播的断裂和扭曲,并导致传播鸿沟以及伴随其存在的认知鸿沟或者误解的产生。传播鸿沟是指信息从发出者到达接受者的过程中发生变形,或者信息发出者和接受者对信息作出截然不同的解读,以至于信息传播不能达到发出者的期待,甚至产生相反的效果。例如,新华网、国际在线等央视国际传播网站在报道中国国防事业取得骄人的成绩时,一再强调中国发展国防事业是为了自卫的需要,中国发展军事力量绝不是为了称霸,不会用于对付其他国家。然而,事与愿违的是,这样的报道总是被国外受众误解,导致"中国威胁论"的盛行,使得西方认为中国在搞地区霸权主义,其军事力量的发展会对地区平衡和国际和平产生严重威胁。这就是传播鸿沟存在造成的危害,而传播鸿沟的存在源自于传播理念的偏差。如果中国的国际传播网站在报道这类新闻时,能够少一些宣传语气,多一些传播口吻,在报道时,多摆出一些事实,而不是政府或领导人指示,其传播效果会得到不小改善。

（二）传播导向失衡

传播导向失衡直接违背了平衡报道的理念和原则。中国历来就有"家丑不可外扬"的传统说法,这导致中国网络内容国际传播报道中"以正面报道为主,报喜与报忧严重失衡"的现象。中国网络内容国际传播报道千篇一律的夸赞中国人、中国政治制度和取得的经济成就,而很少关注和报道中国社会存在的问题。

其实,国际受众更想从中国网络内容看到和了解一个真实、全面、立体的中国,他们不仅想了解关于中国经济发展、社会进步和文化繁荣的"好消息",也希望了解中国现存的问题和矛盾,如贫富悬殊、官员腐败、发展失衡、官民矛盾等,而一个经过媒体粉饰和断章呈现的中国只会激起国外受众的反感。例如,长期以来不管是传统媒体还是网络媒体,在面对西藏问题上,主要以报道西藏建设的成就以及社会主义的优越性为主,避免报道那些关于西藏的负面消息,这种基本全是正面报道的做法使得国外受众对这片神秘的雪域高原充满了好奇和猜测,反而激起了国外受众的猎奇心理。一旦西藏发生什么事情,国外的各种不实报道就会铺天盖地而来,这时再改变受众的想法是极为艰难的。

另外,由于负面事件本身大多具有比较强烈的敏感性,更易引起国外媒体和受众的关注,尤其是在互联网迅速发展的今天,中国网络媒体应率先进行报道,从自身利益和秉持的价值观出发,掌握负面事件报道的主导权和解释权。尤其是发生在中国境内的负面事件,国外媒介对这类事件抱有浓厚的兴趣,中国网络媒介不应回避,要主动报道并把披露和解释事件信息的主动权掌握在自己手中,越是遮遮掩掩就越被动。实际上只要合理妥当报道负面消息,也会赢得很好的国际传播效果,如果网络媒体对负面事件及时准确报道,会改变国外受众对中国网络媒介不信任态度,这在一定程度上能够提高媒介公信力,改善以往中国媒体负面形象,从而赢得较好的国际传播效果。

(三)传播模式僵化

"让中国的声音传遍全球",这句话高度概括了中国网络内容国际传播平衡报道所担负的重大历史使命,如何让中国的声音传遍全球进而影响国际舆论,是一个值得思考的问题。对 10 个国家级重点对外传播网站头条的统计显示:中国网络内容国际传播的报道大多带有比较明显的倾向性,且多为带有一定导向的结论式报道,这就导致传播模式的僵化,是一种典型的失衡报道。

对于国际受众来讲,他们十分"不情愿接受说教式的宣传报道,更愿意自己得出结论",拒绝和反感"强词夺理""硬性灌输"这种倾向性过于明显的传播模式。英文环球网开通于 2009 年 4 月 20 日,作为人民日报社主办的国际新闻网站,是中国另类主流国际传播网站的代表,既可作为主流声音的传声筒,还能及时传达民间诉求。该网站秉持环球日报一以贯之的激进主义作风,具有强烈的民族主义倾向,在报道新闻事件时从不试图隐藏自己的立场,尤其是在民族主义问题上,其内容和观点十分露骨。在钓鱼岛事件以及中日其他问题冲突等国际事件报道中,该网站的报道作风十分强硬,并经常迎合民间的不理性诉求,这种具有倾向性的传播模式往往使得双方的关系更加紧张。英文环球网这种僵化的报道和传播模式,不仅为国外受众所厌恶和反感,甚至遭到国内受众和专家的批评。与其说该网站报道的是新闻,还不如说该网站是在传达观点,引导受众的情绪,过于尖锐的、直白的结论式报道严重违背平衡报道的原则。

三、本土化路径存在的问题

从对 10 家网络媒体本土化内容分析可以看到,中国网络媒体在网络内容本土化中做了大量工作和努力,但进展缓慢,仍存在许多矛盾与不足,仍落后于许多西方国家。

（一）本土化路径存在的矛盾

1. "一面之词"与"百家之言"的矛盾

从国内网站信息采集能力来看,新华社遍布全球的新闻采集力量令国内多数网站望尘莫及,大部分网站倾向于将新华社作为消息的第一信源,在本书本土化内容分析的结果中,人民网有五分之一的新闻来自于新华社,其他网站的稿件更是基本由新华社提供,这就形成中国对外网站新闻报道"一面之词"的局面。单一稿件来源一方面加重网站内容同质化,降低客观性,形成千网一面,如 2015 年 4 月关于中国军队也门撤人行动的报道中,10 家网站基本都以一幅中国小女孩手牵军人的图片为头版,赞扬了中国此次撤人行动,但如果网站可以多收集国外媒体对此事的评论,效果将更好;在庆祝抗战胜利 70 周年大阅兵的报道中,各网站将三军仪仗队的图片置于首页,连微博上大量转载的图片都来源于新华社,外国受众极易产生审美疲劳。另一方面降低新闻的落地率和网站的公信力。本书本土化内容分析的结果表明,10 家网站几乎未援引其他国家媒体的文章。无论是对中国国内的报道,还是对国外要闻的跟踪,基本以新华社、中国日报网等的报道为主。在网站自身品牌知名度和信息获取便利性不及国外网站的状况下,仍以国内新闻机构为唯一消息来源,其报道的广度和深度将受影响。

2. "集中"与"均衡"的矛盾

本书本土化内容分析结果表明,中国对外网站内容选择存在显著的"集中"与"均衡"的矛盾,主要表现在地区、人物与事件、政府与民间的报道上。在地区报道上,亚洲(尤其是东亚和东南亚)、北美洲和西欧的报道频率远多于非洲、中东等地区,并且对非洲的报道也主要以中国援建为主,而对中东的报道则主要以战乱为主;在头版图片中,图片主体的事件多于人物;在政府和民间报道上,欧洲、北美洲和非洲更多关注其政府,亚洲和大洋洲等则更多关注其民间。事实上任何新闻媒体报道时不可能面面俱到,都存在"集中"与"均衡"的矛盾,但中国对外网络媒体"集中"报道却过于显现,过多报道与中国政府关联度较大的国家和地区,特别是过多报道中国领导人的出访活动。由此必然给国外受众造成一种错觉,即中国国际网站只不过是中国政府的"喉舌",因而很难引起目标国受众共鸣。

3. "硬"与"软"的矛盾

从本书本土化内容分析的结果可以看出,国内外政治和经济新闻占新闻总量的 64.3%,而文化、健康、科技只占 35.7%;其中人民网分别为67.3%和32.7%。"硬"新闻与"软"新闻的较量由来已久,在国际政坛风起云涌、经济形势变幻莫测背景下,政治和经济新闻数量占多数,正体现媒体作为"社会守望者"的功能。但中国网络媒体国际传播的主要受众是外国人,外国人不可能只关注中国政治经济发展,更可能关心中国风土人情以及地理风貌,也更可能关心中国文化和中国历史。实际上针对"硬"新闻过多以及"软"新闻不"软"的现状,中国主流网络媒体做过一些改进,如"China"板块的设置,但其原本目的是专门用以介绍中国,而许多网站却狭隘理解为报道中国政治经济发展取得的辉煌成就,以树立中国高大的国家形象,这一方面有悖当初设置目标,另一方面导致同质化,因而相应也就忽视了从中国特色文化的细节展现国家魅力。

4. "多"与"少"的矛盾

本书本土化内容分析的结果表明,无论头版头条还是滚动新闻,能引起受众参与评论的内容少之又少,即使有部分评论,也主要来自于华人华侨。相比较而言,《中国日报》头条新闻能及时引发部分网友评论,这一方面是因为《中国日报》善于将新闻"软"化,譬如将天气与国外友人结合起来,从而增加新闻贴近性;另一方面是因为《中国日报》具有较强的整合力,将一段时间内相似度较高的新闻整编,便于国外受众理解。目前中国国际网站与受众互动存在的问题,主要体现为评论板块很多,但真正实现评论的很少。实际上对国外受众而言,国内流行的社交软件并不适用,因此以怎样的方式吸引受众参与讨论中国、对象国乃至全世界的热点事件,并发表他们的看法,值得思考。

（二）本土化路径存在的不足

1. 板块设置缺乏个性与创新

中国网络媒体国际传播一方面本土化不足,另一方面同质化严重,而且板块设置缺乏个性。其中语言栏目遍地开花,互动方式匮乏,推介内容大同小异。中国主流网络媒体外文网站虽然拥有较好的受众黏合度,但从整体形势来看并不乐观,一是缺少自主创新,二是板块设置陈旧,三是栏目设置趋于雷同。目前中国主流网络媒体都设置了"China"板块,其原本目的是专门用以介绍中国,但许多网站却狭隘理解为报道中国政治经济发展取得的辉煌成就,以树立中国高大形象。这一方面有悖当初设置目标,另一方面导致同质化严重并缺少亮点,特别是忽视了从中国特色文化的细节展现国家魅力。对此中国日报网英文版取得了一些成功的经验,表现在它并不拘泥于在"China"板块单纯介绍中国,而是注重从首页图片、图片故事等多方面合力推介中国,其大幅图片对中国秀美山川、百姓生活和风俗习惯的展示更为直观鲜明,这实际上是一种更能被国外受众所接受的方式。因此各网站不应只站在中国人的立场上解读内容,而更应从国外受众的角度去探索中国特色。

2. 传播内容与目标受众需求不吻合

新华网英文版每天更新的新闻中,国内外政治和经济新闻占新闻总量的 64.3%,而文化、健康、科技只占 35.7%;人民网分别为 67.3% 和 32.7%。在国际政坛风起云涌、经济形势变幻莫测的背景之下,政治和经济新闻数量占多数,正体现了媒体作为"社会守望者"的功能。但是中国网络媒体国际传播的主要受众是外国人,外国人不可能只关注中国政治经济发展,它可能更关心中国风土人情以及地理风貌,更关心中国文化和悠久历史。目前中国网络媒体国际传播内容与其受众需求并不吻合。事实上随着中国网络媒体英文网站的发展,国外受众选择权越来越大。网站富于竞争力,就必须有明确定位,满足受众不同需求。一方面保证报道专业化,另一方面保证网站特色。目前中国英文网站仍没有达到专业和特色的有机结合,传播的权威性和公信力有待提高,网站辨识度低于同类国际媒体。在中国网络媒体国际传播中,最好的方式是从"软"信息入手,因为一味以硬新闻为主,不仅会加剧网站的同质化,也会使网站越来越缺乏吸引力,无法保证受众黏合度。

3. 缺乏与受众的广泛深入互动

要了解受众需求,制定切实可行本土化策略,必须与受众进行积极交流与互动,听取反馈意见,但目前中国国际网站缺乏与受众的广泛互动。第一,中国对外网站缺乏与受众积极交流的有效方式,大多数受众无法获得有效交流渠道,加之国内外的社交媒介存在极大差别,譬如国外流行使用"Facebook",而国内微博、微信交流火热,从而使得中国网络媒体与国际受众缺乏直接交流;第二,中国网络媒体不善于运用一些激励方式来刺激国际受众参观浏览网站,也不善于鼓励其发表评论。这其中相对做得较好的是中国日报网英文版,主要体现在该网站在互动板块中将国内外普遍受关注或争议相对较大的话题挑选出来,设置了"forum"板块,供中外受众讨论,以此加深国际受众对中国的了解;第三,本土化内容分析发现,调查的10家网络网站都未充分运用网络的交互性。实际上交互性是网络媒体与生俱来的优势,在网络传播中不仅应将受众视为信息接收者,更应将其视为信息发布者,网络媒体应为其提供充分的交流实践平台。但目前中国网络媒体大都只运用了单向传播,未能在广大国际受众中展开话题讨论,因而也就未能有效实现二次甚至多次传播。

4. 传播技巧和模式机械生硬

由于语境差异,中国文化常常难以被国外受众理解和快速消化。如果没有本土化手段,中国网络媒体国际传播将难以达到应有的传播效果,传播信息的可信度低并难以获得国际受众的信任。目前中国网络媒体国际传播技巧缺失显而易见,不仅对事件的报道缺乏深度与整合,而且过度拘泥于国内模式,缺少对国内外差别的思考,传播技巧生硬而不够生动。实际上网络媒体国际传播应找到人类接受的共同点,这是本土化传播应达到的最高目标。国际知名传播机构如 BBC 等往往能实现这一点,而且他们能创造新的艺术元素与符号,将原本枯燥、难以理解的内容变得浅显直白,在全世界广受欢迎。而与之相比,中国网络媒体在国际传播中没有高度重视目标受众的接受度,在遇到传播瓶颈时不善于从模式上找对策。本土化传播模式不仅能快速打开世界大门,而且能潜移默化地宣传中国。本土化传播模式并不是固定不变的,而是在具体的传播实践中根据当地情况进行改造和完善。本土化传播模式灵活多样,既有助于获得国外受众信任,又符合目标受众接受习惯,从而在复杂多变的国际传播中争取主动。

5. 传播品牌建设严重不足

目前中国网络媒体没有建立有影响的国际传媒品牌,这在很大程度上影响中国网络媒体国际传播的发展。特别是本土化传播策略依赖于品牌辨识度,只有强大品牌支持,本土化才能发挥最大作用,才能找准内容突破口,并贴近受众需要,从而快速打开国外市场。在国际大型媒介集团大行其道的今天,品牌是受众区分喜好的关键。国际传播之所以注重采用本土化手段,主要是为了保证网络达到率和落地率。国际化品牌的存在无疑能为本土化提供技术支持和内容保障。目前中国主要英文新闻网站传播内容大同小异,都以传播新闻为主,新闻又都以政治、经济居多,这些内容固然备受关注,但却无法满足受众全方位信息需求,而且大部分网站忽视了个性化制定,导致各网站差异并不十分明显。表面上内容丰富,实则重复建设。目前中国网络媒体在国际传播中遇到的最大问题并不是人力和物力的不足,而是部分网站一味求大与求全,不注意结合自身资源优势,不重视传播品牌的打造和发展。

第五章 中国网络内容国际
传播受众需求调查

网络内容传播具有全球化、互动性的特点,网络媒体是提高国际传播能力的重要阵地。从受众需求的视角研究中国网络媒体的国际传播,能让传播者全面掌握国际传播动态,有助于提高中国网络媒体国际传播的针对性,并有意识地与不同文化的受众展开"对话",确保传播效果,使中国网络媒体逐步融入国际传媒,掌握国际话语权,从而提升中国网络内容国际传播力和国际影响力。

第一节 中国网络内容国际传播受众需求调查方法

网络媒体受众研究一直以来为学者所重视。国外学者对于互联网传播中受众研究颇多。琼·艾梅(Jone Eighmey)和罗拉·麦科德(Lola McCord)(1998)①提出了新的互联网需求类型,即"个人参与"型和"持久关系"型,并指出网站需设计更有效率的使用方法才能吸引更多的点击。金熙万(Heeman Kim),詹姆斯·柯伊尔(James R. Coyle)和史蒂芬·古尔德

---

① Eighmey, John, and L. Mccord. "Adding Value in the Information Age: Uses and Gratifications of Sites on the World Wide Web." *Journal of Business Research*, Vol.41, No.3(1998): 187–194.

(Stephen J.Gould)(2009)①认为,当一个网站目标受众是多种文化背景人群时,这个网站的设计应整合不同文化,以适应不同文化背景的受众。国内学者也对网络媒体国际受众进行研究。段鹏(2007)指出,中国文化是高语境传播,而西方文化属于一种较低水平语境传播,对外网站注重西方受众的思维习惯,并提出了具体实施措施。郭可(2002)强调由于受众定位不准,一定程度上降低了中国英语网络媒体国际传播的影响力。吴辉(2003)基于对外传播"传而不通"的现象,指出"意见领袖"对于信息加工、扩散以及受众态度和行为的改变有重要作用。毛建欣(2007)则指出,担任受传者的国外受众主要受到受传者自我印象、人格结构、所处的受众群体以及所在社会环境等因素的影响,并引发受传者心理、态度和行为的变化。

尽管目前对于网络媒体国际受众研究取得了较为丰硕的成果,但上述研究更多的是进行定性研究。本书基于问卷调查,通过李克特5级量表以及描述分析等数理统计方法来探讨中国网络媒体国际受众的心理需求以及使用行为。问卷调查的首要任务是制作问卷,而制作问卷的前提是确定研究对象。本书研究对象是中国网络内容国际传播的受众。依据中国广播电视国际传播受众的定义,本书将中国网络内容国际传播受众定位为以民族国家、国际组织、社会机构、企业和个人等为主体,通过网络媒介所进行的跨国信息传播的信息接受者和交流者。② 这是一个庞大的群体,范围广泛,成分复杂。

一、研究对象的选择

按照所在地域和文化体系,中国网络内容国际传播受众可以划分为国外受众、华裔华侨和在华外国人三个部分。

---

① Kim, Heeman, J.R.Coyle, and S.J.Gould. "Collectivist and Individualist Influences on Website Design in South Korea and the U.S.: A Cross-Cultural Content Analysis." *Journal of Computer-Mediated Communication*, Vol.14, No.3(2009):581-601.

② 段鹏:《中国广播电视国际传播策略研究》,中国传媒大学出版社2013年版,第39页。

（一）国外受众

来自国外的受众是中国网络内容国际传播的主体，国外受众可以分为西方国家受众和非西方国家受众。来自英国、美国和法国等西方发达国家的受众是中国网络内容国际传播的重点和难点。当今世界传播格局中，西方发达国家由于政治、经济、军事以及文化等方面的绝对优势，被称为"文化帝国主义"，与之相比，中国国际传播处于劣势。而且这些国家网络用户数量远远高出其他发展中国家，习惯于使用网络来获取信息的人（尤其是受过高等教育的年轻人）也越来越多。但由于文化体系、社会制度、意识形态方面的差异，往往造成西方发达国家受众对于中国的"误读"，这在一定程度上增加了中国网络内容国际传播的难度。

另外，来自非西方国家的受众是中国网络内容国际传播需要努力维持和争取的受众。非西方国家受众主要是指来自于亚洲、非洲等发展中国家的受众，他们在政治上与中国形成战略联盟，大多是国际舞台上的合作伙伴，与中国保持友好关系，对于中国政治、文化等方面的认同较为坚定。然而，西方资本主义大国较大程度上掌握了对非西方国家的传播优势，成为他们的"信息宗主国"，使得中国在对非西方国家进行国际传播时也处于不利位置。

（二）华裔华侨

族群是包含在人类学的概念，简而言之，族群是共享并且拥有共同的祖先、历史和文化的人类共同体。将一个特定的群体划分为族群的常见特征主要表现在种族、祖先、血统、历史或语言方面的特征，或者至少具有最基本的文化特质标准。华侨是具有中国国籍的国外居住者，华裔是华侨的后代，具有中国血统，拥有居住国的国籍，可见华裔华侨与中国人属于同一族群。基于共同的血缘、语言和文化背景等，华侨华裔内部具有一种族群认同感，他们将自身和中国人统一界定为"我们"。

在中国网络内容国际传播过程中，海外的华裔华侨有着独特的地位，并起着重要的作用。一方面，他们是中国网络内容国际传播的对象之一，因为他们中许多人长期居住在海外，需要通过中国网络内容来获取中国信息，加深对中国现状的了解。另一方面，随着华侨华裔在海外居住时间的增长，他们很熟悉所在国的社会状况,也对中国状况了如指掌,如果华侨为所在国颇有影响的精英人物,是主流社会的舆论引导者,那么所在国的居民会通过这些华侨来了解中国,这些华侨就成为了中国与其所在国家互相联系的桥梁。

（三）在华外国人

中国改革开放政策的实施,不仅为外国人来华提供了政策支持,也为愿意来中国从事商业活动、工作、学习和旅游的外国人提供了大量机会。改革开放以来,大量外国人来到中国开展商业活动。外商直接投资随着政策的不断改善而逐年增加。1980 年外商直接投资总量为 0.57 亿美元,到 1990 年上升至 34.9 亿美元,增长幅度高达 60 倍;2000 年中国外商直接投资提高到 407.2 亿美元,相较 10 年前又增长了 11 倍之多;2010 年中国的外资直接投资进一步达到 1057.35 亿美元,同比增长 17.44%。2014 年,中国外资直接投资增加至 1195.6 亿美元,增长幅度为 1.7%。[1]

表 5-1　2014 年在华留学生情况[2]

洲别	总人数	占总数百分比（%）	比上年增减人数	同比增减（%）
亚洲	225,490	59.80	5,682	2.58
欧洲	67,475	17.90	5,933	9.64
非洲	41,677	11.05	8,318	24.93
美洲	36,140	9.58	−907	−2.45
大洋洲	6,272	1.33	1529	32.24

据统计,至 2014 年年底,中国累计接收来自 203 个国家和地区的 377054 名各类外国留学人员在 31 个省、自治州、直辖市的各大高等院校和

---

① 商务部外贸司:《2014 年 1—12 月全国吸收外商直接投资情况》,2015 年 1 月 23 日,见 http://www.mofcom.gov.cn/article/tongjiziliao/v/201501/20150100880913.shtml。

② 教育部:《2014 年全国来华留学生数据统计》,见 http://www.moe.edu.cn/publicfiles/business/htmlfiles/moe/s5987/201503/184959.html。

科研机构进行学习,比 2013 年增加 20555 人,增长比例为 5.77%。其中,按洲来区分,亚洲和欧洲较多,占总数的 76.7%;按国家来区分,韩国、美国和泰国来华留学生最多。① 此外,至 2014 年年末,持外国人就业证在中国参加工作的外国人共 24.2 万人。②

除了来华学习和工作的外国人之外,来中国旅游的外国人也逐年递增。1978 年,进入中国境内旅游的人数为 72 万人次,到 2014 年已经达到 2636.08 万人次,比 1978 年增长了 35 倍之多,平均每年增加 71 万人次。③

随着中国不断发展和强大,越来越多的外国人来中国经商、工作、学习和观光。如何更好地帮助来华外国人尽快适应在中国生活、尽快融入中国社会,使他们更好地完成工作目标和学习任务,是中国政府和中国媒介面临的重要问题。因此研究在华外国人对中国网络内容国际传播的需求十分有必要。

三、问卷设计

问卷主要分成四个部分,其中第一部分为人口信息统计,主要是明确受访者的基本特征和基本背景,从而使问卷后续部分的需求、行为和态度更具指向性;第二部分是受访者对于中国网络内容国际传播的心理需求;第三部分是受访者对于中国网络内容的使用行为;第四部分是受访者对于中国网络内容的使用态度,如表 5-2 所示。

---

① 教育部:《2014 年全国来华留学生数据统计》,见 http://www.moe.edu.cn/public-files/business/htmlfiles/moe/s5987/201503/184959.html。
② 人力资源和社会保障部:《2014 年度人力资源和社会保障事业发展统计公报》,2015 年 5 月 28 日,见 http://www.mohrss.gov.cn/SYrlzyhshbzb/dongtaixinwen/buneiyaowen/201505/t20150528_162040.htm。
③ 中华人民共和国国家统计局网站,见 http://www.stats.gov.cn/tjsj/zxfb/201502/t20150226_685799.html。

表 5-2　国际受众问卷调查的初始调查要素

要素	指标	指标描述
心理需求	信息需求	希望通过中国网络内容了解中国信息
		希望通过中国网络内容了解本国信息
		希望通过中国网络内容了解世界各国信息
	享乐需求	通过中国网络能够获得乐趣并享受快乐
		每天会花费比预期时间多的时间在网络上
		在使用中国网络时感觉时间过得很快
	学习需求	提升中文水平
		通过中国网络更容易找到中国文化学习资源
	认同需求	在使用中国网络找到相似的某些成员和话题
		希望得到他人尊重并获得地位
		在中国网络上发表自己的想法与感受
		希望在中国网络转发和发表内容得到别人回复
	社交需求	获取与人交流的谈资
		找到共同兴趣爱好的人
		认识新朋友
		了解他人想法
		方便与家人朋友联系
使用行为	浏览行为	获取中国网络内容的频率
		平均每天浏览中国网络内容的时间
		用移动设备浏览中国网络内容
		尝试使用中文国际门户网站中英文双语版本
	传播行为	在中国网络上发表一些有感悟的文章
		转载认为比较好的段子和文章
		继续使用并推荐身边的人使用中国网络
	互动行为	与中国用户进行聊天及互动
		通过中国网络找到有相似兴趣爱好的成员
		通过中国网络内容结识新朋友

续表

要素	指标	指标描述
使用态度	表现评价	新闻报道的速度和水平
		网络内容信息的丰富性
		网络内容所蕴含的中国文化特色
		网络内容通俗易懂
		网络内容权威可信
		网络内容整体质量
		网络内容可读性实用性强
		网络内容的报道技巧
		网络内容的公信力

除第一部分人口统计信息采用单选题外,其他三部分均采用选择题与李克特式五点量表结合的方式。李克特式五点量表是研究心理和行为的主要工具之一,其最平常的测量方式是列出因子的特定问题,让受访者从主观或客观的角度回答,其中 1 代表"非常不同意",2 代表"不同意",3 则表示"无所谓或不确定",4 代表"同意",5 则是 1 的另一家极端,表示"非常同意",以期用数据来表明受访者的偏好程度。李克特量表虽尽管在一定程度上测量了受访者的需求和态度倾向,但预调研结果表明,在某些特定条件下,李克特量表包含的内容并不全面,而且很有可能因为缺乏专业知识和关键经验而无法解答。基于这一状况,本书最终问卷的第二部分、第三部分和第四部分采取了选择题和量表结合的方式。另外考虑到本书研究对象是中国网络内容的国际受众,是一个包含来自世界各国使用不同语言的群体,由于问卷必须覆盖更为全面的受众群体,因此在问卷制作时先制作中文问卷,再采用英语——对应翻译,最后制作成中英文双语问卷。

表 5-3 问卷构成表

问卷维度	维度意义	包含指标和形式
人口统计信息	描述受众特征	6 个选项:单选
国际受众心理需求	描述受众心理需求	10 个选项:5 个多选、5 个量表

续表

问卷维度	维度意义	包含指标和形式
国际受众使用行为	描述受众使用行为	6个选项：3个多选、3个量表
国际受众使用态度	描述受众满意程度	5个选项：多选、单选、1个量表

（一）人口统计变量

针对受访者的特殊性和庞大性，本书研究主要选取了性别、年龄、国籍、宗教信仰、教育背景和职业等指标对受访者进行基本特征的分类。

1. 性别与年龄

性别与年龄是最基本的人口统计信息。本书是对中国网络内容使用的研究，性别、年龄与三大维度有着很复杂的关系，尤其是年龄。在科学技术不断进步、信息获取途径不断丰富的现代社会，老龄受访者的心理需求、使用行为以及使用满足感都与中青年受访者有很大区别。

2. 国籍与宗教

国际受访者来自不同的文化背景和社会制度，国籍与宗教信仰是可量化的十分重要的个人描述指标。国籍作为受访者的来源属性，是一个很有意义的测量指标；而宗教信仰可以反映一个人的认知和价值观，了解不同宗教信仰的受访者有助于分析各类人群的网络内容心理需求和使用行为。

本书问卷调研对于国家的测量是基于被访者直接使用英语填写国家名称的基础上，在录入数据时，本书不仅录入国家名称，并且对所属大洲进行编码，以便后期统计分析。宗教信仰的测量相对来说比较复杂，世界范围内宗教派系繁多，选项无法一一列举，因此本次问卷仅提供了世界三大宗教，即基督教、伊斯兰教和佛教的选项，并加上了亚洲常见的犹太教作为备选，如果受访者的宗教信仰不在此范围内，可以选择"其他"选项，此外选项还提供了"无宗教信仰"的选项。

3. 教育背景

教育作为传播人类文明的重要手段，所传递的内容经过精心提炼，并系统分享社会共同经验。不同国家的文化教育在实施内容和方法、培养目标和体系方面均有很大区别。教育背景作为一个重要的社会属性，不仅能反映受访者的整体素质,更可以与其世界观、价值观形成鲜明差异,从而对心智和行为产生影响。本研究将受访者的教育背景分成五个等级来进行测量。

4. 职业

职业主要是指参与一定社会分工,利用所学的知识和现有的经验,为集体和社会创造物质和精神财富,并满足自身物质和精神需求的工作。主要描述的是受访者平日"最常干的是什么",在一定程度上体现了其社会地位。世界各国有不同的职业划分标准,本次问卷关于这一选项的答案设置依照国际标准职业分类与中国《职业分类标准》的类型,根据实际情况,归纳整理为在校学生、企业职员、商业工作人员、政府工作人员、服务工作者五项,此外不在这五个范畴内的职业提供了"自由职业"可供选择。

(二)受众心理需求变量

"使用与满足"理论认为受众有主动选择媒介的权利,这与麦奎尔认为主动权来源于受众是基于有相似需求、兴趣爱好和品位的个体的观点不谋而合。而这种主动权产生的过程可以这样来描述,"人们的某些需求或要求可以被看作'问题',由此引发对'解决'问题的可能性的探索,并导致产生各种'动机',其中一些会导致媒介使用"①。这表明,在中国网络内容国际传播中,网络媒介使用与满足的起点是"需求",那么国际受众在使用中国网络内容过程中是基于哪些心理需求,这些心理需求又是如何影响网络媒介的使用等等,上述这些问题可细化为如下类目:

(1)对中国网络内容不同板块的心理需求是什么?

(2)影响国际受众使用中国网络内容的心理需求有哪些?

(3)除了上述心理需求外,是否还有其他因素会影响"需求与满足"过程?

针对细化的第一项类目,问卷设计了包括"对中国网络内容最感兴趣

---

① Brenda Dervin, Mei Song, "Reaching For Phenomenological Depths in Uses and Gratifications Research: A Quantitative Empirical Investigation", *Conference Papers international Communication Association*.

的板块""进行中国文化学习时希望增添的板块""进行海外采访时最希望报道的内容""最愿意参加哪些受众交流活动"和"使用中国网络内容的动机"5 个多选选项。

本次问卷的媒介心理需求主要测量的是国际受众是出于哪些需求来使用中国网络内容,由于调研对象和调研媒介的差别,因此本书将电视、广播、网络等媒介使用的需求归纳整合成 5 个因子,每个部分有相应的选项进行考察,它们分别是:

(1)信息需求。具体包括希望通过中国网络内容了解中国的信息、希望通过中国网络内容了解本国的信息以及希望通过中国网络内容了解世界各国的信息;

(2)认同需求。具体包括能找到与某些成员和话题有相似的感觉、希望得到他人的尊重与获得地位、在中国网络上发表自己的想法与感受以及希望在中国网络转发和发表的内容中得到别人回复;

(3)享乐需求。具体包括通过中国网络能获得乐趣与享受快乐、每天会花费比预期时间要多的时间在网络上以及在使用中国网络时感觉时间过得很快;

(4)学习需求。具体包括通过中国网络更容易找到中国相关文化学习资源、帮助理解中国社会和文化、提升中文水平、获得学习的乐趣以及享受这种学习态度;

(5)社交需求。具体包括获取与人交流的谈资、找到有共同兴趣爱好的人、了解他人想法以及方便与家人朋友联系。

以上五个因子,从不同维度反映了国际受众使用中国网络内容的心理需求。这五个部分采用的是李克特五点量表来测量。此外针对心理需求第三个细化的问题,本书认为经济体制、政治制度等因素对国际受众的心理需求将产生一定程度的影响,但由于这些因素难以量化,因此本次问卷没有作为考查范围。

(三)受众使用行为变量

网络媒介使用行为应是基于受众对于自身需求的理性认知出发,是根据自身需求来使用中国网络内容的行为。本书从以下几个方面来考察受众的使用行为变量：

1. 中国网络媒体选择

国际受众使用中国网络内容的行为首先为登录网站，因此对中国网络媒体的选择是最为重要的网民使用行为。本书选取了目前中国国际传播主要的六大网站——中国日报网、中国网英文版、人民网、新华网、国际在线和央视国际网作为备选项。

2. 新闻关注板块

中国网络内容纷繁复杂，本书无法测量受众对于所有板块的关注度，只能从中选择最为重要的直接报道以及反映全球生活状态的"新闻"板块作为度量国际受众使用行为的指标，因此本书设置了"当面对突发事件时，受访者第一时间选择的网络媒体"，以期了解受访者在面对突发事件时对中外网络媒体的选择行为。同时本书将国际受众媒介使用行为划分为浏览行为、传播行为以及互动行为三类使用行为，其中浏览行为是国际受众使用网络媒介最基本的行为，包括接触时长和使用形式；传播行为表现为对中国网络内容的传播意愿，是对中国网络内容满意程度的一种表现；互动行为是国际受众的情感体验行为，是期待得到社会认可以及人与人之间的交流互动。

（四）受众使用态度变量

国际受众基于不同心理需求使用中国网络内容，比如"了解中国发生的事情""学习中文"等。不同媒介提供的内容不同，导致国际受众在使用中国网络内容时有不同程度的"满足"与"不满足"，从而引发国际受众对于中国网络内容的"态度"和"评价"。本书将国际受众对中国网络内容的使用态度归为四类：

（1）对中国网络内容特征的描述。这一选项是为了探究国际受众对于中国网络内容的整体印象，包括新闻报道、视频制作和播放、中国文化等方面。

（2）对中国网络内容存在问题的概括。此次调研的抽样对象覆盖范围较为广泛，抽样个体一定程度上可以反映整体意见，明确中国网络内容存在的问题，有助于提升中国网络内容国际传播力。

（3）对中国网络内容的评价。本次调研整理归纳网络内容的指标有:新闻报道的速度和水平、网络内容信息的丰富性、网络内容所蕴含的文化的中国特色、网络内容通俗易懂、网络内容的整体质量、网络内容的可读性实用性强、网络内容的报道技巧和网络内容的公信力等。问卷仍采用五点量表测量受众对以上内容的满意程度,1 表示非常不满意,5 表示非常满意。

(4)对中国的态度。塑造良好国家形象是国际传播的目标。因此,了解国际受众对中国网络内容传递的中国形象的认同和改变程度,是中国网络内容"使用态度"最重要的指标。问卷以简单直白的提问"中国网络内容在多大程度上改变了你对中国的看法"来测量国际受众的实际态度。

四、样本选择与调查时间

由于中国网络内容国际受众的特殊性,因此对国际受众无法进行简单随机抽样。为了保证科学性和合理性,本书采取"定额抽样"和"随机抽样"相结合的方法。为了保证问卷前测能达到良好效果,问卷前测样本数以问卷中包括最多选项之"分量表"的 3—5 倍人数为原则。[①] 正式发放问卷调查前,在湖南大学校园内和网上论坛进行了小规模预调查,以修正问卷选项,共回收有效问卷 48 份。按照问卷抽样要求,抽样数与问卷选项的比例应在 10∶1—15∶1 之间,本次正式问卷中共有 27 个选项,因此样本数在 270—405 份之间。最后本次调查发放问卷 600 份。

自 2015 年 3 月 24 日开始,分别在长沙、北京、纽约、伦敦、洛杉矶等地采用"偶遇抽样"的方式对在华外国受众、华裔华侨及一般受众发放问卷进行调查。具体实施步骤如下:在长沙、北京等地各高校的留学生公寓采用敲门拜访的方式,在株洲某语言学校经提前联系发放给外教老师的方式,在学校课堂、图书馆等地通过现场拦访的方式,在外国人集聚的地区如外国人俱乐部、商场、酒吧等地采用偶遇拦访的方式,并邀请在纽约、伦敦、洛杉矶读书的中国留学生协助,在纽约、伦敦、洛杉矶等地对国外受众发放问卷;另外采用目前较为常用的网络受众定量调研方式——互联网受众问卷调查,通

① 　吴明隆:《SPSS 统计应用实务》,北京科学出版社 2003 年版,第 128—130 页。

过社交工具、电子邮件和论坛等形式,进一步获取国际受众数据。至 2015 年 5 月 10 日,回收问卷 557 份,有效问卷 486 份,问卷有效率达到 87.2%。本书问卷调查数据统计通过 SPSS 软件完成。

五、研究假设

本书基于研究目标,提出各变量间的关系假设。

假设 1:不同人口统计变量的中国网络内容国际受众在心理需求上有显著差异;

假设 2:不同人口统计变量的中国网络内容国际受众在使用行为上有显著差异;

假设 3:不同人口统计变量的中国网络内容国际受众在使用态度上有显著差异;

假设 4:中国网络内容国际传播的受众心理需求与使用行为呈显著正向相关关系;

假设 5:中国网络内容国际传播的受众心理需求会对使用态度具有正向的影响作用;

假设 6:中国网络内容国际传播的受众使用态度会对使用行为产生正向影响。

第二节　中国网络内容国际传播受众
需求调查描述性分析

本节将对调查总体所有变量和有关数据进行统计性描述,计算各变量在有效样本中所占的比例,描述样本总体趋势,从而为研究内在规律奠定基础。此外对调查对象的心理需求、使用行为和使用态度进行描述性分析,分别计算出不同变量的均值与标准差,描述样本在心理需求、使用行为和使用态度方面的特征。

一、调查对象人口统计特征的描述分析

目前国内关于国际网络受众的研究文献相对缺乏,专门对国际网络受众进行调查研究的成果则更为少见。目前可供参考的研究文献主要包括学术专著和学术论文。在学术专著上,最初研究主要是围绕广义受众展开,国内学术专著如胡正荣(1997)的《传播学总论》、张国良(1998)的《现代大众传播学》、郭庆光(2011)的《传播学教程》、郑兴东(2004)的《受众心理与传媒引导》等都对受众基本理论进行过阐释。而随着全球化和信息化不断推进,网络媒体以其与生俱来的传播优势成为中国国际传播最佳通道与平台。学者将研究方向转向这一领域。刘燕南、史利(2011)的《国际传播受众研究》作为国内第一本专门研究国际受众学术的著作,对新媒体国际受众进行了系统分析和理论框架建构。王庚年(2012)的《新媒体国际传播研究》也对新媒体国际传播受众理论进行多角度分析,并提出了调查方法。应该说,这两本专著对本书厘清基本概念、构建论述框架起到重要参考作用。

目前关于网络内容国际传播受众研究的论文并不多见。本书查阅了相似概念"对外网络传播"的相关研究文献,发现对于受众的研究成果可以划分为两部分,即网络内容国际传播受众的理论研究以及受众对传播效果的影响研究。其中夏后裔(2008)在其硕士论文《中国国家形象网络传播策略》中运用"媒介生态"相关原理进行研究后指出,在媒介生态中找到适合生态位的受众群是网站生存发展的首要任务,依据文化语境的差异把网络国际受众分为华裔华侨、西方国家受众和非西方国家受众三部分,并从阶级差异角度,把网络国际受众分为国外精英受众和国外普通受众,且特别强调"意见领袖"的作用。李依麦(2012)在《新华网英文版对外传播策略研究》一文中重点分析了新华网英文版的目标受众,包括以学习英语为目的以及浏览英文新闻的本国受众、在华学习和工作的外国人以及国外受众。郭可(2002)在《中国英语媒体传播效果研究》一文中强调受众定位不准导致的偏差,在一定程度上会降低中国英语网络媒体国际传播的影响力。吴辉(2003)在《关于提高中国对外传播效果的思考》一文中指出面对中国对外

传播"传而不通"的现象,"意见领袖"对信息加工、揭示和扩散以及受众的态度和行为产生重要作用。毛建欣(2007)在《中国对外传播效果中的传播心理分析》一文中指出,担任受传者角色的国外受众主要受到受传者自我印象、人格结构、所处受众群体以及所在社会环境等因素的影响,并引发受传者心理、态度和行为的变化。

随着网络媒体不断兴起,近年来网络传播的受众需求又成为了新的研究热点。彭兰(2001)认为人们对网络媒体的需求与对其他媒体的需求相似,即心绪转换、人际关系、自我确认以及环境监测。胡翼青和殷慧娴(2008)在《互联网上的使用与满足——一项关于大学生网络使用的实证研究》一文中对南京100位市民进行问卷调查之后,发现互联网的确存在使用与满足现象,且网民能得到不同程度的满足。虽然许多调查对象对网络有一定的依赖感,但是老网民对新的网络服务有更多的心理期待。赵蓓(2006)在其硕士论文《新媒体时代的受众需求与媒介利益》中从新媒体时代出发,通过分析受众需求、受众细分与定位,探究了受众需求与媒介利益之间的关系。

(一)中国网络内容国际受众人口统计信息描述分析

由表5-4可知,在被调查者性别中,男性被调查者人数较多,共有336人,约占比57.4%;女性被调查者人数较少,共有207人,约占比42.6%,两者相差约14.8个百分点。

表5-4 中国网络内容国际受众的性别比

性　别	频　数	百分比(%)
男	279	57.4
女	207	42.6

表5-5 中国网络内容国际受众的年龄分布

年　龄	频　数	百分比(%)
18岁以下	87	17.9

年　龄	频　数	百分比（%）
18—28 岁	214	44.0
29—39 岁	116	23.9
40 岁及以上	69	14.2

在被调查者年龄中，年龄为"18—28 岁"的被调查者人数最多，共有214 人，约占比 44%；年龄为"29—39 岁"的被调查者人数次之，共有 116人，约占比 23.4%；年龄为"18 岁以下""40 岁及以上"的被调查者人数较少，分别共有 87 人和 69 人，分别约占比 17.9% 和 14.2%。从表 5-5 调查结果可得，大部分（67.9%）被调查者年龄较低，一般为 18—28 岁或 29—39 岁以下，以中、青年为主。

表 5-6　中国网络内容国际受众受教育程度

受教育程度	频　数	百分比（%）
初中及以下	55	11.3
高中	78	16.0
大专/本科	123	25.3
硕士	167	34.4
博士及以上	63	13.0

在被调查者受教育程度中，受教育程度为"硕士"的被调查者人数最多，共有 167 人，约占比 34.4%；受教育程度为"大专/本科"的被调查者人数次之，共有 123 人，约占比 25.3%；受教育程度为"高中"的被调查者共有78 人，约占比 16%；而受教育程度为"博士及以上""初中及以下"的被调查者人数较少，分别共有 55 人和 63 人，分别约占比 11.3%、13%。从表 5-6调查结果可得，大部分（59.7%）被调查者受教育的程度较高，一般为专科/本科或硕士。

表5-7 中国网络内容国际受众地区分布

地 区	频 数	百分比(%)
欧洲	138	28.3
亚洲	213	43.8
美洲	96	19.7
大洋洲	28	5.7
非洲	11	2.2

在被调查者所属区域中,"亚洲"的被调查者人数最多,共有213人,约占比43.8%;"欧洲"的被调查者人数次之,共有138人,约占比28.3%;"美洲"的被调查者人数共有96人,约占比19.7%;"大洋洲"的被调查者人数共有28人,约占比5.7%;"非洲"的被调查者人数最少,共有11人,约占比2.2%。从表5-7调查结果可得,大部分(91.8%)被调查者所属国家为亚洲、欧洲和美洲。

在被调查者的类别中,受访者为国外受众的比例最高,共有220人,约占比45.3%;受访者为华裔华侨的比例居中,共有158人,约占比32.5%;受访者为在华外国人的比例最低,共有108人,约占比22.2%(如表5-8所示)。国际受众受访者比例均匀,因而保证了调查的科学性、合理性和代表性。

表5-8 中国网络内容国际受众类型

受众类型	频 数	百分比(%)
华裔华侨	158	32.5
在华外国人	108	22.2
国外受众	220	45.3

在被调查者的职业中,职业为"企业职员"的被调查者人数最多,共有122人,约占比25.1%;职业为"在校学生"的被调查者人数次之,均共有106人,约占比21.8%;职业为"自由职业"的被调查者人数最少,共有31

人,约占比 6.4%。从表 5-9 调查结果可得,大部分(70.2%)被调查者职业为在校学生、企业职员与商人。

在被调查者的宗教信仰中,22 人无宗教信仰,约占比 4.5%;信仰基督教的国际受众共有 152 人,约占比 31.3%;信仰伊斯兰教和佛教分别占24.9%以及 17.9%(如表 5-10 所示)。除此之外,也有部分国际受众信奉犹太教和其他宗教。

表 5-9　中国网络内容国际受众职业分布

职　业	频　数	百分比(%)
企业职员	122	25.1
在校学生	113	23.3
商业工作人员	106	21.8
政府工作人员	69	14.2
服务工作者	45	9.3
自由职业	31	6.4

表 5-10　中国网络内容国际受众宗教分布

宗教信仰	频　数	百分比(%)
伊斯兰教	121	24.9
基督教	152	31.3
佛教	87	17.9
犹太教	92	18.9
无宗教信仰	22	4.5
其他	12	2.5

从上述被调查的中国网络媒体国际受众的人口统计变量特征可以看出,本次调查样本性别较为平均,年龄较轻,学历较高,国籍较为广泛,宗教信仰比较多元,职业较为均衡。这充分说明本次调查的 486 份有效样本在一定程度上可以代表中国网络内容国际传播受众的整体状况。

（二）中国网络内容国际受众心理需求的描述分析

中国网络内容形式多种多样，有的以幽默犀利的文字呈现给国际受众，有的以配发精彩图片和视频呈现给国际受众，有的侧重传播中国传统文明，有的与国际受众交流互动，这些网络内容构成了中国网络国际传播的主要内容。实际上不同国际受众对中国网络内容需求不同，关注点也不同。

表 5-11　中国网络内容国际受众感兴趣的板块

选　项	频　数	百分比（%）
文化学习	326	66.9
新闻咨询类	258	53.0
体育	253	52
综艺娱乐类	176	36.1
财经	175	35.9
视频类	131	26.9
观点表达类	130	26.7
生活时尚类	111	22.8

由表 5-11 可知，"文化学习"网络内容板块是国际受众最感兴趣的板块，共有 326 人选择，约占比 66.9%；"新闻咨询"次之，共有 258 人选择，约占 53.0%；"体育"板块排在第三，共有 253 人选择，约占比 52%；"财经"和"视频"板块选择人数较少，分别有 175 人、131 人，分别约占比 35.9%、26.9%。

在中国网络内容中，中国文化学习是较为重要的板块，也是国际受众需求较为旺盛的板块。由表 5-12 可知，"汉字学习"网络内容板块是国际受众最感兴趣的板块，共有 324 人选择，约占比 66.5%；"中国美食文化"次之，共有 309 人选择，约占 63.4%；"中国传统习俗"板块排在第三，共有 262 人选择，约占比 53.8%；"中国文学"和"中国礼仪"板块选择人数较少，分别共有 243 人、174 人，分别约占比 49.9%、35.7%。

表 5-12　中国网络内容国际受众最想获取的知识

选　项	频　数	百分比(%)
汉字学习	324	66.5
中国美食文化	309	63.4
中国传统习俗	262	53.8
中国文学	243	49.9
中国礼仪	174	35.7

表 5-13　中国网络内容国际受众最希望报道的内容

选　项	频数	百分比(%)
介绍知名华人的成就	314	64.5
报道有华人参与的世界性大型活动	276	56.7
拍摄报道年轻华人的生活状态	161	33.1
海外华人生存或创业故事	159	32.6
报道世界性的社会问题,如气候变化	134	27.6
报道中国人对于外国的独特贡献,如赴非洲医疗队	105	21.6
报道中国企业参与的世界性展会,如航空展	95	19.5
报道中国参与的联合国公益行动,如扶贫与维和	95	19.5

由表 5-13 可知,"介绍知名华人的成就"网络内容板块为大多数人希望报道的板块,共有 314 人选择,约占 64.5%;"报道有华人参与的世界性大型活动"次之,共有 276 人选择,约占 56.7%;"拍摄报道年轻华人的生活状态"和"海外华人生存或创业故事"板块排共有 161 人和 159 人选择,约占比 33.1%和 32.6%;其他板块被选择比例较低,均在 30%以下。

表 5-14　中国网络内容国际受众愿意参与的交流活动

选　项	频数	百分比(%)
通过网络平台与节目互动交流	234	48.1
参与中文国际门户网站内容制作并表达自己的想法	195	40.1

续表

选　　项	频数	百分比（%）
在本人居住地开座谈会	192	39.5
门户网站在海外举办又便于参与的活动	186	38.3
希望中文国际门户网站举办海外华人家庭知识竞赛	166	34.2
与中文国际门户网站进行联谊活动	113	23.2
来中国参加中文国际门户网站举办的活动	71	14.6
个人才艺在中文国际门户网站上展示	71	14.6

互联网作为一种新兴的传播媒体，信息交互性为其最重要的特点。国际受众不再为单纯的信息消费者和使用者，也为信息生产者和创作者。由表5-14可知，"通过网络平台与节目互动交流"是大多数人愿意参与的板块，共有234人选择，约占48.1%；"参与中文国际门户网站内容制作并表达自己的想法"次之，共有195人选择，约占40.1%；"在本人居住地开座谈会"共有192人选中，约占比39.5%；"门户网站在海外举办又便于参与的活动"和"希望中文国际门户网站举办海外华人家庭知识竞赛"活动的选择人数较少，分别有186人、166人，分别约占比38.3%、34.2%；其他板块被选择的比例较低，均在30%以下。

表5-15　中国网络内容国际受众主要动机

选　　项	频数	百分比（%）
通过浏览网站学习中文	345	71
喜欢中国文化	202	41.6
了解中国发生的事情	172	35.4
发表自己的观点和意见	127	26.1
打算今后到中国访问或居住，了解风土人情	108	22.2
获得朋友间的谈资	80	16.5
打发时间	73	15
偶尔浏览浏览中文网站，换换口味	37	7.6

在中国网络内容国际传播的受众调查中,网络媒体使用动机为关注焦点,它能反映国际受众对使用网络媒体不同观点。由表 5-15 可知,"通过浏览网站学习中文"是国际受众浏览中国网络最主要动机,共有 345 人选择,约占 71%;"喜欢中国文化"次之,共有 202 人选择,约占 41.6%;"了解中国发生的事情"和"发表自己的观点和意见"分别有 172 人和 127 人选中,分别约占比 35.4% 和 26.1%;"打算今后到中国访问或居住,了解风土人情"的人数较少,共有 108 人,约占比 22.2%;其他板块被选择的比例较低,均在 20% 以下。

(三)中国网络内容国际受众使用行为的描述分析

表 5-16 显示,"央视国际网"是国际受众使用中国网络的首选网站,共有 228 人选择,约占比 46.9%;"人民网"次之,共有 209 人选择,约占比 43%;选择"新华网""国际在线"和"主流门户网站"人数较为均衡,分别有 195 人、184 人和 160 人,分别约占比 40.1%、37.9% 和 32.9%;"中国各级政府门户网站"以及其他网站被选择的比例较低,选择人数均在 100 以下。

表 5-16 中国网络内容国际受众首选网站

选 项	频 数	百分比(%)
央视国际网	228	46.9
人民网	209	43
新华网	195	40.1
国际在线	184	37.9
主流门户网站	160	32.9
中国网英文版	98	20.2
中国各级政府门户网站	12	2.5

了解国际受众对于中国网络内容国际传播最为核心的板块——"新闻资讯"板块的使用行为,可以更好地建设中国网络内容。由表 5-17 可知,"时政新闻"板块是国际受众在浏览中国网络媒体最为频繁的板块,共有 380 人选择,约占比 78.2%;"社会新闻"选择人数为 365 人,约占比 75.1%;"军事新闻"板块选择人数为 296 人,约占比 60.9%;"财经新闻"和"公益新

闻"板块被选择的人数较少且较为均衡,分别有 190 人、97 人,分别约占比 39.1%、20%;此外,评论和娱乐新闻被选择的人数最少,比例低于 20%。

表5-17 中国网络内容国际受众关注新闻资讯的板块

选 项	频 数	百分比(%)
时政新闻	380	78.2
社会新闻	365	75.1
军事新闻	296	60.9
财经新闻	190	39.1
公益新闻	97	20
评论	94	19.3
娱乐新闻	22	4.5

　　了解国际受众面对突发事件时对于网络媒体的选择,实际上是考察国际受众潜意识的媒介选择。由表5-18可知,在面对突发事件时,国际受众为了第一时间获取信息而选择网络媒体以"母国媒体"最高,共 228 人选择,约占比 46.9%;其次为"国际传播的社交媒体",共有 209 人选择,约占比 43%;"中国本土的英文媒体"和"国际传播的英文媒体"选择人数差异最小,分别为 195 人和 185 人,分别约占比 40.1%和 38.1%;而"中国本土社交媒体"和"中国本土中文媒体"在第一时间选择频数较小。

　　面对突发事件时的媒体使用,体现了国际受众对于不同网络媒体的不同态度,反映了网络媒体面对"同源新闻"的真正媒体竞争态势。可以看到,国际受众对于母国媒体信任度较为强烈,表明国际受众对媒介的信任是长期累积的结果;此外社交媒体在突发事件报道中异军突起,已成为国际受众获取第一手信息的主要来源。

表5-18 中国网络内容国际受众突发事件首选媒体

选 项	频 数	百分比(%)
母国媒体	228	46.9
国际传播的社交媒体	209	43

续表

选　项	频　数	百分比（%）
中国本土的英文媒体	195	40.1
国际传播的英文媒体	185	38.1
中国本土的社交媒体	161	33.1
中国本土的中文媒体	98	20.2

（四）中国网络内容国际传播受众使用态度的描述分析

在一定程度上国际受众对中国网络内容特征的描述是一种情感的体现,它反映的是国际受众对于中国网络媒体所呈现的内容,产生的一种相对持久的积极或消极情绪。由表5-19可知,"海内外获取中国信息的主要渠道"是被国际受众认为中国网络内容特征的最贴切形容,共有281人选择,约占比57.8%;认为中国网络内容为"展示现代中国观点和社会生活的窗口"的共有247人选择,约占50.8%;认为"中华文化的友好使者"和"国内外新闻报道能力和解读能力强"的人数较少,均有219人,约占比45.1%;其他行人特征被选择的比例较低,均在20%以下。

表5-19　中国网络内容国际受众描述中国网络内容的特征

选　项	频数	百分比（%）
海内外获取中国信息的主要渠道	281	57.8
展示现代中国观点和社会生活的窗口	247	50.8
中华文化的友好使者	219	45.1
国内外新闻报道能力和解读能力强	219	45.1
中华医药和饮食类网络内容十分吸引我	72	14.8
文化专题片水平高	59	12.1
现场谈话类网络内容表现突出	45	9.3

尽管中国网络内容国际传播目前取得了令人瞩目的成就,但是仍存在较多不足,并且在很大程度上阻碍了中国网络内容国际传播顺利推进。调查显示,"内容不够客观""内容宣传味过浓"和"内容视角偏差"是被国际

受众认为中国网络内容存在问题最为严重的三个方面,分别有 333 人、288 人和 286 人选择,分别约占比 68.5%、59.3% 和 58.8%;"内容不全面"和"缺少与受众之间的互动"次之,分别有 238 人和 224 人选择,分别约占比 49% 和 46.1%;其余选择的人数较为均衡,比例相对较低,均在 30% 以下。

表 5-20　中国网络内容国际受众认为中国网络内容存在问题的比例

选　项	频　数	百分比(%)
内容不够客观	333	68.5
内容宣传味过浓	288	59.3
内容视角偏差	286	58.8
内容不全面	238	49
缺少与受众之间的互动	224	46.1
内容语言使用不规范	124	25.5
内容本土化缺乏	75	15.4

表 5-21　中国网络内容国际受众对于中国网络内容是否改变其态度的看法

选　项	频　数	百分比(%)
改变很多	244	50.2
改变一点	144	29.6
完全改变	79	16.3
没有改变	19	3.9

中国网络内容国际受众对于中国态度是否发生改变是中国网络内容国际传播效果评估的重要指标。表 5-21 显示,认为"改变很多"和"改变一点"的国际受众占比达到了 79.8%;此外认为中国网络内容"完全改变"国际受众对于中国看法的人数有 79,约占比 16.3%;这也从一个侧面反映中国网络内容一定程度上改变了国际受众对于中国的看法,国际传播取得了一定的成效,但仍然有 3.9% 的国际受众认为中国网络内容无法改变他们对中国的看法。

二、心理需求、使用行为、使用态度均值及标准差分析

在描述性统计分析中,主要用均值和标准差进行衡量。对于李克特5级量表来说,均值在3以上表示大多数人倾向于同意,均值越高,表明越同意。

(一)"心理需求"的均值及标准差分析

通过对中国网络内容国际受众的心理需求维度的数据统计,得到表5-22所示的统计分析结果。由表5-22可以看出,所有心理需求均值都大于3,其中"信息需求"因子的三个选项均值都达到4以上,表明国际受众使用中国网络内容更多的是为了满足"信息需求";其次,"学习需求"和"社交需求"的均值均在3.3—3.8之间,说明国际受众对于这两个因子的需求较高;而其他两项需求的均值略低,说明这两项需求对于国际受众不是很强烈。另外"信息需求"因子选项标准差均在1以下,说明中国网络内容国际受众在"信息需求"上有较小差异;而"认同需求""享乐需求""社交需求"和"学习需求"这四个需求因子标准差在1以上,说明不同国际受众对于中国网络内容心理需求存在较大差异。

表5-22　中国网络内容国际受众"心理需求"的强烈程度

选项	N	最小值	最大值	平均值	标准偏差
A1	486	1	5	4.07	0.958
A2	486	1	5	4.13	0.933
A3	486	1	5	4.11	0.978
B1	486	1	5	3.02	1.072
B2	486	1	5	3.06	1.112
B3	486	1	5	3.17	0.970
B4	486	1	5	3.08	1.038
C1	486	1	5	3.29	1.135
C2	486	1	5	3.39	1.141
C3	486	1	5	3.36	1.135
D1	486	1	5	3.46	1.171
D2	486	1	5	3.32	1.213

选项	N	最小值	最大值	平均值	标准偏差
D3	486	1	5	3.40	1.202
D4	486	1	5	3.37	1.212
E1	486	1	5	3.76	1.055
E2	486	1	5	3.70	1.085
E3	486	1	5	3.72	1.033
E4	486	1	5	3.72	1.104
有效 N	486				

(二)"使用行为"的均值及标准差分析

通过对中国网络内容国际受众的使用行为维度的数据统计,得到表5-23 所示的统计分析结果,由表 5-23 可以看出,中国网络内容国际受众对于"获取中国网络内容的频率"和"平均每天浏览中国网络内容的时间"的均值均为 4,其他使用行为的选项项均值也都在 3.6 以上,这充分表明标准差显著。而"浏览行为"和"互动行为"因子选项标准差均小于 1,这说明其差异并不显著。而"传播行为"因子选项标准差分别为 1.009、1.057 和1.042,均大于 1,说明中国网络内容国际受众在"会在中国网络上发表一些有感悟的文章""会转载认为比较好的段子"和"会继续使用并推荐身边的人使用中国网络"这三类行为存在一定差异。

表 5-23 中国网络内容国际受众"使用行为"的强烈程度

选项	N	最小值	最大值	平均值	标准偏差
F1	486	1	5	4.00	0.910
F2	486	1	5	4.00	0.937
F3	486	1	5	3.98	0.986
G4	486	1	5	3.98	0.984
G1	486	1	5	3.74	1.009
G2	486	1	5	3.70	1.057
G3	486	1	5	3.67	1.042
H1	486	1	5	3.92	1.032

选项	N	最小值	最大值	平均值	标准偏差
H2	486	1	5	3.89	0.993
H3	486	1	5	3.92	0.930
有效 N（成列）	486				

（三）"使用态度"的均值及标准差分析

对中国网络内容国际受众使用态度的均值和标准差的描述统计分析（表5-24）表明，中国网络内容国际受众对于中国网络媒体在新闻报道的速度和水平、网络内容所蕴含的中国文化特色、网络内容的丰富性以及网络内容的总体资源均值分别为4.21、4.19、4.18和4.15，都在4.15以上，其他选项也在4以上，而其标准差都小于1，这说明国际受众对于中国网络内容使用态度均未存在明显差异，也说明国际受众对于中国网络内容使用态度较好，总体评价较高。

表5-24　中国网络内容国际受众"使用态度"的满意程度

选项	N	最小值	最大值	平均值	标准偏差
Y1	486	1	5	4.21	0.777
Y2	486	2	5	4.18	0.765
Y3	486	2	5	4.15	0.785
Y4	486	2	5	4.11	0.800
Y5	486	1	5	4.19	0.770
Y6	486	2	5	4.14	0.776
Y7	486	2	5	4.12	0.794
Y8	486	2	5	4.05	0.814
有效 N（成列）	486				

第三节　中国网络内容国际传播受众需求调查统计分析

本节将对假设进行部分检验，其中主要包括不同人口统计变量的中国网络内容国际传播受众的心理需求、使用行为和使用态度之间的差异，以及中国网络内容国际传播的受众需求与使用行为、心理需求与使用态度、使用行为与使用态度之间的相关分析，以期探讨变量之间是否存在显著相关性。

一、中国网络内容国际传播受众需求调查的方差分析

本节主要目的在于了解中国网络内容国际受众的人口统计数据与心理需求、使用行为和使用态度之间的差异，即不同性别、年龄、受众分类、宗教信仰、教育背景和职业的国际受众在使用中国网络内容的心理需求、使用行为和使用态度上是否有差异，并使用独立样本 t 检验以及单因素方差分析法进行分析。

（一）心理需求的方差分析

通过方差分析了解中国网络内容国际受众心理需求的差异，其中在性别心理需求差异上运用 t 检验；其他变量则以单因素方差分析法检验。

1. 性别

在中国网络内容心理需求的性别方差分析中，通过独立样本 t 检验可知，不同性别的国际受众仅仅只在社交需求上存在显著差异（见表 5-25），其检验概率 P 值小于显著性水平 0.05。从各项均值结果来看，女性国际受众更倾向于信息需求、享乐需求、社交需求以及学习需求，而男性国际受众则更倾向于认同需求。

表 5-25 中国网络内容心理需求的性别方差分析

变量	性别	均值	标准偏差	t	P
信息需求	男	4.064	0.829	-1.185	.237
	女	4.157	0.894		
认同需求	男	3.092	1.001	.264	.792
	女	3.068	0.920		
享乐需求	男	3.305	1.068	-1.001	.317
	女	3.405	1.115		

续表

变量	性别	均值	标准偏差	t	P
社交需求	男	3.258	1.054	-3.042	.002
	女	3.558	1.100		
学习需求	男	3.677	0.914	-1.201	.230
	女	3.785	1.054		

2. 年龄

在中国网络内容心理需求的年龄方差中,通过单因素方差分析可知,不同年龄的国际受众在认同需求、社交需求和学习需求上均存在显著差异,其检验概率 P 值均小于显著性水平 0.05(如表5-26所示)。

表5-26　中国网络内容心理需求的年龄方差分析

年龄		信息需求	认同需求	享乐需求	社交需求	学习需求
18岁以下	平均值	4.049	2.994	3.256	2.982	3.445
	标准偏差	0.939	1.046	1.186	1.010	1.079
18—28岁	平均值	4.140	3.227	3.403	3.447	3.866
	标准偏差	0.840	0.971	1.092	1.025	0.915
29—39岁	平均值	4.114	2.913	3.425	3.420	3.556
	标准偏差	0.888	0.804	1.044	1.232	1.026
40岁及以上	平均值	4.043	2.913	3.164	3.550	3.909
	标准偏差	0.762	0.804	1.010	0.979	0.822
	F	0.362	3.024	1.241	5.231	6.037
	P	0.781	0.029	0.294	0.001	0.000

从各项均值结果来看,年龄为"18—28岁"的国际受众更倾向于信息需求和认同需求;年龄为"29—39岁"的国际受众更倾向于享乐需求;年龄为"40岁及以上"的国际受众更倾向于社交需求和学习需求。

3. 受众地域类别

通过单因素方差分析可得,在中国网络内容心理需求的受众地域类别差异中,不同地域国际受众在五大需求上均不存在显著差异,其检验概率 P 值均大于显著性水平 0.05(如表 5-27 所示)。

表 5-27 中国网络内容心理需求的受众地域类别方差分析

受众类别		信息需求	认同需求	享乐需求	社交需求	学习需求
华裔华侨	平均值	4.211	3.039	3.251	3.332	3.675
	标准偏差	0.763	0.938	1.129	1.023	0.835
在华外国人	平均值	4.117	3.011	3.284	3.467	3.715
	标准偏差	1.040	0.869	1.070	1.091	10.32
国外受众	平均值	4.021	3.147	3.450	3.385	3.761
	标准偏差	0.818	1.031	1.063	1.123	1.043
	F	2.275	0.946	1.785	0.482	0.358
	P	0.104	0.389	0.169	0.618	0.699

4. 宗教信仰

通过单因素方差分析可得,在中国网络内容心理需求的宗教信仰差异中,不同宗教信仰国际受众在五大需求上均不存在显著差异,其检验概率 P 值均大于显著性水平 0.05(如表 5-28 所示)。

表 5-28 中国网络内容心理需求的宗教信仰方差分析

宗教信仰		信息需求	认同需求	享乐需求	社交需求	学习需求
伊斯兰教	平均值	4.168	3.196	3.446	3.495	3.917
	标准偏差	0.842	0.954	1.132	0.992	0.918
基督教	平均值	4.068	3.085	3.287	3.319	3.659
	标准偏差	0.831	0.985	1.111	1.084	0.923
佛教	平均值	4.160	2.948	3.406	3.270	3.666
	标准偏差	0.833	0.915	1.083	1.126	0.991
犹太教	平均值	4.163	3.078	3.271	3.418	3.676
	标准偏差	0.901	0.994	1.062	1.194	1.085
无宗教信仰	平均值	3.984	3.000	3.424	3.545	3.818
	标准偏差	0.738	0.981	1.049	1.081	1.077

续表

宗教信仰		信息需求	认同需求	享乐需求	社交需求	学习需求
其他	平均值	3.277	3.041	3.166	3.416	3.166
	标准偏差	1.090	1.038	0.627	0.741	0.814
	F	2.707	0.705	0.517	0.675	2.027
	P	0.020	0.620	0.763	0.642	0.074

从宗教信仰各项均值结果来看，国际受众更倾向于信息需求和学习需求；而伊斯兰教、基督教和犹太教倾向于社交需求；不同宗教信仰的国际受众有着均衡的享乐需求，并且佛教信仰的国际受众认同需求最低。

5. 教育

通过单因素方差分析可得，在中国网络内容心理需求教育差异中，不同教育程度的国际受众在认同需求和学习需求上 P 值分别为 0.038 和 0.001，均小于 0.05，存在显著差异（如表 5-29 所示）。从教育程度各项均值结果来看，初中及以下教育水平的国际受众更倾向于信息需求；大专/本科教育水平的国际受众更倾向于认同需求；高中教育水平的国际受众倾向于享乐需求；硕士教育水平的国际受众倾向于社交需求；博士及以上教育水平的国际受众更倾向于学习需求。

表 5-29　中国网络内容心理需求的教育方差分析

教育背景		信息需求	认同需求	享乐需求	社交需求	学习需求
初中及以下	平均值	4.242	3.004	3.430	3.136	3.236
	标准偏差	0.729	1.231	0.906	1.210	1.280
高中	平均值	4.017	3.224	3.474	3.464	3.855
	标准偏差	0.874	0.914	1.156	1.034	0.861
大专/本科	平均值	4.032	3.245	3.257	3.274	3.707
	标准偏差	0.957	1.013	1.085	1.039	0.882
硕士	平均值	4.161	3.007	3.313	3.479	3.768
	标准偏差	0.873	0.888	1.183	1.095	1.015

续表

教育背景		信息需求	认同需求	享乐需求	社交需求	学习需求
博士及以上	平均值	4.079	2.853	3.391	3.476	3.896
	标准偏差	0.676	0.816	0.883	1.058	0.742
	F	0.972	2.556	0.620	1.583	4.493
	P	0.423	0.038	0.649	0.178	0.001

6. 职业

通过单因素方差分析可得,在中国网络内容心理需求职业差异中,不同职业的中国网络内容国际受众在心理需求方面的均值都大于 0.05,不存在显著差异(如表 5-30 所示)。

表 5-30　中国网络内容心理需求的职业方差分析

职业		信息需求	认同需求	享乐需求	社交需求	学习需求
企业职员	平均值	4.109	3.032	3.407	3.391	3.772
	标准偏差	0.684	0.921	1.080	1.149	0.938
在校学生	平均值	4.218	3.112	3.327	3.471	3.792
	标准偏差	0.889	1.030	1.137	1.039	0.978
商业工作人员	平均值	4.009	3.165	3.261	3.226	3.606
	标准偏差	0.912	1.046	1.118	1.079	1.011
政府工作人员	平均值	4.048	3.065	3.463	3.460	3.724
	标准偏差	0.924	0.892	1.156	1.099	0.996
自由职业	平均值	4.290	3.233	3.333	3.540	3.911
	标准偏差	0.768	0.875	0.730	1.002	1.023
服务工作者	平均值	3.985	2.866	3.281	3.311	3.561
	标准偏差	1.004	0.902	1.044	1.056	0.929
	F	1.184	0.844	0.404	0.832	0.956
	P	0.316	0.519	0.846	0.572	0.444

(二)使用行为的方差分析

通过方差分析了解中国网络内容国际受众使用行为的差异,其中在性别使用行为差异上运用 t 检验；其他变量则以单因素方差分析法检验。

1. 性别

在中国网络内容使用行为的性别方差分析中，通过独立样本 t 检验可知，不同性别的国际受众仅仅只在传播行为上存在显著差异（如表5-31所示），其检验概率 P 值小于显著性水平 0.05。从各项均值结果来看，女性国际受众更倾向于传播行为的各选项行为；男性国际受众则更加倾向于浏览行为和互动行为的各选项行为（如表5-31所示）。

表5-31　中国网络内容使用行为的性别方差分析

变量	性别	均值	标准偏差	t	P
浏览行为	男	4.011	0.835	0.655	0.513
	女	3.957	0.973		
传播行为	男	3.611	0.950	-2.498	0.013
	女	3.830	0.964		
互动行为	男	3.865	0.920	-1.335	0.183
	女	3.405	0.820		

2. 年龄

在中国网络内容使用行为的年龄方差中，通过单因素方差分析可知，不同年龄的国际受众在浏览行为、传播行为和互动行为上均不存在显著差异，其检验概率 P 值均大于显著性水平 0.05（如表5-32所示）。

表5-32　中国网络内容使用行为的年龄方差分析

年龄		浏览行为	传播行为	互动行为
18岁以下	平均值	4.002	3.739	4.072
	标准偏差	0.883	0.986	0.843
18—28岁	平均值	4.040	3.721	3.852
	标准偏差	0.878	0.995	0.906

年龄		浏览行为	传播行为	互动行为
29—39 岁	平均值	3.900	3.683	3.908
	标准偏差	1.010	0.994	0.916
40 岁及以上	平均值	3.956	3.647	3.893
	标准偏差	0.762	0.764	0.763
	F	0.648	0.158	1.313
	P	0.584	0.925	0.269

3. 受众地域类别

通过单因素方差分析可得,在中国网络内容使用行为的受众地域类别差异中,不同地域国际受众在传播行为上均值为 0.012,小于 0.05(如表5-33 所示),存在显著性差异。从各项均值结果来看,华裔华侨倾向于浏览行为的各选项行为,在华外国人倾向于传播行为和互动行为的选项行为(如表5-33 所示)。

表 5-33 中国网络内容使用行为的受众地域类别方差分析

受众分类		浏览行为	传播行为	互动行为
华裔华侨	平均值	4.072	3.719	3.835
	标准偏差	0.854	0.877	0.935
在华外国人	平均值	3.944	3.922	4.040
	标准偏差	1.100	0.996	0.842
国外受众	平均值	3.950	3.587	3.901
	标准偏差	0.811	0.986	0.852
	F	1.032	4.483	1.764
	P	0.357	0.012	0.172

4. 宗教信仰

通过单因素方差分析可得,在中国网络内容使用行为的宗教信仰差异中,不同宗教信仰国际受众在互动行为上存在显著差异,其检验概率 P 值均小于显著性水平 0.05（如表 5-34 所示）。从各项均值结果来看,伊斯兰教信仰的国际受众更倾向于浏览行为、传播行为和互动行为的各选项行为（如表 5-34 所示）。

表 5-34　中国网络内容使用行为的宗教信仰方差分析

宗教信仰		浏览行为	传播行为	互动行为
伊斯兰教	平均值	4.086	3.870	4.088
	标准偏差	0.815	0.995	0.793
基督教	平均值	3.940	3.710	3.899
	标准偏差	0.943	0.955	0.908
佛教	平均值	3.979	3.501	3.873
	标准偏差	0.912	0.993	0.905
犹太教	平均值	4.054	3.724	3.894
	标准偏差	0.918	0.890	0.834
无宗教信仰	平均值	3.886	3.667	3.666
	标准偏差	0.734	0.842	0.948
其他	平均值	3.354	3.361	3.111
	标准偏差	0.894	1.019	0.935
	F	1.750	1.831	3.431
	P	0.122	0.105	0.005

5. 教育

通过单因素方差分析可得,在中国网络使用行为的教育差异中,不同教育程度的国际受众在浏览行为、传播行为和互动行为上 P 值分别为 0.716、0.172、0.268,均大于 0.05,不存在显著差异（如表 5-35 所示）。

表 5-35　中国网络内容使用行为的教育方差分析

教育背景		浏览行为	传播行为	互动行为
初中及以下	平均值	3.918	3.818	4.139
	标准偏差	0.895	0.857	0.823

教育背景		浏览行为	传播行为	互动行为
高中	平均值	4.092	3.675	3.957
	标准偏差	0.823	0.921	0.940
大专/本科	平均值	3.967	3.623	3.829
	标准偏差	0.897	0.922	0.868
硕士	平均值	4.010	3.814	3.884
	标准偏差	0.962	1.040	0.890
博士及以上	平均值	3.904	3.513	3.883
	标准偏差	0.807	0.789	0.832
	F	0.527	1.605	1.303
	P	0.716	0.172	0.268

6. 职业

通过单因素方差分析可得,在中国网络内容使用行为的职业差异中,不同职业的中国网络内容国际受众在使用行为上的均值都大于0.05,不存在显著差异(如表5-36所示)。

表5-36　中国网络内容使用行为的职业方差分析

职业		浏览行为	传播行为	互动行为
企业职员	平均值	3.877	3.595	3.866
	标准偏差	0.868	0.982	0.835
在校学生	平均值	4.119	3.899	4.023
	标准偏差	0.896	0.967	0.866
商业工作人员	平均值	4.028	3.660	3.858
	标准偏差	0.806	0.904	0.910
政府工作人员	平均值	4.105	3.550	3.835
	标准偏差	0.851	0.933	0.959
自由职业	平均值	3.879	3.881	4.064
	标准偏差	1.062	0.975	0.804

续表

职业		浏览行为	传播行为	互动行为
服务工作者	平均值	3.766	3.733	3.881
	标准偏差	1.065	1.006	0.888
	F	1.793	1.876	0.807
	P	0.113	0.097	0.545

(三)使用态度的方差分析

通过方差分析了解中国网络内容国际受众使用态度的差异,其中在性别使用态度差异上运用 t 检验;其他变量则以单因素方差分析法检验。

1. 性别

在中国网络内容使用态度的性别方差分析中,通过独立样本 t 检验可知,不同性别的国际受众在使用态度上存在显著差异(表 5-37),其检验概率 P 值小于显著性水平 0.05。从各项均值结果来看,女性国际受众比男性国际受众更满意于中国网络内容新闻报道的速度和水平、信息的丰富性、内容的整体质量、内容通俗易懂、所蕴含的中国文化特色、可读性实用性强、内容的传播技巧以及网络内容的公信力(如表 5-37 所示)。

表 5-37　中国网络内容使用态度的性别方差分析

变量	性别	均值	标准偏差	t	P
使用态度	男	4.024	0.682	−4.408	0.000
	女	4.309	0.731		

2. 年龄

在中国网络内容使用态度的年龄方差中,通过单因素方差分析可知,不同年龄的国际受众在使用态度上不存在显著差异,其检验概率 P 值大于显著性水平 0.05(如表 5-38 所示)。

表 5-38 中国网络内容使用态度的年龄方差分析

变量	年龄	平均值	标准偏差	F	P
使用态度	18 岁以下	4.027	0.691	1.643	0.178
	18—28 岁	4.217	0.728		
	29—39 岁	4.103	0.756		
	40 岁及以上	4.144	0.627		

3.受众地域类别

表 5-39 中国网络内容使用态度的受众地域类别方差分析

变量	受众分类	平均值	标准偏差	F	P
使用态度	华裔华侨	4.053	0.659	2.421	0.090
	在华外国人	4.245	0.781		
	国际受众	4.163	0.718		

通过单因素方差分析可得,在中国网络内容使用态度的受众地域类别差异中,不同地域国际受众在使用态度上的 P 值为 0.090,大于显著性水平0.05,不存在显著性差异(如表 5-39 所示)。

4.宗教信仰

通过单因素方差分析可得,在中国网络内容使用态度的宗教信仰差异中,不同宗教信仰国际受众在使用态度上存在显著差异,其检验概率 P 值均小于显著性水平 0.05(如表 5-40 所示)。从各项均值结果来看,伊斯兰教、犹太教和无宗教信仰的国际受众对于中国网络内容使用态度的各选项满意程度比基督教、佛教和其他宗教信仰的国际受众普遍较高(如表 5-40所示)。

表5-40　中国网络内容使用态度的宗教信仰方差分析

变量	宗教信仰	平均值	标准偏差	F	P
使用态度	伊斯兰教	4.297	0.628	5.541	0.000
	基督教	4.054	0.742		
	佛教	4.113	0.772		
	犹太教	4.212	0.679		
	无宗教信仰	4.261	0.629		
	其他	3.291	0.552		

5. 教育

通过单因素方差分析可得,在中国网络使用态度的教育差异中,不同教育程度的国际受众在使用态度上 P 值为 0.124,大于 0.05,不存在显著差异(如表5-41所示)。

表5-41　中国网络内容使用态度的教育方差分析

变量	教育背景	平均值	标准偏差	F	P
使用态度	初中及以下	4.147	0.641	1.817	0.124
	高中及同等学力	4.155	0.818		
	本科及同等学力	4.119	0.671		
	硕士	4.232	0.729		
	博士及以上	3.952	0.676		

6. 职业

通过单因素方差分析可得,在中国网络内容使用态度的职业差异中,不同职业的中国网络内容国际受众在使用态度上的均值都大于 0.05,不存在显著差异(如表5-42所示)。

表 5-42　职业对中国网络内容使用态度方差分析

变量	教育背景	平均值	标准偏差	F	P
使用态度	在校学生	4.116	0.730	0.939	0.455
	企业职员	4.236	0.700		
	商业工作人员	4.040	0.702		
	政府工作人员	4.183	0.776		
	自由职业	4.201	0.722		
	服务业工作者	4.150	0.655		

二、中国网络内容国际传播受众需求调查相关分析

相关分析是分析客观事物之间相关性的数理统计分析方法,它是通过图形和数值两种方式揭示事物之间统计关系的强弱程度,本书主要通过 Pearson 相关系数来表征相关性。

（一）中国网络内容国际受众心理需求与使用行为的相关分析

1. 心理需求与浏览行为的相关分析

表 5-43　心理需求与浏览行为的相关分析

		信息需求	认同需求	享乐需求	社交需求	学习需求
浏览行为	Pearson 相关性	0.395**	0.224**	0.177**	0.228**	0.211**
	显著性（双尾）	0.000	0.000	0.000	0.000	0.000

＊＊. 在置信度（双测）为 0.01 时,相关性是显著的。

＊. 在置信度（双测）为 0.05 时,相关性是显著的。

如表 5-43 所示,中国网络媒体国际受众的信息需求与浏览行为呈现显著正相关（$r = 0.395, p = 0.000 < 0.01$）;认同需求与浏览行为呈现显著正相关（$r = 0.224, p = 0.000 < 0.01$）;享乐需求与浏览行为呈现显著正相关（$r = 0.177, p = 0.000 < 0.01$）;社交需求与浏览行为呈现显著正相关（$r = 0.228, p = 0.000 < 0.01$）;学习需求与浏览行为呈现显著正相关（$r = 0.211, p = 0.000 < 0.01$）（如表 5-43 所示）。

2. 心理需求与传播行为的相关分析

表 5-44　心理需求与传播行为的相关分析

		信息需求	认同需求	享乐需求	社交需求	学习需求
传播行为	Pearson 相关性	0.416**	0.192**	0.194**	0.282**	0.174**
	显著性（双尾）	0.000	0.000	0.000	0.000	0.000

**．在置信度（双测）为 0.01 时,相关性是显著的。

*．在置信度（双测）为 0.05 时,相关性是显著的。

如表 5-44 所示,中国网络媒体国际受众的信息需求与传播行为（r=0.416,p=0.000<0.01）、认同需求与传播行为（r=0.192,p=0.000<0.01）、享乐需求与传播行为（r=0.194,p=0.000<0.01）、社交需求与传播行为（r=0.282,p=0.000<0.01）、学习需求与传播行为（r=0.174,p=0.000<0.01）的系数都具有统计意义,这表明它们之间呈显著正相关。

3. 心理需求与互动行为的相关分析

表 5-45　心理需求与互动行为的相关分析

		信息需求	认同需求	享乐需求	社交需求	学习需求
互动行为	Pearson 相关性	0.213**	0.158**	0.135**	0.174**	0.172**
	显著性（双尾）	0.000	0.000	0.003	0.000	0.000

**．在置信度（双测）为 0.01 时,相关性是显著的。

*．在置信度（双测）为 0.05 时,相关性是显著的。

如表 5-45 所示,中国网络媒体国际受众的信息需求与互动行为呈现显著正相关（r=0.213,p=0.000<0.01）;认同需求与互动行为呈现显著正相关（r=0.158,p=0.000<0.01）;享乐需求与互动行为呈现显著正相关（r=0.135,p=0.003<0.05）;社交需求与互动行为呈现显著正相关（r=0.174,p=0.000<0.01）;学习需求与互动行为呈现显著正相关（r=0.172,p=0.000<0.01）。

（二）中国网络内容国际受众心理需求与使用态度的相关分析

信息需求、认同需求、享乐需求、学习需求、社交需求与使用态度之间的相关分析结果如表5-46所示。

表5-46 心理需求与使用态度的相关分析

		信息需求	认同需求	享乐需求	社交需求	学习需求
使用态度	Pearson 相关性	0.460**	0.350**	0.370**	0.486**	0.442**
	显著性(双尾)	0.000	0.000	0.003	0.000	0.000

**. 在置信度(双测)为0.01时,相关性是显著的。

*. 在置信度(双测)为0.05时,相关性是显著的。

如表5-46所示,中国网络媒体国际受众的信息需求与使用态度呈现显著正相关($r=0.460$,$p=0.000<0.01$);认同需求与使用态度呈现显著正相关($r=0.350$,$p=0.000<0.01$);享乐需求与使用态度呈现显著正相关($r=0.370$,$p=0.000<0.01$);社交需求与使用态度呈现显著正相关($r=0.486$,$p=0.000<0.01$);学习需求与使用态度呈现显著正相关($r=0.442$,$p=0.000<0.01$)。

(三)中国网络内容国际受众使用行为与使用态度的相关分析

1.浏览行为与使用态度的相关分析

表5-47 浏览行为与使用态度的相关分析

		使用态度
浏览行为	Pearson 相关性	0.513**
	显著性(双尾)	0.000

**. 在置信度(双测)为0.01时,相关性是显著的。

*. 在置信度(双测)为0.05时,相关性是显著的。

如表5-47所示,中国网络媒体国际受众的浏览行为与使用态度呈现显著正相关($r=0.513$,$p=0.000<0.01$)。

2.传播行为与使用态度的相关分析

如表5-48所示,中国网络媒体国际受众的传播行为与使用态度呈现显著正相关($r=0.527$,$p=0.000<0.01$)。

表 5-48　传播行为与使用态度的相关分析

		使用态度
传播行为	Pearson 相关性	0.527**
	显著性(双尾)	0.000

**. 在置信度(双测)为 0.01 时,相关性是显著的。

*. 在置信度(双测)为 0.05 时,相关性是显著的。

3. 互动行为与使用态度的相关分析

表 5-49　互动行为与使用态度的相关分析

		使用态度
互动行为	Pearson 相关性	0.407**
	显著性(双尾)	0.000

**. 在置信度(双测)为 0.01 时,相关性是显著的。

*. 在置信度(双测)为 0.05 时,相关性是显著的。

如表 5-49 所示,中国网络媒体国际受众的互动行为与使用态度呈现显著正相关($r = 0.407$, $p = 0.000 < 0.01$)。

三、中国网络内容国际传播受众需求调查的回归分析

回归分析是一种应用较为广泛的数理统计分析方法,它侧重考察变量之间的数量变化规律,并通过回归方程的形式描述和反映这种关系,帮助人们准确把握变量受其他一个或多个变量影响的程度,进而为预测提供科学依据。为了探寻中国网络内容国际受众的心理需求、使用行为和使用态度之间的相互影响以及影响程度,本书采用多元回归分析方法来进行检验。

模型 1:被解释变量为使用态度,解释变量为心理需求、使用行为。

使用态度 $= a_0 + a_1 *$ 心理需求 $+ a_2 *$ 使用行为

模型 2:被解释变量为使用态度,解释变量为信息需求、认同需求、享乐需求、社交需求、学习需求、浏览行为、传播行为、互动行为。

使用态度 $= b_0 + b_1 *$ 信息需求 $+ b_2 *$ 认同需求 $+ b_3 *$ 享乐需求 $+$

$$b_4 * 社交需求 + b_5 * 学习需求$$

模型3:被解释变量为使用态度,解释变量为浏览行为、传播行为、互动行为。

$$使用态度 = c_0 + c_1 * 浏览行为 + c_2 * 传播行为 + c_3 * 互动行为$$

(一)心理需求、使用行为与使用态度回归分析

由表5-50可知,依据该表可进行拟合优度检验,模型1调整的判定系数为0.586,即可认为该模型被解释变量可被模型解释的部分为58.6%。另外,残差独立性检验值Durbin-Watson值为1.958,表明模型1的残差序列不存在自相关。

表5-50 心理需求、使用行为与使用态度回归分析

模型	R	R方	调整R方	Durbin-Watson
1	0.767	0.586	0.349	1.958

由表5-51可知,模型1被解释变量的总离差平方和为249.242,回归平方和及均方分别为146.436和73.218,剩余平方和及均方分别为102.806和0.213。F检验统计量的观测值为343.989,对应概率Sig.值为0.000,小于显著性水平0.05,应拒绝回归方程显著性检验的零假设,认为模型1中的偏回归系数不同时为0,被解释变量与解释变量之间的线性关系是显著的,可建立线性模型。

表5-51 心理需求、使用行为与使用态度回归分析显著性检验

模型		平方和	df	均方	F	Sig.
1	回归	146.436	2	73.218	343.989	0.000
	残差	102.806	483	0.213		
	总计	249.242	485			

由表5-52可知,根据该表可进行自变量共线性诊断,VIF表示方差膨胀因子,表5-52中各个变量的VIF值均小于10,表明多元回归模型1不存

在多重共线性的问题,因此模型1的回归分析结果是可信的。

模型1的多元回归方程为:

使用态度=0.527+0.508 * 心理需求+0.472 * 使用行为

由模型1的多元回归方程可知,心理需求、使用行为对使用态度具有正向影响作用,其回归系数分别为0.508、0.472,表明中国网络内容国际受众在心理需求、使用行为上表现越强烈,对中国网络内容的使用态度将会越高。图5-1描述了中国网络内容国际受众使用态度两大影响因素路径及其系数。

表 5-52 心理需求、使用行为与使用态度回归系数

模型		非标准化系数		t	Sig.	共线性统计量	
		B	标准误差			容差	VIF
1	(常量)	.527	.140	3.774	.000		
	心理需求	.508	.037	13.663	.000	.783	1.276
	使用行为	.472	.035	13.460	.000	.783	1.276

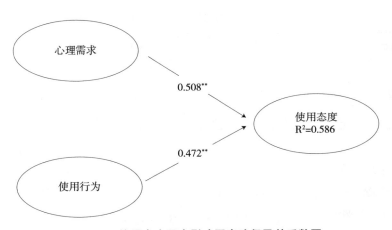

图 5-1 使用态度两大影响因素路径及其系数图

（二）心理需求与使用态度回归分析

表 5-53　心理需求与使用态度回归分析

模型	R	R 方	调整 R 方	Durbin-Watson
2	0.693	0.480	0.374	1.945

由表 5-53 可知，依据该表可进行拟合优度检验，模型 2 调整判定系数为 0.480，即可认为该模型被解释变量可以被模型解释的部分为 48.0%。另外，残差独立性检验值 Durbin-Watson 值为 1.945，表明模型 2 的残差序列不存在自相关。

由表 5-54 可知，模型 2 被解释变量总离差平方和为 249.242，回归平方和及均方分别为 119.697 和 23.939，剩余平方和及均方分别为 129.545 和 0.270。F 检验统计量的观测值为 88.702，对应概率 Sig. 值为 0.000，小于显著性水平 0.05，应拒绝回归方程显著性检验的零假设，认为模型 2 中的偏回归系数不同时为 0，被解释变量与解释变量之间的线性关系是显著的，可建立线性模型。

表 5-54　心理需求与使用态度回归分析显著性检验

模型		平方和	df	均方	F	Sig.
2	回归	119.697	5	23.939	88.702	0.000
	残差	129.545	480	0.270		
	总计	249.242	485			

由表 5-55 可知，根据该表可进行自变量共线性诊断，VIF 表示方差膨胀因子，表 5-55 中各个变量的 VIF 值均小于 10，表明多元回归模型 2 不存在多重共线性的问题，模型 2 的回归分析结果是可信的。

表5-55　心理需求与使用态度回归分析回归系数

模型		非标准化系数		t	Sig.	共线性统计量	
		B	标准误差			容差	VIF
2	（常量）	1.117	.151	7.404	.000		
	信息需求	.323	.028	11.608	.000	.978	1.023
	认同需求	.118	.027	4.433	.000	.844	1.185
	享乐需求	.116	.024	4.911	.000	.844	1.184
	社交需求	.148	.028	5.226	.000	.587	1.703
	学习需求	.121	.031	3.865	.000	.592	1.689

模型2的多元回归方程为：

使用态度=1.117+0.323*信息需求+0.118*认同需求+0.116*享乐需求+0.148*社交需求+0.121*学习需求

由模型2的多元回归方程可知，信息需求、认同需求、享乐需求、社交需求、学习需求对使用态度具有显著正向的影响作用，其回归系数分别为：0.323、0.118、0.116、0.148、0.121，即中国网络内容国际受众在信息需求、认同需求、享乐需求、学习需求、社交需求上表现越强，国际受众对中国网络内容的使用态度将会越强。图5-2描述了中国网络内容国际受众使用态度的国际受众心理需求影响因素路径及其系数。

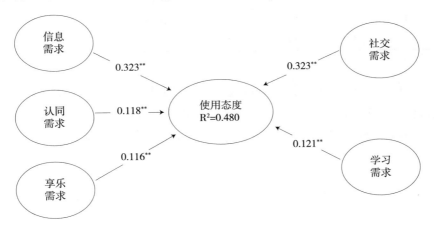

图5-2　使用态度与心理需求影响因素路径及其系数图

（三）使用行为与使用态度回归分析

表 5-56　使用行为与使用态度回归分析

模型	R	R 方	调整 R 方	Durbin-Watson
3	0.664	0.441	0.438	1.962

由表 5-56 可知，依据该表可进行拟合优度检验，模型 2 调整判定系数为 0.441，即可认为该模型被解释变量可以被模型解释的部分为 44.1%。另外，残差独立性检验值 Durbin-Watson 值为 1.962，表明模型 3 的残差序列不存在自相关。

由表 5-57 可知，模型 3 被解释变量的总离差平方和为 249.242，回归平方和及均方分别为 109.930 和 36.643，剩余平方和及均方分别为 139.312 和 0.289。F 检验统计量的观测值为 126.781，对应概率 Sig. 值为 0.000，小于显著性水平 0.05，应拒绝回归方程显著性检验的零假设，认为模型 3 中的偏回归系数不同时为 0，被解释变量与解释变量之间的线性关系是显著的，可建立线性模型。

表 5-57　使用行为与使用态度回归分析显著性检验

模型		平方和	df	均方	F	Sig.
3	回归	109.930	3	36.643	126.781	0.000
	残差	139.312	482	0.289		
	总计	249.242	485			

由表 5-58 可知，根据该表可进行自变量共线性诊断，VIF 表示方差膨胀因子，表 5-58 中各个变量的 VIF 值均小于 10，表明多元回归模型 3 不存在多重共线性的问题，因此模型 2 的回归分析结果是可信的。

表 5-58　使用行为与使用态度回归分析回归系数

模型		非标准化系数		t	Sig.	共线性统计量	
		B	标准误差			容差	VIF
1	（常量）	1.478	.143	1.0315	.000		
	浏览行为	.282	.029	.9617	.000	.863	1.159
	传播行为	.270	.028	.9750	.000	.839	1.193
	互动行为	.139	.030	.4554	.000	.830	1.205

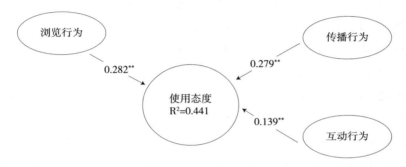

图 5-3　使用态度与使用行为影响因素路径及其系数

模型 3 的多元回归方程为：

使用态度 = 1.478+0.282 * 浏览行为+0.270 * 传播行为+0.139 * 互动行为

由模型 3 的多元回归方程可知,浏览行为、传播行为、互动行为对使用态度具有显著正向影响作用,回归系数分别为:0.282、0.270、0.139,即中国网络内容国际受众在浏览行为、传播行为、互动行为上表现越积极,国外用户对中国网络的使用态度将会越强。图 5-3 描述了中国网络内容国际受众使用态度的国际受众使用行为影响因素路径及其系数。

第四节　中国网络内容国际传播受众需求
调查结果的启示与假设检验

本节对前文所得出的结果进行讨论,探讨为中国网络内容国际传播力提升所带来的启示,检验本节提出的假设,分析和探讨其局限性。依据对国际受众人口统计变量在中国网络内容的心理需求、使用行为和使用态度上的差异,以及对中国网络内容国际受众心理需求与使用行为、心理需求与使用态度、使用态度与使用行为之间的相关分析和回归分析。

一、中国网络内容国际传播受众需求调查结果的启示

1. 基于中国网络媒体国际受众心理需求的启示

从中国网络媒体国际受众心理需求来看,更多的国际受众希望通过中国网络媒体了解中国信息,这一方面印证了媒体内容为王的竞争真理,另一方面也要求中国网络媒体必须提供充分及时准确的信息。同时,更多的国际受众浏览中国网络媒体最主要动机是"文化学习",特别是"汉字学习"以及"中国美食文化学习",因此,在中国网络媒体内容设置时,必须高度重视中国文化,特别是重视包括汉字和中国美食在内的民族文化。而且由于不同性别、年龄、宗教信仰以及教育背景的国际受众心理需求差异显著,因此中国网络媒体应针对不同性别、年龄、宗教信仰以及教育背景的国际受众来设置和安排内容,为此应进一步细分中国对外传播的网络媒体,这样不仅可以避免恶性竞争,减少资源重置和浪费,而且可以满足不同国际受众的需求。

2. 基于中国网络媒体国际受众使用态度的启示

尽管国际受众对中国网络媒体满意度较高,总体评价较好,但认为中国网络媒体是"海内外获取中国信息的主要渠道"的国际受众仅超过一半,而且只有少部分国际受众认为中国网络媒体可以"完全改变"其原有态度,这充分表明中国网络媒体国际传播效果并不十分理想,因而也就意味中国网络媒体必须练好内功,最大限度地提高传播能力和传播水平。具体来说,必须改进报道方式,选择恰当的报道视角,避免宣传味过浓,提高传播内容的客观性和准确性。另外应特别强调的是,本书调查结果显示中国网络媒体的语言使用和本土化已得到了国际受众的肯定和好评,这说明近几年中国网络媒体在语言使用和本土化上的重视和投入已初见成效,因而也表明中国网络媒体未来努力改进的重点和方向不再为语言使用和本土化。

3.基于中国网络媒体国际受众使用行为的启示

从中国网络媒体国际受众的使用行为来看,国际受众使用中国网络媒体的频率和时间较高,这表明国际受众已高度关注中国网络媒体,网络媒体已成为中国国际传播重要的窗口和平台,因此国家和政府必须更为清醒认识网络媒体国际传播的重要作用和价值,必须更加高度重视网络媒体的国际传播,必须最大限度地提高中国主流网络媒体的国际传播能力,特别是提高政府门户网站的国际传播能力。由于"时政新闻"是国际受众浏览最频繁的新闻资讯,因此政府和网络媒体必须予以高度重视,尽最大努力提供客观、准确、及时的时政新闻,同时相应减少评论和娱乐新闻,这样才能满足国际受众的需求,也才能吸引和留住国际受众。

二、假设检验

1.假设1的检验

表 5-59 假设 1 验证结果

假设	假设内容	检验结果
H1	不同人口统计变量的中国网络内容国际受众在心理需求上有显著差异	部分成立
H1a	不同性别的国际受众心理需求有显著差异	部分成立
H1b	不同年龄的国际受众心理需求有显著差异	部分成立
H1c	不同受众分类的国际受众心理需求有显著差异	不成立
H1d	不同宗教信仰的国际受众心理需求有显著差异	部分成立
H1e	不同教育背景的国际受众心理需求有显著差异	部分成立
H1f	不同职业的国际受众心理需求有显著差异	不成立

假设 1:不同人口统计变量的中国网络内容国际受众在心理需求上有显著差异,部分成立。

表 5-26 至表 5-31 的验证结果显示,不同人口统计变量的中国网络内容国际受众在其心理需求上存在部分显著差异,具体体现在表 5-59 中。如表 5-59 所示,在性别上,女性国际受众更倾向于信息需求、享乐需求、社

交需求、学习需求;男性国际受众更倾向于认同需求。在年龄上,年龄为"18—28岁"的国际受众更倾向于信息需求和认同需求;年龄为"40岁及以上"的国际受众更倾向于社交需求和学习需求。在宗教信仰上,伊斯兰教和犹太教更倾向于信息需求。在教育上,教育程度为大专/本科的国际受众更倾向于认同需求;教育程度为博士及以上的国际受众更倾向于学习需求。

2. 假设2的检验

假设2:不同人口统计变量的中国网络内容国际受众在使用行为上有显著差异。

表5-32至表5-37的验证结果显示,不同人口统计变量的中国网络内容国际受众在心理需求上存在部分显著差异,具体体现在表5-60中。

表5-60　假设2验证结果

假设	假设内容	检验结果
H2	不同人口统计变量的中国网络内容国际受众在使用行为上有显著差异	部分成立
H2a	不同性别的国际受众使用行为有显著差异	部分成立
H2b	不同年龄的国际受众使用行为有显著差异	不成立
H2c	不同受众分类的国际受众使用行为有显著差异	部分成立
H2d	不同宗教信仰的国际受众使用行为有显著差异	部分成立
H2e	不同教育背景的国际受众使用行为有显著差异	不成立
H2f	不同职业的国际受众使用行为有显著差异	不成立

如表5-60所示,在性别上,女性国际受众更倾向于传播行为;男性国际受众则更倾向于参与浏览行为和互动行为的各选项行为。在受众地域类别上,华裔华侨倾向于浏览行为,在华外国人倾向于参与传播行为和互动行为。在宗教信仰上,伊斯兰教倾向于浏览行为、传播行为和互动行为的各选项行为。

3. 假设3的检验

假设3:不同人口统计变量的中国网络内容国际受众在使用态度上有显著差异。

由表5-38至表5-43可以看出,不同人口统计变量的中国网络内容国际受众在使用态度上存在部分显著差异,具体体现在表5-61中。如表5-61所示,在性别上,女性国际受众对中国网络内容使用态度因子的信息丰富性、内容通俗易懂、所蕴含的中国文化特色、内容的传播技巧以及网络内容的公信力的满意程度比男性国际受众普遍高。在宗教信仰上,伊斯兰教、犹太教和无宗教信仰的国际受众对于中国网络内容使用态度各选项的满意程度普遍更高。

表5-61 假设3验证结果

假设	假设内容	检验结果
H3	不同人口统计变量的中国网络内容国际受众在使用态度上有显著差异	部分成立
H3a	不同性别的国际受众使用态度有显著差异	部分成立
H3b	不同年龄的国际受众使用态度有显著差异	不成立
H3c	不同受众分类的国际受众使用态度有显著差异	不成立
H3d	不同宗教信仰的国际受众使用态度有显著差异	部分成立
H3e	不同教育背景的国际受众使用态度有显著差异	不成立
H3f	不同职业的国际受众使用态度有显著差异	不成立

4. 假设4的检验

假设4:中国网络内容国际传播的受众心理需求与使用行为呈显著正向相关关系。

表5-48、表5-49和表5-50的验证结果显示,中国网络内容国际传播的受众心理需求与使用行为呈显著正向相关关系,具体如表5-62所示。其中"信息需求、认同需求、享乐需求、社交需求、学习需求越强烈,中国网络内容的浏览行为越积极""信息需求、认同需求、享乐需求、社交需求、学习需求越强烈,中国网络内容的传播行为越积极""信息需求、认同需求、享乐需求、社交需求、学习需求越强烈,中国网络内容的互动行为越积极"。

表 5-62 假设 4 验证结果

假设	假设内容	检验结果
H4	中国网络内容国际传播的受众心理需求与使用行为呈显著正向相关关系	成立
H4a	心理需求越强烈,国际受众的浏览行为就越积极	成立
H4b	心理需求越强烈,国际受众的传播行为就越主动	成立
H4c	心理需求越强烈,国际受众的互动行为就越踊跃	成立

5. 假设 5 的检验

如表 5-52 和表 5-57 所示,中国网络内容国际传播的受众心理需求与使用态度之间呈现显著正向相关关系,具体体现在表 5-63 中。

表 5-63 假设 5 验证结果

假设	假设内容	检验结果
H5	中国网络内容国际传播的受众心理需求与使用态度呈显著正向相关	成立
H5a	信息需求对中国网络内容的使用态度具有正向的影响作用	成立
H5b	认同需求对中国网络内容的使用态度具有正向的影响作用	成立
H5c	享乐需求对中国网络内容的使用态度具有正向的影响作用	成立
H5d	社交需求对中国网络内容的使用态度具有正向的影响作用	成立
H5e	学习需求对中国网络内容的使用态度具有正向的影响作用	成立

假设 5:"中国网络内容国际传播的受众心理需求会对其使用态度之间产生正向影响"成立,即"信息需求越强烈,使用态度分值程度越高""认同需求越强烈,使用态度分值程度越高""享乐需求越强烈,使用态度分值程度越高""社交需求越强烈,使用态度分值程度越高""学习需求越强烈,使用态度分值程度越高"。

6. 假设 6 检验

如表 5-51、表 5-52、表 5-53 和表 5-56 所示,中国网络内容国际传播的受众使用行为与使用态度之间呈现显著正向相关关系,具体体现在表5-64 中。

假设 6:"中国网络内容国际传播的受众使用态度会对其使用行为之间产生正向影响"成立,即"浏览行为越强烈,使用态度分值程度越高""传播行为越强烈,使用态度分值程度越高""互动行为越强烈,使用态度分值程度越高"。

表 5-64　假设 6 验证结果

假设	假设内容	检验结果
H6	中国网络内容国际传播受众使用态度对使用行为产生显著正向相关影响	成立
H6a	国际受众的使用态度越好,浏览行为就越积极	成立
H6b	国际受众的使用态度越好,传播行为就越主动	成立
H6c	国际受众的使用态度越好,互动行为就越踊跃	成立

第六章　中国网络内容国际传播力提升模式与提升路径

2014年8月,在中央全面深化改革领导小组第四次会议上,习近平提出了构建现代传播体系的新闻宣传领域创新目标,要求必须强化互联网思维,加快中国传媒体系的现代化改造;遵循新闻传播规律和新兴媒体发展规律,不断增强中国传媒核心竞争力。比照这一目标,考察当前中国网络媒体国际传播的现状,如何在跨国传播和文化全球化交互作用的历史语境中,创建独具中国特色的网络传播体系,提升中国网络媒体的国际传播力,进一步增强文化软实力,便成为中国网络传播创新的题中应有之意。本章在前述章节基础上,分析中国网络内容国际传播力提升模式,探讨中国网络内容国际传播提升路径。

第一节　中国网络内容国际传播力提升模式

在提升中国网络内容国际传播力的模式中,因为角度不同,其模式也存在一定差别。本节将具体探讨提升中国网络内容国际传播力的模式。中国网络内容国际传播力提升,并不仅仅只是政府的责任和行为,包括媒体、社会公众等主体都应参与其中。不同参与主体有着不同的运行模式,依据参与不同主体,中国网络内容国际传播力提升模式可以划分为政府决策模式、媒体自主模式、公众参与模式以及多元互动模式。

一、政府决策模式

在中国,大众媒介是党和政府的喉舌,在宣传国家意识形态方面起着不可替代的作用。政府作为国家权力机构,通过行政、法律等手段,对媒体实行控制与管理。在中国网络内容的国际传播力提升过程中,政府为了维护中国国家形象和国家利益,通过信息手段,在新闻来源、新闻选择、新闻报道等方面对网络内容进行议程设置,从而提升中国网络内容国际传播力。中国网络内容国际传播力提升的这一模式为政府决策模式。

政府决策模式中的议程是由作为决策者的党组织和政府组织的相关工作人员提出,他们站在国家、全球的角度直接对网络媒体进行议程控制,即政府在国际新闻议程设置中占据主导地位。政府决策模式下中国网络内容国际传播往往代表"官方议程",相对来说公众等其他主体的议程参与度较低。面对网络时代的多元化发展,中国政府运用传播技巧,通过议程设置机制驾驭舆论,使网络媒体自觉自愿地围绕公共政策部门所发布的新闻事件和议题来进行国际报道和追踪,最终影响国际舆论。

中国网络内容国际传播力提升的政府决策模式运行机制主要包括以下三个步骤:

首先,中国网络内容国际传播力提升中的政府决策模式的宗旨是为政府提供信息议程服务。全球每时每刻都在发生即时新闻事件,中国政府通过观察舆论走向,结合国内政策宣传的需要,以网络媒介为载体,调整信息传播的内容及先后顺序,从而引导媒体形成有益于中国国际传播的议程设置。

其次,通过政府组织内部譬如政治领袖、立法机关、行政机关、司法机关等核心政策主体,在政策形成过程中对网络内容国际传播议程设置进行把关安排,议题在政府内部获得正式议程后,为争取公众支持,借助网络传播媒介平台,更进一步扩大议程影响力。

最后,在中国体制下,政府对媒介机构仍然实行一定的管制。所以网络媒介在国际传播中担负着重要的责任与使命。基于网络技术平台的内容输出,中国网络内容国际传播将最终传达至国际受众,引导国际舆论。

例如遇到重大事件、重大主题的对外传播,政府往往通过掌控各种形式网络内容的宣传,设置公众议题。2014 年 APEC 峰会期间,为了向亚太展示中国,也让中国更了解亚太,中国作为这次会议的主办国,充分利用此次契机,在网络媒体的对外报道中,对 6 家国家级对外门户新闻网站,进行亚太新闻议程策划。新华网、人民网、中国日报网、央视国际网、中国网、中国国际广播电台网,纷纷在 2014 年 11 月 5 日至 11 日期间,策划了《2014 年亚太经合组织领导人会议周》专题对有关会议各方面进行及时新闻报道。在APEC 会议事件中,网络媒体对会议紧锣密鼓地突出报道,是在政府的议程控制之下,利用东道国的便利,与 APEC 开放领域相关的国内各部门、行业充分了解情况,更好地制定自己的对外传播战略。总之,以政府为主导的APEC 会议议程,在中国对外的新闻宣传和舆论引导方面起了重大作用。通过此类宣传,为中国走向世界创造了更好的媒介环境。

政府决策模式在中国社会大环境中具有一定现实意义。首先,在当前纷繁复杂的国际社会中,受众兴趣与认知发生了多元化改变,不同国家、不同人民有着不同的文化价值观和信仰,通过政府决策议程对外部世界进行文化传播,有助于在国际受众心中形成主流的价值观和认知。其次,政府主动设置新闻议程,让国际社会及时了解中国政府的重大决策、重大事件,在国际传播中发出具有权威性的中国声音,不仅提高了政府对外传播的信息透明度,也能更好地在国际社会中树立中国政府的良好形象,争取国际话语权,构建有利于中国发展的国际传播格局。

二、媒体自主模式

中国网络媒体长期处于党和政府的监控管制之下,虽离不开国内外环境的限制,但基于政府监管和受众需求之上,也有媒体自身对网络内容议程设置的追求。无论是有着官方背景的新闻网站,还是经济上完全独立的商业门户网站,在中国网络内容国际传播过程中,媒体内部为了在行业竞争中拔得头筹,依据网站自身的定位和目标,进行自我议程设置,从而提升中国网络内容国际传播力。中国网络内容国际传播力提升的这一模式为媒体自主模式。

媒体自主模式下的中国网络内容议程设置十分普遍，媒体自主模式下的设置主体以相关媒体的从业人员为代表，具体包括媒体经营管理人员、新闻业务人员等。自 1978 年部分新闻单位实行"事业单位，企业化管理"政策以来，中国媒体单一的政治属性逐步被政治属性与经济属性并存所代替。中国大多数媒体开始走上了"自收自支、自主经营、自负盈亏"的经营之路。在网络技术的新时代，媒体为更好适应媒介市场的全球化竞争，就必须开辟自我议程设置的独创性内容，形成自身网络品牌，才能在国际舆论中占据一席之地。

中国网络内容国际传播力提升的媒体自主模式运行机制主要包括以下两个步骤：

首先，针对网络新闻内容的初步选择，必须以媒体自身的定位、功能和目标为基础。不同网络媒体，其定位分为金融性网站、娱乐性网站或时政性网站等；其功能分为监视功能、协调功能或继承功能等；其目标又可分为追求经济效益或社会效益等。针对不同的媒体标准，对新闻内容进行筛选过滤，确定大致的议程范围。

其次，通过媒体内部组织譬如经营管理者、新闻专业人才等核心主体在媒介内部各要素之间进行综合考量，考察分析形成媒体自身独具特色的议程设置，创立具有国际影响力的网络媒体品牌，并发布于网络传播媒介平台之上，最终传播至国际受众。

譬如搜狐网就设置了自己的专题特色栏目"数字之道"，以数化万物、图悉生活为主旨，通过数字和图片、漫画相结合，用数据说话，受到广大受众的响应与认可。又比如，网易以"有态度的门户"为内容建设理念，结合自身的媒体特色，以专题形式紧跟最新热点，创立评论专栏"另一面"（The other side），成为当下中国网络内容中具有一定影响力和态度的新闻产品和新闻品牌栏目。同时，以红网为代表的地方新闻网站推出的"红辣椒评论"，其网络新闻评论在形式和内容方面都具有自己的独特之处，也曾荣获了"中国网站品牌栏目奖""新闻专栏奖"等，使其媒体品牌的国际影响力大大提升。

媒体自主模式在激烈的全球化媒介竞争中具有一定的发展意义。首先,媒体自主模式能够有效打破西方媒介集团在国际公众心中长期树立的品牌地位,有利于将中国网络媒体的自主品牌和理念推向世界,在国际传媒市场站稳脚跟。其次,媒体自主模式能够激发媒体内部人员的创造力和创新力,充分发挥媒体自身的优势和特色,促进中国网络内容的多元化。

三、公众参与模式

在网络环境中,由于互联网的交互性,公众个体和社群已成为重要议程来源。在对事件的理解判断和对周围环境的接收了解中,媒介新闻议程都受到公众议程的深刻影响。在中国网络内容国际传播力提升过程中,除了政府决策模式与媒体自主模式外,还有公众参与模式,即从公众所关注的视角出发,依据网络舆论的导向制定国际网络内容,从而提升中国网络内容国际传播力的模式。

在网络时代引领的"去中心化"的新型传播环境中,媒介议程设置功能的环境发生了颠覆性的改变,公众参与模式下的议程设置,公众往往占据主导地位,政府对议程的掌控力逐渐减弱,而个体和社群在网络媒体的平台之中,其影响力日趋明显,最终影响舆论形成。从传统"议程设置"的理论可以看出,公众所关注的就是媒体所强调的,公众作为传播内容的接收者,本身也是"议程设置"主要参与者之一。譬如近年来网络上发酵的"小悦悦""我爸是李刚""郭美美炫富""扶老人被讹"等事件,因公众关注与社会舆论而掀起了轰动效应,引发全国性关注。

中国网络内容国际传播力提升的公众参与模式运行机制主要包括以下三个步骤:

首先,公众参与模式由社会中的团体或个人针对某一事件以显著性的关注,通过一定范围内传播及长时间关注,逐步扩大事件影响力,形成公众对某一事件的集体关注及大致相似的看法。

其次,中国网络媒体虽然肩负着政府官方的传播责任,但作为传播媒介仍然与公众密不可分。中国网络内容国际传播面对的是国际受众,受众的兴趣诉求在一定程度上对议程设置产生影响。中国网络媒介通过对国际公众议程的选择,进行中国网络内容国际传播议程设置,从而提升中国网络内容国际传播力。

最后，中国网络内容国际传播议程设置从群众中来，到群众中去，设置国际公众感兴趣的新闻议程，满足公众需求，从而吸引世界的目光，最终影响国际公众舆论。

在中国网络内容国际传播中，公众参与模式的议程设置也屡见不鲜。譬如2014年娱乐圈层出不穷的吸毒事件，被广大网友戏称为"明星涉毒扎堆年"，一度将此话题推至公众舆论的风口浪尖。从台前的演员、歌手到幕后的编剧、导演，从李代沫、宁财神到房祖名、柯震东，以及王学兵，对中国社会的健康发展带来许多负面影响。面对国内外公众对此类事件的热议与关注，网络媒体也必然依据公众舆论焦点设置相关的新闻议程。2015年1月9日，人民网（英文版）社会版就以"Jaycee Chan, Jackie Chan's son gets 6 months in jail"为标题进行了头条报道。以公众的舆论点为中心，让国内外受众第一时间了解到受众所想要了解的信息。

公众参与模式在全球化新媒体技术发展的今天具有一定的借鉴意义。考察民众关心的问题可以为我们议程设置模式的建立提供一个新的视角，与政府决策模式不同，公众在议程设置中的主导地位相对较强，削弱了政府决策的"宣传"味道，而更富有"人性化"意味。实现公众议程与媒介议程的对接，设置符合受众兴趣的新闻议程，有助于国际受众提高对中国网络内容的认可度和接受度，让中国声音更好地走向世界。所以，在中国网络内容国际传播议程设置中，应重视公众在议程设置中的作用和地位。作为网络媒体重要的议题源，公众参与模式对中国网络内容的国际传播具有深远影响。

四、多源互动模式

网络媒体是一个被多源要素影响的媒体，随着网络技术下传受双方地位的改变，新闻来源渠道也日渐拓宽。在中国网络内容国际传播过程中，政府、公众、网络媒介都成为不可或缺的部分，三者相互兼顾、相互配合，在中国网络内容国际传播力提升过程中找到各方平衡点进行设置的模式，即多源互动模式。

多源互动模式的主体既是多源的又是互动的。多源是指中国网络内容国际传播力提升主体包括政府、媒介、公众等多个组成部分。互动,一是指信息的相互沟通、相互交换和相互分享;二是指各主体之间相互制约、相互影响和相互作用。在纷繁复杂的网络内容中,多源互动模式下设置新闻议程,是一种较为理想较为全面的方式。多源互动模式的特点是它不仅仅偏向于某一个设置主体,既征集了广泛的民意,又满足了政府"把关人"的要求,具备了一定的科学性和民主性。

中国网络内容国际传播力提升的多源互动模式运行机制主要包括以下两个步骤:

第一,多源互动模式的议程设置是整合集中议题的过程。以中国网络内容国际传播为中心,展开议程运作。一方面要很好地反映国际公众的利益偏好诉求,另一方面要为中国政府塑造良好国际形象,同时也要满足网络媒体专家参与议程设置,为中国国际传播力的提升提供了一个良好畅通的渠道。

第二,多源互动模式下的议程设置是开放交流议题的过程。中国网络内容国际传播力提升过程中,各个议程主体在其中进行自由交流与对话,表达各自诉求,对网络内容进行客观公正的议程设定,最终将协商一致共同关注的议题推向国际视野下的公众。

在中国网络内容的国际传播中,多源互动模式下的议程设置案例比比皆是。例如,2014 年 3 月 8 日,马来西亚航班 MH370 由吉隆坡飞往北京途中意外失联,引发了国内外公众的深切关注。站在公众的角度,马航事件各类信息在网络上得到疯狂转发,引起广大群体的广泛热议,其中不乏悲痛甚至极端恐怖主义的声音在舆论中此起彼伏。站在中国政府的角度,作为国际性的灾难事件,马航的失联也牵动世界各国人民的心。中国作为主要灾难国,政府需要立即站出来进行回应,并发布权威信息。基于公众及政府共同关注的热点,人民网英文版在事件发生的第二天就做了"Special"(特别)报道,标题名为"China makes all-out effort to locate missing flight"(中国将不遗余力搜寻失踪航班)。又例如 2014 年 12 月 31 日的上海外滩跨年踩踏事件,惨案爆发后通过网络迅速传播到国际社会,引起了国内外公众的高度关注。以 CNN 为代表的不少境外主流媒体都把目光投向此次事件。人民网

（英文版）第一时间于 2015 年 1 月 1 日,连续头条新闻追踪报道,以"Xi demands immediate investigation into Shanghai stampede"（习近平要求迅速对上海踩踏事件展开调查）"Shanghai New Year stampede kills 35"（上海新年踩踏事件已致 35 人死亡）为标题,发布政府的最新指示及权威信息。

多源互动模式在当下中国网络内容国际传播力提升中具有一定的实践意义。多源互动模式很好地体现了科学性、民主性及公共性,是中国网络内容国际传播中不可或缺的价值取向。政府、媒介、公众三者缺一不可,相辅相成,相得益彰。多源互动模式的运用,在一定程度上促进了中国国际传播力的提升,以互联网为平台,让中国议程影响世界。

第二节　中国网络内容国际传播力提升路径

提升中国网络内容的国际传播能力,对于我们打破西方国家信息壁垒,掌握国际话语权,抢占国际传播制高点,进一步增进国际社会对中国的认识了解,提升中国文化软实力,建设与中国经济社会发展水平和国际地位相称的国际互联网舆论传播新格局,具有十分重要的战略意义。提升中国网络内容国际传播力,具体路径很多,本节将在前述章节基础上,选择有代表性的三种提升中国网络内容国际传播力的路径进行探讨和研究。

一、基于议程设置的中国网络内容国际传播力提升路径

世界已经进入全球传播的时代,国家与国家之间将通过优先选择代表国家利益的新闻来推进自己的政治议程设置。提升中国网络媒体的议程设置力,成为中国媒体提升国际传播力的战略选择。

（一）议程设置路径的原则与要求

国际传播过程中,网络内容议程设置必须充分把握"质"和"量"两个关键点。在"质"上,首先要把握网络内容在国际传播中的"真实性"原则上。真实是新闻的生命,运用真实、客观的新闻理念,对事件进行传播,保障广大受众的知情权,才能在世界范围内建立起中国网络媒体的公信力。特别是当重大突发事件发生时,中国网络媒体更应该坚持真实性原则,不能因为事

件可能带来的负面影响而瞒报、谎报。议程设置的"质"还体现在议题本身的"优质性"原则上。网络技术下,我们如何从信息爆炸的洪流中筛选出有利于国家利益、民族发展的议题,能在国际社会引起强大反响与共鸣的选题中进行议程安排,也是我们必须斟酌的内容。

其次,在网络内容国际传播的"量"上需把握"适度"的原则。在一个特定时间段中,网络媒体进行议程设置过多,不仅会分散公众的注意力,还会造成事倍功半的效果。如果议程设置过少,容易导致信息匮乏,公众无法全面客观地了解真实情况。所以,在国际传播过程中,议程设置内容要有点有面,重点突出,有针对性地强调某些优质话题,才能更好地提升国际传播效果。总之,网络内容在适度传播的同时,要使国际受众能很好地了解中国信息。

譬如 2014 年 7 月中旬,习近平应巴西总统罗塞夫邀请,参加金砖国家领导人第六次会晤,对巴西、阿根廷、委内瑞拉、古巴进行国事访问。针对该新闻事件,人民网(英文版)对其进行了重点报道,首页头版前两条文字新闻都是关于金砖国家领导人会晤事件的相关报道,同时首页还配有图片新闻报道。在这一次金砖会议上,习近平所倡议的打造开放、包容、合作、共赢的金砖精神,建立更紧密、更全面、更牢固的伙伴关系,开展全方位合作,树立并践行新安全观,建设开放型世界经济,推动完善全球经济治理,提高发展中国家的代表性和发言权等宣言,成为指导金砖国家合作的重要原则。[1]人民网针对此议题进行设置,重点明确与突出,对中国政府在国际传播中的形象塑造也起到了很好的推动作用。

议程设置是一个过程,把握议程设置的时机是决定议程设置成功与否的重要环节。首先,议程设置的时机强调的是信息传播的时效性,即及时、准确地传播新闻信息。因此,在网络内容国际传播中,要求中国网络媒体主动出击,及时进行信息传播,使国际公众能第一时间了解到事件发展的进

---

① 《人民日报》(海外版):《新机遇新里程新篇章——外交部长谈习近平主席拉美之行》,2014 年 7 月 26 日,见 http://paper.people.com.cn/rmrbhwb/html/2014-0 7/26/content_1457357.htm。

程。其次,议程设置的时机还表现为对议题的预热设置。尽管网络传播速度很快,但网络内容议程设置的效果并不是立竿见影的,往往需要通过一段时间才能体现出来。所以,为了确保资源的优化配置,媒介在议程设置中,针对可以预见性的重大事件适度提前公布部分内容,进行预热性设置。

每年中国重大历史性纪念日都是网络媒体争相关注的热点,其发生的可预知性,使媒体在议程设置中拥有充足的时间进行策划及准备。譬如2014年7月,作为国家对外门户新闻网站的新华网,针对革命历史纪念日进行了提前预设,策划了如"建党93周年专题""勿忘国耻、圆梦中华""纪念全民族抗战爆发77周年""中国首次在互联网公布日本战犯侵华罪行自供"的一系专题报道。此类议题的设置,不仅时机恰到好处,而且内容准备得更加丰富、生动,引起了国际社会对中国的高度关注。

图6-1　人民网2014年7月15日头条新闻板块

当今,媒介形态日趋多元,大众传播早已由"以传者为中心"向"以受众为中心"转化。中国网络内容国际传播的议程设置同样要把握与受众的相关性,即"三贴近"原则:议程设置的议题和内容要满足受众需求,并与受众的价值规范相一致;必须符合国家的政策法规,不得危害国家安全;必须有利于社会福祉的实现。

毋庸置疑,在移动互联网时代,受众需求对媒体的议程设置产生了前所未有的影响。新传播技术下的媒介受众既受媒介影响，同时又反作用于媒介的议程设置。中国网络媒体如果依旧墨守成规，无限夸大媒介的议程设置功能，势必会在国际传播过程中错失许多宝贵的机会，降低中国网络媒体在国际上的影响力。中国人民大学教授喻国明（2010）针对政治型媒体研究中提到了"共鸣策略"，强调的是将媒体的话语与受众的价值联系起来，引起受众的共鸣，从而使受众获得更大程度的满足。① 该策略的启示是：国际传播更要重视全球视野，注重引发受众的共鸣，以此来跨越不同国家和民族之间的文化障碍，以达到更好的国际传播效果。当前，国际舆论的话语权主要掌握在以美国为首的西方国家手中，为夺回中国国际话语权，开拓中国国际影响力，中国网络媒体在议程设置过程中，要时刻关注国际热点焦点，紧跟世界舆情发展，并逐步引导、掌控世界舆论的风向标。

"媒介融合"的概念最早由美国马萨诸塞州理工大学的浦尔（Poole）教授提出，当前世界迅速走向数字化生存、全媒体生存恰好印证了他曾经的预言。"媒介融合"时代是机遇与挑战并存的时代，也是中国抢占国际传播高地的难得机遇。中国媒体要在国际传播中占有一席之地，需要打造网络、手机、广播、电视、报纸杂志、通讯社等多种传媒融合的传播形式，配合影剧院传播、户外传播等多种实体传播形式，进行立体传播，提高传播的覆盖力与影响力。②

现代信息技术环境下，网络媒体成为传统主流媒体强有力的支撑。不同媒体既有不同的特点，也有各自擅长的传播手段。网络本身所具有的及时互动性，是其他传统媒体所不具备的独特优势。网络传播不仅能充分调动受众的参与性，及时了解受众的反馈需求，还能更好地达到媒体议题设置的目标。例如，网络上每刊发一条新闻，网友便能即时发表自己的看法与观点。这样，当一条热点新闻发出后，跟帖评论可以很快达到数百页甚至上千页，网民在自己发表评论的同时，也能看到其他网民的留言，很容易产生共鸣，在一定程度上也可能产生某种舆论效果。

---

① 喻国明：《从求共鸣到谋共识：政治型媒体的基本行动逻辑——兼议我们应该向西方媒介学什么》，《新闻界》2012年第12期，第10—11页。

② 胡正荣、李继东、姬德强：《2014国际传播蓝皮书》，社会科学文献出版社2014年版，第37页。

2014 年 8 月 18 日，习近平在主持中央全面深化改革领导小组会议时表示：坚持传统媒体和新兴媒体优势互补、一体发展，坚持先进技术为支持，内容建设为根本，推动传统媒体和新兴媒体在内容、渠道、平台、经营、管理等方面的深度融合，形成立体多样、融合发展的现代传播体系。① 中国网络媒体实现自身议题属性设置功能，应充分调用自身优势，与传统主流媒体融合互动，达到彼此呼应、相得益彰的效果。在网络等信息媒体领域，如果处理得当，充分利用，中国媒体就能通过网络内容的传播后发优势，打破不平衡的国际传播秩序。

（二）议程设置提升路径的完善对策

国际传播中议程设置的最终指向是通过传播技巧达到影响国际舆论传播效果，本节将以中国网络媒体国际传播议程设置目前存在的问题为基础，借用拉斯韦尔的"5W"模式，分别从内容、主体、渠道角度提出相应的提升策略。

"内容为王"作为网络媒介的生存之道，主要是指在传播过程中说什么和怎么说。内容是中国网络媒介国际传播平台的"火车头"，内容上不去，国际传播的效力将大大减弱。本节从内容的议程设置角度，针对 10 家网站的新闻议程、新闻语言本身提出相应的策略。

1. 把握议程主动权以增强议程互动性

及时、准确地传播信息，是国际传播中议程设置的必要条件。在当今网络技术高度发达的时代，谁具有先人一步的反应能力，在第一时间内发布新闻信息，谁就能迅速占领国际舆论的高地。在中国国际传播过程中，网络媒体必须主动进行舆论热点的议题设置，时时走在构建网络议题的前列，主动把握议题设置的主动权，准确、及时地向世界发出中国报道，才能先声夺人，营造有利于中国发展的国际舆论环境。

长期以来，西方新闻媒介垄断和控制着世界舆论，国际新闻秩序存在着严重的不平等和不公正。带着意识形态的偏见，西方媒体对中国的报道一直存在片面性。在国内突发事件发生时，如果中国自己的网络媒体不能及

---

① 《关于推动传统媒体和新兴媒体融合发展的指导意见》，2014 年 8 月 20 日，见 http://www.gapp.gov.cn/news/1656/223719.shtml。

时公开地报道自身的真实情况,不能主动引导国内外舆论,就很容易被西方媒体先入为主,各种猜测和谣传也就会随之产生,到时再去澄清和纠正则是亡羊补牢,为时已晚。譬如近年来关于中日钓鱼岛之争、中国南海问题、台湾问题等,中国网络媒体迅速做出快速反应设置,早介入、早发声,用坚定的立场和态度引导国际舆论。因此,在紧要关头不缺位,在关键时刻不失语,在第一时间参与议程设置,方能提高网络媒体在国际传播中的时效性和公信力,从而提高媒体的地位。加大对有关中国问题的议程设置力度,才能为中国建设发展和国家形象构建吸引更多的注意力,才能使更多的国际公众及时客观地通过中国网络内容了解到一个真实的中国,才能改变中国网络媒体的被动传播局面。

同时,在国际传播过程中,还必须增强网络内容议程设置的互动性。互动性是中国网络媒体传播效果的一个重要标准。一方面,中国网络内容在国际传播中的呈现,不仅需要中国声音的发声,还需要世界声音的集结,在新闻报道中体现国际媒体观点的多元化,对于国际上一些重大事件的报道,在积极表达中方观点的同时,也应主动体现其他不同媒体的声音,从不同视角对新闻信息进行全方位剖析,在观点的对比分析中获得对事件真实情况的认知,满足国际公众多样性需求。另一方面,通过国际受众与网络媒体的互动,使读者对网站的忠诚度和黏合度都得到增强,消除文化心理以及地理时空差异。移动互联网的发展已将公众带入"交互为王"的时代,对中国网络内容国际传播提出了更为迫切的要求。

2. 设置"中国视角"并植入"中国基因"

新闻总是有视角的,这是被不断实践了的新闻学规律。在国际传播中,中国网络内容的国际传播要想获得国际公众的认可,就要学会如何进行"中国视角"的表达。"之前,中国媒体甚至文化传播习惯性喊出的口号是'走向世界',但实际上我们要么是直接从国外媒体那里获取,要么就是对海外媒体资源进行来料加工。"[1]

---

[1] 《光明日报》:《世界奇观,中国讲述》,2012年8月1日,见 http://epaper.gmw.cn/gmrb/html/2012-08/01/nw.D110000gmrb_20120801_2-13.htm。

　　设置"中国视角"首先就要提高新闻报道原创率、首发率和落地率,对信息进行整合和深度加工。中国媒体对于本土新闻素材的获取便利和选择优势是海外媒体望尘莫及的,同时,中国媒体对中国现象的准确判断和深度解读也是国外媒体无法达到的。从日常信息发布的内容、形式、时机、数量等精心策划做起,在国际传播中设置"中国视角"的议程,能使国际受众获得正向的"晕轮效应"。"中国视角"通过国内网络媒体的对外传播,再借助西方主流媒体或国际化媒体反向进行"二次传播"(使其转播、转载),并通过这种"二次传播"更多地发出中国声音,以扩大影响力。① 例如,新华社关于"中国独家报道"的国际传播中,实现了"中国视角"的"二次传播"。据统计,其中 80%以上的稿件被路透、美联、法新等主要外国通讯社和《纽约时报》《泰晤士报》等西方主流媒体采用,较好地向世界展现了中国的良好形象。②

　　党的十七届六中全会以来,提出了深化文化体制改革、推动中华文化走出去、建设社会主义文化强国的战略任务,所以也就要求中国网络媒体在国际传播过程中更多地植入"中国基因",将中华民族历史悠久的文化积淀融入网络内容,在潜移默化中实现中国与世界的文化对接,凸显中国特色。例如,中国在国际传播中提出的"和平发展"的理念,就源于中国传统儒学中"和而不同"的精神,通过对文化传统的继承和发扬,向国际社会展示了中国和平相处、互惠互利、共谋发展的大国形象,为国家的进一步发展创造良好的外部环境。

　　3. 贴合受众信息需求以追踪信息热点

　　用易被国际受众理解和接受的内容来增强网络内容的报道实效,是检验国际化传播工作成效的重要标准之一。在西方,媒体被誉为独立于立法、司法、行政之外的"第四种权力",起着监督政府、引导舆论的作用,来自官方的新闻往往容易引起群众的质疑。所以,在国际传播过程中,中国网络内

---

① 程曼丽:《大众传播与国家形象塑造》,《国际新闻界》2007 年第 3 期,第 5—10 页。

② 胡正荣、李继东、姬德强:《2014 国际传播蓝皮书》,社会科学文献出版社 2014 年版,第 37 页。

容要想贴合受众信息需求,就要求网络媒体在信息设置时注意多元主题的表达,防止新闻主题偏向政府一边倒的情况出现。网络内容应体现出广泛的人文关怀,对公众感兴趣的各个话题给予关注,对贴近国际受众的多样化的新闻内容进行编排至关重要。近年来,人民网提出"大众化"的办网宗旨,力求在权威性和大众化的结合点上寻求突破,用大众化的报道内容和报道方式实现网站的权威性和公信力,是一种很有意义的探索。

同时,中国网络媒体要从西方媒体的报道方式中吸取有意义的经验,防止正面报道的泛滥而走向极端化、片面化。官方正面报道过于频繁,容易给公众形成假、大、空的印象,而且会被戴上"共产党媒体"的标签。例如 BBC 网站,总体风格朴实大方、简洁而不花哨,符合 BBC 作为全球最受尊敬媒体之客观、中立、严谨的风格。以更加接近西方媒体的报道方式,更加适合西方受众的口味,才能促使中国网络内容达到更好的国际传播效果。

在努力进入国外主流媒体的视域和成为国际公众关注的焦点过程中,中国网络内容不仅需要通过细致的筛选来保证其具备构成热点或焦点的自身要素,比如积极报道目前中国经济的快速增长和对外贸易份额的持续增加,以及稳定的经济政策和积极应对各种金融危机等内容,来引发世界对中国发展模式和发展道路的讨论,借此"中国热"机会可以更好地进行国际传播;同时还需密切跟踪国际政治、经济、文化领域中的热点问题,积极传达中国声音,充分表达中国意见和中国看法,努力跻身于国际舆论中心,譬如关注世界各地局势、非洲贫困问题等。

4. 构建对外话语体系并设置新闻叙事框架

2013 年 12 月 30 日,习近平在中央政治局就提高国家文化软实力研究进行学习时指出,要努力提高国际话语权,精心构建对外话语体系,发挥好新媒体的作用,增强对外话语的创造力、感召力、公信力,讲好中国故事,传播好中国声音,阐释好中国特色。如何让国际受众更好地接受中国网络内容的国际传播,对"中国故事"产生情感共鸣,从而更好地理解中国,这就是"怎么说"的问题。使用不同的报道风格、不同的话语表达体系将带来不同的效果。

"所谓话语,指的是对主题或者目标的谈论方式,包括口语、文字以及其他的表述方式。"①构建对外话语体系,首先是从语言运用上进行提升。与一般的口头、书面语言不同,网络媒介的语言从话语方式、表达方式、语言符号的使用各个方面对中国网络内容的国际传播提出了更高要求。中国网络内容的话语方式只有同国际受众的信息编码、释码、译码方式相吻合,用公众听得懂、愿意听的语言,才能促进国际传播的顺利进行,才能取得中国国际地位提升的预期效果。

在国际传播过程中,还要求对网络新闻议题设置合适的叙事框架,为不同的主题设计不同的叙事模板。新闻叙述方式是以故事情节的形式,还是政府公告形式,新闻表达所使用的语言是个性化、生动活泼的语言,还是一大堆无用的套话、空话、官话,对于国际公众是否接受新闻具有重大的影响。要在国际传播中收到更好的传播效果,就要探索受众的心理特点,摸索"讲述"的技巧。新闻叙事框架如果不符合受众阅读习惯和审美需求,即便新闻题材立意新颖,也难逃被舍弃的命运。例如西方受众比较注重平等自由,反感宣传式说教,更容易被情感性的传播所打动,这个时候就要运用"以柔克刚,以情动人"的讲述技巧。所以也就要求中国网络媒体在与西方受众的长期互动中熟悉国际公众不同的消费口味,通过不同类型的叙事结构将中国新闻推向国际公众,了解各种叙事结构与受众是如何互动的,再进行不断修正,编制一套新颖的叙事框架,保持受众接受内容的新鲜感。

二、基于平衡报道的中国网络内容国际传播力提升路径

实现网络内容国际报道的平衡传播,是中国网络内容国际传播追求的主要目标,但是由于经济利益、意识形态、语言障碍和风俗差异等因素的影响,中国网络内容国际传播在实践中往往难以达到平衡,经常处于失衡状态。因此,平衡报道是中国网络内容国际传播力提升非常重要的途径。

（一）平衡报道路径的原则与要求

《纽约时报》是世界各国新闻界公认的践行平衡报道理念和原则的典

---

① ［英］诺曼·费尔克拉夫:《话语与社会变迁》,殷晓蓉译,华夏出版社 2003 年版,第 12 页。

范,该报一向以"客观、公正、不偏不倚"著称于世。它要求媒介从业人员要平衡各种消息来源,公正发表各方的声音和意见,并对事件作出不同的解释。网络内容在国际传播中,由于经济利益、宗教信仰、文化习俗等的复杂性和差异性,再加上网络内容本身的海量性,导致中国网络媒体在国际传播平衡报道中的难度加大,这就需要网络内容在国际传播平衡报道中把不偏不倚原则作为首要奉行的原则。

新华网英文版 2014 年 9 月在对"苏格兰是否脱离英国"这一全球广泛关注的事件报道中,很好践行了不偏不倚原则。苏格兰全民公投牵扯多方利益,首先是以英国政府为代表的反对独立派和以苏格兰地方政府为代表的支持独立派这两大阵营的直接对立,而英国首相卡梅伦和苏格兰政府首席大臣萨蒙德的言论就格外引人注目,这就要求新华网在报道中不能偏袒任何一方,更不能因为同情某一方而导致立场的偏向。正确的做法是不偏不倚地报道双方的观点,对双方有利或不利的事实都平等呈现出来,不做任何一方的"代言人",双方领导人的言论和活动都要进行报道。在 9 月 19 日公投未进行之前,新华网未发布任何带有预测公投结果的报道,也不发布对某一方有倾向性的支持观点,只报道民意机构发布的支持率。新华网这种不偏不倚的平衡立场取得了很好的传播效果,赢得了国际受众的信任。

中国网络内容国际传播平衡报道要严格遵守不偏不倚原则,在报道中公平摆出对双方有利或不利的事实和观点,不刻意遮掩对某方不利的事实或意见。特别是在批评性或质疑性报道中,应充分给予被批评者辩解的机会,以防止主观偏向造成的失实和伤害。一旦在国际传播报道中做出偏袒任何一方的报道,尤其是涉及冲突双方的报道,比如朝鲜和美国在核武器问题上的立场冲突、巴勒斯坦和以色列关于领土纷争的冲突、中美贸易摩擦等,稍有不慎就会酿成对立国之间的外交紧张或军事冲突。

网络内容在国际传播报道中,既要坚持中立立场,又要保持理性头脑。中立要求网络内容在国际传播平衡报道中站在客观中立的角度和立场报道事实和观点,不站在涉事双方任何一方的立场进行报道,唯一尊重的就是事实本身。理性与中立是不可分割的,理性作为一种情感态度,要求在国际传播中不刻意表露自己的情感偏向,尤其是遇到冲突性事件或悲剧性事件,比如非洲饥荒或战乱等悲剧性事件，在遇到这类事件时，一定要保持清醒的头脑和意识，一旦让感性和冲动占据头脑，就会导致网络内容国际传播不理智的报道，损害媒介的公信力。

人民网英文版 2015 年 3 月 25 日关于"德国空中客车事故"的报道，较好地体现了中立理性的原则。在网络内容报道中，没有站在任何一方的立场上，而是很好地充当"第三者"或"局外人"的角色，在报道事故发生后各方的反应中，引用了法国内政部长、美国白宫、西班牙副首相、法国警方、现场调查人员等多方人员的看法和观点，充分保证观点的多元化，以保证新闻报道的中立客观。在针对事故可能发生原因的报道中，没有因为事故的悲剧性而产生过多的同情和怜悯等情绪化的因素，进而导致报道出现倾向性。人民网的报道十分理性，由于事故刚发生，所以对于事故发生的原因一时之间难以有确切的答案，该篇新闻在报道中引用了德国之翼董事长、专家、航空管理局、DGAC 发言人、交通部长等权威人士和专家的观点，以便从多方探讨事故发生的原因，并没有因为人员伤亡巨大而武断地断定事故原因。

加拿大传播学者麦克卢汉说"媒介即信息"，媒介技术的每一次创新都会带来信息传播的一场革命，而互联网技术的崛起带来了网络传播这种崭新的传播方式，这种传播方式融合了人际传播和大众传播的特点，从根本上改变了过去大众传播单向交流和传播的局面，在网络内容国际传播过程中，来自世界各国的受众群体可以通过"网上信息平台"等多种形式对网络内容进行及时评价和反馈。与此同时，网络内容国际传播平衡报道要求实现信息的双向流动和交互传播，信息双向流动离不开传播者与传播对象之间的互动，交互传播同样需要依赖传播主体和受众之间的交流。因此，平衡互动原则对于中国网络内容国际传播平衡报道的实现发挥着举足轻重的作用。

在网络内容国际传播过程中，国际受众不再是单纯的信息接受者，他们对国际报道的信息有自己的认知和判断。国际受众需要及时发表自己的看法和观点，并把这些观点以及自己渴望看到的信息及时反馈给网络媒介，以达到受众和传播者地位的相对平衡。比如早在 2008 年北京奥运会报道中，人民网外文版就策划推出了大型英文互动特色栏目"北京欢迎你"，设置论坛社区、读者来信来稿、读者留言区,加强国际受众的参与感。通过这种与国际受众的双向互动交流,受众不再仅仅是一个聆听者的角色,而是间接参与到了网络内容的国际报道中,同时感受到了与网络媒介平等的地位。尤其是在网络内容国际传播平衡报道中,平衡互动原则显得更为重要,它对于增强国际受众的信任感和网络内容的亲近性至关重要。

加拿大传播学者赵月枝在探讨全球传播研究范式这一议题时明确提出:"要警惕单维度叙事逻辑与避免极端态度"①,该观点对中国网络内容国际传播平衡报道有很大的启发性。单向视阈下倾向性闭合报道模式就是一种典型的单维度报道模式,这种报道模式所蕴含的叙事逻辑由于偏离新闻专业主义和主观性太强等因素,容易造成对人或事物的片面看法甚至导致网络群体极化现象的滋生,因此,该模式逐渐被中西方新闻界所摒弃。与倾向性闭合报道模式相对应的即是多维度视角下全息平衡报道模式,它在国际传播报道中广泛采用多维叙事风格和逻辑,是一种比较客观、公正的报道模式。

单向视阈下倾向性闭合报道模式是指网络媒介记者或网络媒体机构本身由于受到政治体制、社会环境、意识形态和经济利益等因素的影响和约束,在网络内容国际传播报道中自觉或不自觉地表现出某种较为强烈的主观倾向和意志,借以影响国际受众观点和行为的一种报道模式。在这种报道模式中,信息呈现单一闭合状态,信息流动呈现一种单向传播的情形,且报道内容带有比较强的宣传色彩,更多的是体现国家、政府或媒介的意志。

倾向性闭合报道模式是一种客观存在。新闻报道诞生于媒介和新闻工作者对新闻事实的选择之中,这种选择本身就带有较为明显的主观意志和倾向性。即便完全遵守新闻专业主义的规范来操作报道新闻,也会因为潜在的文化背景、社会环境等因素产生的"合理的偏见"或社会环境的无形限制而打上倾向性报道的烙印。但中国网络内容国际传播报道要遵守一条最基本的原则:倾向性闭合报道模式不能超过维持客观性和真实性所要求的"度"。

---

① 胡正荣、李继东、姬德强:《中国国际传播(2014)》,社会科学文献出版社 2014年版。

　　多维度是相对于单维度而言的一个概念,是指在判断、评价一个人或事物时从多个角度、方位和层次去考察,这种看待事物的方式会形成对事物比较全面、客观的看法。在这里,多维度的概念和理论可以借鉴到新闻传播领域中来。本书认为多维度视角下全息平衡报道模式就是指传媒机构或新闻工作者在新闻报道中严格遵守新闻专业主义的操作规范,对于新闻事实中的人物或事件从多维度的视角出发,多方位、多层面地呈现新闻事实和各方的观点意见,尽量做到双方或多方意见观点的相对平衡,让受众自己评判新闻事实的一种报道模式。网络内容纷繁复杂,国际传播报道牵扯的利益集团众多,国际受众来自全球不同的国家和地区,这就要求中国网络内容在国际传播报道中谨慎平衡报道和传播。

　　之所以将全息平衡报道作为一种模式提出来,是因为平衡报道在西方已经经过了几百年的发展实践,被证明是一种相对有效的传播和报道模式。多维度视角下全息平衡报道模式的运行机制表现在以下几个步骤。

　　首先,全息平衡报道模式体现在它对信息来源的获取上,信息来源是新闻生产过程中十分重要的一环,它会直接影响新闻的客观和公正,信息来源失衡会导致新闻报道失衡现象的发生。不同于倾向性闭合报道模式主要从政府和官方渠道获取信息来源,全息平衡报道模式注重信息来源的多样化,除了政府官方这个重要的信息来源,还想方设法从社会团体、专家学者和普通民众等多种渠道获取信息来源,以保证信息来源的多元化和相对平衡。尤其要谨慎使用匿名的信息来源,不可偏听偏信,要多方求证它的真实性。

　　其次,在获取信息来源的基础上,要对与新闻事实有关的各方进行采访。全息平衡报道模式十分注重采访的多维性和平衡性,针对与新闻事件有关的各方都进行采访,尤其是对立的双方,更要平衡对待,不可偏袒任何一方。特别是在国际传播报道中,忽视对任何一方的采访都有可能导致该国的不满,以致引发不必要的争端。平衡采访对于全息平衡报道模式的重要性不言而喻,它是获取第一手信息的主要手段,唯有在取得多方面第一手信息的基础上,才能成功实现平衡报道。

　　最后,全息平衡报道模式表现在对新闻事件的写作和报道中。新闻写作是新闻生产的最后一环,是对新闻采访的升华,新闻事实和观点如何呈现、怎样呈现最终都体现在新闻写作的过程中。就拿朝鲜半岛核危机的报道来说,首先要呈现的肯定是朝鲜和韩国这两个直接对立国双方的态度和观点。由于朝鲜核危机不仅关乎两国的利益,还影响到周边国家,比如中国、俄罗斯、日本等国家,还由于朝鲜和韩国在意识形态因素方面的差异,又会引起以美国为首的资本主义国家和以中国为首的社会主义国家之间意识形态的冲突,更由于核武器具有毁灭地球的巨大威力,又吸引着全球的关注。因此,在新闻写作过程中,全息平衡报道模式要呈现出多角度下的多种事实、多元化的态度和观点,尽量照顾到各方的利益,考虑到各方的感受。

(二)平衡报道提升路径的完善对策

针对中国网络内容国际传播平衡报道存在的问题,本书认为可以从传播主体、传播内容、传播视角三重维度有针对性地提出对策。

1. 基于传播主体的完善对策

传播学家卡尔·霍夫兰(Carl Hovland)①在进行说服实验研究中发现,传播主体自身的声誉或影响力对于受众态度的改变发挥着十分重要的作用。传播主体是传播的发起者,国际传播主体就是指国际传播信息的发出者,它决定着信息内容的取舍,同时对国际传播的效果产生重要影响。针对中国网络内容国际传播平衡报道中传播主体官方背景浓厚的情形,传播主体应该淡化"硬形象",打造自身的"软形象";同时在中国网络内容国际传播平衡报道中,传播主体过于单一,政府几乎是国际传播的唯一主体,这就需要实现传播主体的多元化和相对平衡。

(1)淡化传播主体"硬"形象

任何国家或地区从来都不存在与政府官方隔绝的媒介,"媒介不能摆脱政治的枷锁与束缚,政治无法离开政党与政府……最自由最商业化的美国新闻媒介,与政党的牵连更是密切。政府通过公共关系,直接或间接地参与新闻媒介的运作和经营。"②中国网络媒介更是一直被官方或政府背景所

---

① 霍夫兰:《传播与劝服》,中国人民大学出版社 2015 年版。
② 李瞻:《台湾电视危机与电视制度》,载《台湾危机》,台湾渤海堂文化公司 2007
年版,第 196—197 页。

笼罩,再加上长时间事业单位属性下的思维和行事方式,在国际传播中一向被国际受众尤其是西方受众所怀疑和抵触。在国际传媒与受众的刻板印象中,中国网络内容国际传播被画上了两个不合理的等号,即"中国网络媒介＝政府官方＝宣传"。① 因此,这就需要中国网络内容在国际传播中主动而智慧地隐去传播主体"硬"身份,凸显"软"身份,淡化传播主体"硬"形象,打造自身的"软"形象。

人民网、中国网、中国日报网等对外国际传播网站在报道国际重大事务尤其是涉及敏感冲突事件时,为了保险起见一般都是照抄照搬并全文引用新华社的通稿,不敢引用来自其他方面的信源和观点。而新华社作为国家通讯社,代表的是政府和官方的意见,且报道所使用的语言文字十分生硬,带有较为明显的舆论宣传色彩,尤其是成段引用领导人或会议讲话,给国际受众留下一种"会议简报"或"宣传海报"式的印象。相比不厌其烦的报道会议和领导人讲话,人民网、新华网等国际新闻网站对于"第一夫人"彭丽媛的报道,就取得了不错的国际传播效果,并提高了中国国家形象。彭丽媛作为国家最高领导人习近平的夫人,多次跟随习近平进行外事访问和接见外宾活动,其举止仪容和服饰品位等都受到格外关注和报道。这种对国家领导人家庭生活的适度展示有利于塑造领导人个性和亲民的风格,彭丽媛不单单以"第一夫人"的形象示人,还肩负着传播政府形象和国民素质的责任,也有利于缓和中国以往给国际受众留下的过于严厉、呆板的形象,同时有利于提高政府亲民爱民的形象。硬诉求需要用软身份来实现,这种软性主体表达的方式更易为国际受众所接受和认可。

政府这一"强势传播者"永远是主导性的国际传播主体,这无可厚非,但政府作为传播主体的形象需要得到改变。其要义在于网络内容国际传播平衡报道中,政府应该放弃那种高调、生硬和独断性的姿势,而以一种低姿态、柔性和包容的身份出现。中国网络内容在国际传播平衡报道中,传播主体应该抛弃以往高高在上宣教式的"硬"身份和形象,打造自身的"软"身份

---

① 胡智锋、刘俊:《主体·诉求·渠道·类型:四重维度论如何提高中国传媒的国际传播力》,载《新闻与传播研究》2013 年第 4 期。

和形象,补足国际受众因对官方传播主体反感而带来的"心里认知和失衡",降低国际受众对中国网络内容不信任带来的"焦躁感"。

(2)实现多元共进的国际传播主体

在互联网国际传播时代,中国网络内容国际传播要逐渐弱化传播主体单一的政府背景和官方身份,更多地发出媒体、公民、企业和社会团体等的声音,以凸显中国网络内容国际传播报道亲民化的风格。在国际传播主体构建上,中国网络媒介构建国际传播能力最迫切需要的,是积极推动整合多元的国际传播主体,在科学的整合中成为多样化国际传播格局的主导者和对外传播的主力军。

长期以来,中国媒介作为党和政府的"耳目喉舌",执行着"政令畅通、上传下达"的功能,使得国外受众形成了这样的刻板印象:凡是中国媒体传达的观点,都代表中国政府的观点。譬如,美联社、《纽约时报》等西方主流媒体在引用人民网、新华网等国际传播网站时,总会加上"官方的"网站,而 BBC 在引用环球时报网站的文章时也不忘加上"代表政府意志和观点"的国际传播网站。正如 2015 年人民网和新华网英文版对两会的报道那样,报道和关注的重点依然以领导人讲话和会议为主,普通民众的诉求很难得到表达。人民网英文版 3 月 5 日在标题"China lowers growth target,eyes better quality"("中国降低经济增速,更加注重质量发展")的报道中,基本上都是对政府报道重点解读以及官员的讲话,还引用了中外一些企业家的观点,除此之外看不到直接受到经济增长放缓影响最大的普通民众的观点和意见,且文中的内容和观点均是正面的支持,这就不免让人怀疑人民网的官方背景。作为国家重点建设的国际传播网站,人民网需要维护中国政府的利益和国家形象无可厚非,但是在实践中要注意传播主体的多元化和平衡的实现,政府观点需要表达出来甚至凸显在报道中,但是企业、公民、社会团体和其他机构等的观点也要获得发声的机会。因此,如何协调好政府、媒体、企业、民众等多种传播主体的力量,实现国际传播主体的多元化,让政府之外的其他多种声音和观点更多地参与进来,协同发出"中国声音",以便达成中国网络媒体与国外受众稳定可靠的沟通效果,已刻不容缓。

2. 基于传播内容的完善对策

网络媒介技术日新月异,但硬件技术设备上的进步永远不能替代传播内容的重要性。在传播内容维度上,要实现正面报道与负面报道的平衡、国内报道与国外报道的平衡、硬信息与软信息的平衡、热点问题与冰点问题的平衡。

(1)正面报道与负面报道的平衡

一般认为,正面报道就是指报道题材的正面性,主要是指好成绩、好形势等,通俗地讲,就是"报喜";负面报道通常是指报道内容为负面的新闻信息,也就是"报忧"。① 针对中国网络内容国际传播正负面报道不平衡的问题,在传播内容维度上首要的就是实现正面报道与负面报道的平衡,这也是保证中国网络内容国际传播宏观平衡的需要。

任何事物都不是完美无缺的,光明面或黑暗面都不能代表中国完整真实的面貌。有专家认为,应该将中国已经取得的成就和存在的问题以恰当的方式告诉国外受众,粉饰或抹黑都不可取,自我吹嘘和自我贬损都使正直的国际受众反感。② 被誉为"中国第一新闻官"的赵启正提出了一种中性客观的国际报道策略:既向世界报道中国的进步,也报道中国自身的不足,更重要的是说明进步与不足之间的发展关系,向世界展示一个真实、全面的中国。③ 其实,从传播效果层面来看,国际传播中根本不存在绝对的正面报道和负面报道。正面报道的选题或方式不恰当,也会在国际受众中产生负面的传播效果;反之,负面报道如果能够得到合理的安排和解决,同样可以取得正面的国际传播效果。因此,中国网络内容国际传播要想取得良好的传播效果,其关键在于"以正面效果为主",而非"以正面报道为主"。④

---

① 李宇:《中国电视国际化与对外传播》,中国传媒大学出版社 2010 年 10 月第 1 版,第 55 页。
② 段连成:《对外传播学初探》,五洲传播出版社 2004 年版,第 6 页。
③ 赵启正:《向世界说明中国续篇——赵启正的沟通艺术》,新世界出版社 2006 年版,第 40 页。
④ 陈力丹:《对外传播存在什么问题,我们如何做好》,载《对外大传播》2005 年第 8 期。

中国网络内容国际传播平衡报道要坚持"舆论不一律"的思维和方式，负面报道不是报忧不报喜，报忧时要避免以偏概全地看问题，防止把个别现象当成普遍现象，而报喜时注意不要过度美化。国际传播的受众并不是消极被动地"接受"信息，而是会主动地寻求自己感兴趣、有需要的信息来满足自己。这也就是所谓的受众本位意识论。无论事件是好是坏，中国网络媒介在国际传播中都要遵守"平衡报道"的原则，对某个事件或人物的报道不能片面化和极端化，影响受众的判断和网站的公信力。准确掌握"舆论不一律"的操作手法，在正面与负面报道中找准结合点，这是中国国家形象塑造在网络内容国际传播中获得良好效果的重要保障。①

（2）国内报道与国际报道的平衡

新闻接近性原理认为，越是发生在读者周围的事件，就越易吸引读者的关注，因此，媒介更多的关注和报道发生在本国的新闻，无论该媒体宣称自己多么国际化。然而，网络内容国际传播的经验已经证明：唯有成为世界各国和地区信赖的媒体，才能成为名副其实的国际媒体，也才能为媒体所在国的网络内容国际传播作出更大的贡献。② 越是民族的才越是世界的，实现国内报道与国际报道的平衡是地域报道平衡的内在要求。网络媒介作为天然的全球性媒体，具有其他任何媒介所不具备的包容和开放程度，要想让国外受众接受媒介的信息和观点，就需要证明自己是一个没有地域或狭隘民族观点的国际网络媒体。

对于国际受众来说，他们的兴趣十分广泛，不仅想了解中国的现实，也想了解整个世界的发展状况。在进行国际传播报道的过程中，要向世界发出中国自己的声音和观点，但不能只有中国的声音，否则会被国际受众误认为中国的网络新闻媒介只是一个单纯的"宣传机器"。网络媒体具有互动性强的优势，国际受众不只是关心中国国内的情况，也关心其他国家的发展状况，根据新闻接近性的原理，越是与本国临近的新闻事件越易吸引受众的

① 段鹏、周畅：《从微观层面看目前中国政府对外传播的不足》，载《现代传播》2007年第1期。
② 陆地、高菲：《如何从对外宣传走向国际传播》，载《杭州师范学院学报》（社会科学版）2005年第2期。

兴趣,受众越愿意关注并发表自己的观点,这就要求中国网络内容国际传播要注重国内报道和国际报道的平衡,这样才有利于发挥网络媒介互动性强的优势。

(3)硬信息与软信息的平衡

在网络内容国际传播中,硬信息是指那些题材较为严肃,着重于思想性、指导性和知识性的政治、经济、科技信息,这类信息一般具有较为明显的政治色彩和意识形态色彩,可以直接影响国际受众的思想观点和立场。而软信息则恰好相反,是指那些人情味较浓、注重趣味性的娱乐信息、体育信息、文化信息、休闲信息,这类信息一般具有很强的亲和力和感染力,可以对国内外受众产生潜移默化的影响,且具有良好的跨文化、跨疆界传播的优势。在传统的国际传播观点中,一般认为硬信息比软信息更为重要,因为它直接关系到该国国家形象的塑造,而软信息则显得可有可无。但是在互联网媒介全球传播的今天,软信息的报道和传播对于树立一国的国际形象十分重要,所以在传播内容维度上,要实现硬信息和软信息的平衡。

硬信息在网络媒介国际传播中必不可少,打开人民网、国际在线、新华网等英文版的网站,每天的头条新闻大多是国际重大政治、经济或军事事件的报道。国际受众对这类硬信息有着最基本的需求,因为这关系到国际民生以及受众的切身利益,诸如关于政治动乱、经济政策变动、股市行情、疾病流行等报道,国际受众迫切需要知悉这些信息以便为他们的日常生活决策提供依据。这类硬信息在网络媒介国际传播报道中一般占据着重要甚至不可替代的地位,其所占比例一般也比较高。但这并不代表软信息在国际传播中可有可无;相反,文化、休闲和娱乐等软信息在国际传播中的地位和作用越来越重要。硬信息的局限性在于容易招致具有不同政治制度、文化风俗地区受众的抵制,例如新华网、国际在线等国际传播网站在报道中国经济成就以及政治优势时,极易招致国外受众的反感,导致"中国威胁论""宣传机器"等观点在国际受众中的流行。中国拥有上下五千年的悠久历史和灿烂文化,在软传播方面具有信息资源的优势,国际受众对中国的传统文化、传统工艺、风俗民情等很感兴趣,再加上网络媒介互动性强的优势,多报道传播软信息是大势所趋。

硬信息和软信息的平衡是传播内容平衡的基本要求,在国际传播报道中,不是硬信息就是软信息,因此,实现二者的平衡也是中国网络内容国际传播平衡报道的基本要义。中国网络媒介在国际传播报道中,一方面要重视政治、经济、科技等硬信息的报道,这类严肃性的新闻是国际受众每天都关心的,且这类信息一般来说具有较高的新闻价值。另一方面,软信息的报道也必不可少,国际受众的需求是多样的,在满足基本信息需求的基础上,还需要娱乐、文艺等休闲方面的需要,这类软信息对于国家形象的提升也十分重要。例如,相比对于国内国际重大时政、经济、军事等硬信息的国际报道,中国网络媒介对于知名网球运动员李娜的报道,就属于典型的软信息报道。李娜作为中国体育界的优秀代表,其在网球这一国际流行的赛事中取得了很好的成绩,自从 2011 年法网夺冠,李娜的个人影响力不断攀升,其国际影响力超越姚明、刘翔,成为中国国际形象的一张名片。尤其是李娜个性率真、幽默风趣的特点一改国际上对中国运动员"老实憨厚"的刻板印象,再加上李娜敢说敢做、脾气暴躁的性格,使得作为一个运动员个体的形象十分鲜活。通过报道李娜来塑造中国的国家形象,这种软信息的报道更易为国际受众接受认可,它所发挥的作用是硬信息所无法取代的,同时平衡了硬信息和软信息的比重。

(4)热点新闻与冰点新闻的平衡

冰点新闻是相对于热点新闻而言,从新闻价值角度提出来的一个概念,事实上,二者之间并没有一条泾渭分明的界线。简言之,热点新闻关注那些政府、公众、社会聚焦的人物或事件,而冰点新闻关注的并非大众眼中的热点议题,而是在普通民众"无视处"或"熟视无睹的角落"挖掘新闻,以引起受众和政府对该事件或现象的关注。① 受众关注热点新闻和事件天经地义,然而,媒介作为社会公器,尤其是网络媒介在国际传播报道中,不能完全忽视冰点新闻的存在,要努力追求热点新闻和冰点新闻的相对平衡。

众所周知,热点新闻与冰点新闻报道的严重失衡问题在国际传播中由

---

① 姜炎、王鸿宇:《"热点"和"冰点"新闻的价值因素比较》,载《声屏世界》2000 年第 9 期。

来已久,包括西方媒介在内的各国新闻界长期关注的是欧美和亚太经济发展、中东军事冲突、朝鲜和伊朗核危机等热点问题,而对于非洲饥荒、南美发展等长期漠视。相比于对全球气候变暖问题的报道,欧美媒介更关注的是经济发展、地区冲突等热点事件,尤其是美国作为全球温室气体排放量最大的国家,有意无意地忽视对全球气候变暖的报道。其实,全球气温变暖问题是一个全球性的问题,关系着全人类的生死存亡,但由于它的危害是慢性的且会阻碍一些国家的经济发展,因此长期受到各国媒介的忽视,只有在某一特定时间才会成为媒介关注报道的重点,例如在"世界气候大会"召开的时候。因此,热点新闻与冰点新闻的平衡显得尤为迫切。

网络媒介追踪报道热点问题和新闻无可厚非。但是国际传播比一般传播要求更加全面和完整。冰点问题虽然鲜有受众愿意去关注,但在媒介的国际新闻报道中也不可或缺。这就要求中国的网络媒介在国际传播中一定要注意热点新闻与冰点新闻的平衡,这种平衡不是说数量上绝对的平衡,媒介更多地关注热点问题这是新闻传播的规律,但是要达到适当的、相对的平衡。如果中国的网络媒介能将精力更多地放在这些被世界大多数媒介遗忘的冷门国家和地区,势必会赢得更多的国际受众和市场。

(三)基于传播视角的完善对策

一般来说,任何一个新闻事实都存在多个传播视角,可以选取政府视角,也可以选取民间视角,既可以选取本土视角,也可以选取国际视角。传播视角的差异会导致传播效果的差异,媒介秉持何种传播视角直接关系到媒介的立场和态度,尤其是在国际传播过程中,传播视角的平衡与否会影响到该国在国际上的地位和形象。

1. 政府视角与民间视角的平衡

网络媒介在国际传播中,尤其是人民网、新华网等主流媒体往往站在政府的角度和立场说话,对民间的态度和观点时常漠然视之,即便有也多以附和的形式出现。而关注的内容多是领导人讲话、会议精神、国外政要活动等,与国内外普通民众的生活距离过于遥远,无法及时引起受众的注意力,更无法产生受众的共鸣,对于这类视角的报道,国外受众自然不会抱有太大兴趣。

因此,为了吸引国外受众的注意力,取得良好的国际传播效果,中国网络内容国际传播就需做到民间视角和政府视角的平衡。国际传播作为国内传播的延续,过于注重宏大叙事,对社会个体关注不够。而国外受众对中国的了解主要是通过具体的人和事、具有人情味的寻常事件中百姓的喜怒哀乐,他们对这类新闻事实更感兴趣。这就要求中国网络内容在国际传播中以平民化的内容、人性化的视角、生活化的叙事风格来传播中国的立场和观点。多报道普通民众的生活,因为普通民众占据整个社会成员的最大比例,努力让他们成为报道的重点,国外受众最想知道的是有关中国的民生信息,关于普通民众的新闻更有强大的感染力和吸引力,当然,该表达政府立场时一定要表达出来,政府的政策或观点往往对民众的生活具有很大的影响,在报道中也必不可少。

2. 感性视角与理性视角的平衡

感性和理性是人们认识和了解事实的两个层面,而感性视角与理性视角的平衡是传播视角平衡的重要组成部分。所谓感性视角主要是从受众情感的角度来讲的,而理性视角则是侧重于从事实本身的角度来说的。在中国网络内容国际传播报道中,就要同时具备感性视角和理性视角这种"二元化"的思维模式。单纯从感性视角的角度来报道国际新闻,很容易违背新闻真实性的基本原则,这是文学家的叙事手法,不符合新闻报道的专业主义精神和理念。但是假如单纯从理性的视角来报道,尤其是在涉及国际重大灾难性事件或悲剧性事件的报道时,过于理性的报道视角,会让国际受众误认为中国网络媒介的报道冷血无情、毫无同情心,而这样的媒介又怎么可能成为国际一流媒介,又怎能在国际上树立自己的公信力。因此,"一元化"的视角不可取,唯有感性视角和理性视角的二元平衡才是最佳选择。

理性的视角着重强调的是"走脑",而感性视角就是"走心",新闻报道的真实,除了客观真实,还有更为复杂的真实,那就是人心和人性的真实。[1]尤其是面对传播对象是国际受众时,中国的网络对外传播媒介要具有高度的社会同情心和国际人道主义情怀。运用理性的视角有助于认清事件的真

---

[1] 张艺:《新闻报道中记者的感性与理性》,载《记者摇篮》2014 年第 7 期。

相,而感性的视角则有助于中国网络媒体赢得更多国际受众的关注。中国网络媒介在面对 2015 年德国之翼空难事件的报道时,感性视角与理性视角的平衡就显得格外重要。因为空难属于国际性的悲剧事件不同于一般的国际事件报道,一般的国际事件报道只要客观地报道事件真相和各方观点即可。而这类事件的报道不同,要准确拿捏二者的平衡,除了要清醒理性地报道事故发生的原因、死亡人数、乘客国籍、各方反应等,还要表明媒介对事件和乘客遇难的深切同情心理,当然不宜十分露骨地表达媒介的哀痛之情。

在网络内容国际传播的过程中,不仅要求传播内容层面的平衡,也需要看到传播的对象——国际受众的复杂性和多元化存在,在传播过程中要注意区分不同文化背景、价值习惯和行为方式的传播对象,继而进行贴近性和针对性的传播,即掌握传媒国际传播的"本土化"视角。同时,互联网的高度开放性和包容性特征使得国际传播更具有"全球化"色彩,新闻传播在全球历经几百年的发展,再加上国际新闻界经过多年学术和理论探讨,逐渐达成了国际传播中各国必须遵守的新闻专业主义规范,这就要求在国际传播中树立"国际化"视角。因此,中国网络媒介在传播视角的维度上要努力做到本土视角和国际视角的平衡。

三、基于本土化的中国网络内容国际传播力提升路径

新闻为受众所呈现出的拟态世界,囊括了传播者自己的价值观和意识形态,并在不断传播中影响真实世界。在当今信息时代,本土化路径运用于网络内容国际传播,一方面是满足受众需求,争取网站受众黏合度,另一方面是通过议程设置来传递中国文化传统和价值观,为中国网络媒体国际传播赢得更多的认可度和公信力。

（一）本土化路径的原则与要求

在本土化路径中,首先必须冲破西方主流媒体对话语权的把控。随着国际传播媒体迅猛发展,国际新闻观点场上一家独大的现象已不复存在,但从声音的强弱来看,经济实力雄厚以及运作模式成熟的西方主流媒体仍在很大程度上把控着世界话语权,可以看到的现象是他们报道中常常存在一定偏颇,并颇具导向性。而且由于意识形态不同以及国家、民族文化的差

异,西方媒体常常有意回避甚至否认诸多问题。对于本土化选题的把握,应当坚持"中国视线""中国立场"的准则。在"中国视线"范围中,不仅有颇受关注和争议的世界热点事件,也有正在发生的重大事件,还有一直存在却又一直被人忽视的世界问题。这些话题组成信息导航,引导受众快速了解中国人在关心什么,中国社会发生的剧烈变革是什么,以及世界与中国的天然联系。而"中国立场"是指网络媒体在进行国际传播时应以中国视角发声,维护国家利益,传递中国价值观。当有新闻发生时,中国网络内容在遵守新闻客观性与真实性的同时,更应展现中国的客观态度与基本看法。

其次必须克服文化差异。网络内容面对的是全世界受众,这些受众有着不同文化、不同民族和国家,有不同价值观和意识形态。而这些差异带来了传播隔阂,从而影响了国际传播效果。文化差异越大,对中国网络内容国际传播所构成的障碍也就越大。某一特定国家形象总是在一定文化背景下形成,某一特定文化符号也只有在一定意义符号系统中才能被正确理解。传播成立的重要前提之一是,传受双方之间必须要有共通的意义空间。事实上,在中国文化符号国际传播中,总是无法回避东西方文化差异形成的障碍,即国际传播中所谓的"共同经验范围"的缺失。"共同经验范围"(A field of experience)是美国传播学者施拉姆(Schramm)①提出的,指的是传播者和传播对象之间所具有的共同语言、共同经历和共同感兴趣,即双方对传播所应用的各种符号应有大致相同的理解。一般认为,"共同经验范围"越大,双方引起共鸣的程度就越高,传播的效果也越好。经济生活、政治生活、历史背景、地缘环境以及人种和民族特质等诸多因素,决定了文化之间存在巨大差异。同时,从接受心理来看,不同文化群体的成员认知习惯也不尽相同,而文化间的巨大差异又间接导致了受众认知心理的不同倾向。不可否认,除了中国与其他国家因语言差异而影响文化解读与沟通之外,其他非语言文化符号背后蕴含的认知模式、价值观点也是造成"共同经验范围"缺失的重要原因。在中国网络内容国际传播本土化进程中,应当尽量扩大"共同经验范围",使文化差异转变为文化适应、文化理解和文化认同,而不是

---

① 威尔伯·施拉姆:《传播学概论》,新华出版社 1984 年版,第 47 页。

文化冲突。

再次,在中国网络内容国际传播本土化进程中,必须充分利用社会情感以及中国传统文化。社会情感在态度形成过程中有着重要作用。单纯信息传递往往难以达到预期效果,主要原因在于单一信息对受众而言相对直观,带有社会情感的内容则有可能从侧面打动他们与感化他们,引起他们共鸣,进而对其心理产生潜移默化的影响,从而实现更好的传播效果。所以与政治内容相比,社会情感内容能起到软化作用,这种作用大小并不体现在篇幅的长短和思想的深浅上,而是体现在能否恰到好处地找准受众的"泪腺"以激发受众情感,从而起到四两拨千斤的功效。在国际传播中运用本土化手段传播的很大一部分内容就是通过提升文化实力来实现国家的战略目标。像人权、民主、自由这些理念在西方国家中热销一样,中国的儒学及其价值观点也为国际社会所熟知,并且在东亚部分国家具有一定的普世价值,这些中国传统文化是有待开发的软实力资产,也是中国网络内容国际传播本土化进程中必须充分利用的资源。

中国网络内容国际传播本土化路径无非体现在内容、技术以及社会等三个层面。其中内容本土化是衡量本土化最重要的部分,实际上通过简单对比国内和国外网站内容,不难发现中国网络内容与国外网络内容比较,最大差异在于文本内容、表现手法和编辑方式三个方面。因此,在内容层面上,实现中国网络内容国际传播本土化应从文本内容、表现手法和编辑方式三个方面入手。具体来看,文本内容本土化包括报道对象、信息来源、报道态度以及报道角度的本土化。中国网络内容所报道对象大多为国内的人或事,而中国网络内容国际传播的特性决定了其报道对象必须面向全球。因此在报道对象上,本土化的表现就在于国内报道对象和国外报道对象所占的比例,国外报道对象比例越高,其本土化程度也就越高。目前中国网络内容基本是以国内大型通讯社如新华社等为主,而中国网络内容国际传播要求信息来源多样化。因此,在信息来源上,本土化表现为对象国供稿比例,采用对象国供稿比例越高,本土化程度也就越高。

长期以来,中国新闻媒体实行的是"对外宣传"道路,报道角度以正面报道为主,这一现象与国际报道惯例差别很大。因此在报道态度上,中国网络内容国际传播本土化路径应体现为报道态度客观中立的程度,对于新闻事件进行客观报道,不偏不倚,特别是对中国重要新闻事件,实事求是报道,不盲目夸大,这才是本土化路径的最好表现。报道角度多样性取决于对象国的受众文化背景和生活习惯,事实上传播国的报道视角与对象国的报道角度一开始很难契合,必须经历一个磨合过程。因此在报道角度上,传播国与对象国报道视角的转换程度为本土化实施程度。当然,在中国网络内容本土化实施中,必须准确把握好"度",报道对象选取不能过于国际化,否则中国国际网站变成了国外网站;信息来源既要多样化,也要保持自身独有的来源渠道;报道态度既要客观中肯,也要展现中国社会发展的进步;报道角度既要满足对象国受众心理,也不能放弃中国"腔调"。

表现手法本土化包括标题编排、叙事手段、语言运用、文化呈现的本土化。国际报道以单一标题为主,言简意赅,更注重标题夸张性与灵活性。譬如《中国日报》英文版有一则报道的标题为"Strange but true:three times a lady",讲述的是三胞胎女孩在同一天结婚的消息,这一标题较好地采用了国际传播标题编排手法,比较适应国外受众的阅读习惯。中国报道标题有单一式和复合式之分,但对两种形式并没有严格区别,因此,在标题编排上,本土化路径应体现为标题的单一性。国外报道叙事手段多样活泼,特别是解释性报道和特写报道深受受众喜爱,而中国报道叙事手段则中规中矩,因此,在报道叙事手段上,本土化路径体现为是否采用灵活多样的叙事方式,报道叙事手段越灵活,本土化程度越高。目前中国网络内容一般都采用英语,也有部分网站开始推出多语言编辑。因此,在语言运用上,语种的丰富性和适用性是本土化实施的具体表现。文化转化的本土化主要取决于对文化差异的改造,在宣扬全球普遍价值时,从中国传统文化出发,融合和吸收当地文化特色和文化价值,并寻求合理的结合点,从而体现出文化呈现的本土化。

编辑方式本土化主要包括头条选择和专题策划的本土化。网络新闻选题应符合新闻价值的一般规律,即新鲜性、重要性、显著性、接近性和趣味性。与此同时网络新闻选题还有其自身的特殊性,因而头条选择尤为重要,国内头条与国外头条的选择比例为头条选择的本土化的具体体现。不同于单纯国内专题选择,中国网络内容国际传播的专题选择更为复杂,它不仅面向全球,选择面广,而且更易牵涉国际政治,也正是如此,中国网络内容国际传播本土化路径程度具体表现为专题选择的本土化与国际化。

随着网络视觉技术不断发展,内容呈现形式越来越丰富。不依靠技术支持,即便是丰富多彩的内容,也很难获得大量点击。因此,中国网络内容国际传播的本土化离不开技术的本土化。而技术本土化主要体现为个性化与版面设置。在大数据时代,个性化推送已成为一个重要特色,网站提供个人化设定接口,以便个人使用,是网站吸引受众的方式。因此,在中国网络内容国际传播本土化进程中,必须加强个性化信息推送,个性化推送程度越高,本土化程度也就越高。图文配合和色彩搭配是版面设置的重要组成部分。由于各国受众阅读习惯存在一定差异,因此在中国网络内容国际传播中必然对图文配合和色彩搭配做出适当调整。而且由于国际传播并不能准确确定目标对象国,因此图文配合和色彩搭配无法兼顾所有国际受众需要,只能适当掌握和把控。而对图文配合和色彩搭配的适度掌握和把控正是版面设置本土化的具体体现。

除了在内容和技术手段上本土化之外,为用户提供的服务也必须本土化。实际上互动环节的设置,特别是用户对于内容的评论,可以改善网站编辑的水平,用户反馈可以为网站的建设提供宝贵意见,用户的分享可以扩大网站影响,提升网站的公信力,这是一个良性循环过程。因此,在社会层面本土化,主要体现为与网站互动性的本土化,一方面是网站与本地网友信息交换水平,另一方面是本地网友能收集到网站的信息水平,分享和评论是两个主要环节。在分享环节,由于每个国家流行的社交软件存在很大差异,如国内大多使用微信、腾讯 QQ 等,但西方一些国家使用 Facebook、Twitter 等,所以在中国网络内容国际传播中,网站所支持使用的社交软件种类、网友所分享的内容与次数以及是否拥有公众账号,都为本土化的具体方式,种类越多、分享内容越多、次数越多,表明本土化实施越好,本土化程度越高。

(二)本土化提升路径的完善对策

本土化的重点在于把握好传播对象和传播内容,并采用科学有效的传播机制,因此,提高中国网络媒体国际传播本土化的水平和层次,应从传播对象、传播内容以及传播机制三个方面入手。

1. 本土化传播对象的完善对策

了解国际受众心理是提升国际传播力的前提和基础,一方面可以充分获取受众的信息兴趣和信息需求;另一方面,可以避免因传播者主观意识而形成的受众逆反心理。

(1)细分受众明确目标

目前中国网络媒体国际传播本土化存在的诸多问题,很大一部分原因是未对受众进行研究和细分。尽管部分网络媒体针对不同年龄、职业、教育程度、收入和社会背景的受众,进行过一定细分,但细分显然不够,充其量只是大块切割,因而本土化徒有其表,最多只是依靠语言和板块的设置来区分,其结果必然使得大部分网站只是行使传播任务,未能真正实现有效传播。对目标受众进行细分,并明确传播目标,是提高中国网络内容国际传播效果的措施之一,也是提升中国网络媒体国际传播力的措施之一。中国网络媒体国际传播的目标受众是以境外人士及在华外国人为主,因此,中国网络媒体必须对其进行具体的调查和研究,调查他们点击中国网络媒体的真正目标和需求,分析他们接受信息的心理特点和行为方式。

(2)加强与目标受众的互动

详细了解受众的需求,制定切实可行的本土化策略,必须与受众进行各种交流与互动,听取他们的意见和建议,一方面采取多种多样的交流沟通方式,不仅充分利用网站评论、发送邮件和读者调查的方式,而且采用"Facebook"、微博、微信等交流方式,同时运用一定激励方式来引导受众,鼓励其积极发表评论,正如中国日报网英文版,在互动设置中将国内外备受关注或争议的话题挑选出来,设置"forum"板块,供受众讨论;另外还可以充分运用网络的交互性,事实上网络媒体区别于传统媒体就在于网络拥有很好的交互性,在网络中受众不仅是信息接收者,也是信息发布者,受众的参与和交流有巨大平台和空间,但目前情况来看,中国网络媒体大都仅运用单向传播,未能在受众中引起话题讨论。

(3)充分满足目标受众需求

中国网络媒体应依据目标受众心理特点和行为方式,充分满足目标受众需求。目前中国网络媒体设置了不同板块设置,但有些板块并不是目标受众需要的。在网站设置的板块中,无法清晰地看到信息浏览量,无法获取受众信息兴趣点。事实上,中国网络媒体缺乏受众需求的真实数据,也就只能想当然,无法从实际出发,立足本土,制订切实方案。因此,中国网络媒体必须与受众广泛进行信息交流,充分收集真实详细数据,并运用于本土化传播的具体实践中。

（4）互动方式由"社交失语"变为"意见领袖"

提高中国网络媒体国际传播本土化层次和水平,必须加强与目标国受众的交流与互动。以社交软件为突破口,将网站拟人化,让其成为国外受众身边的"中国朋友"。2012年8月当微信推出公众账号服务后不久,《华尔街日报》便注册应用,每天坚持向用户发送1—4条中文版当日的热点新闻。中国国际网站应向其学习。实际上中国网络媒体也有过尝试,如《中国日报》和人民网在脸谱（Facebook）的账号至2014年1月累积"赞数（被关注数）"超过40万,《中国日报》在推特（Twitter）账号的被关注数超过20万,在亚洲媒体的账号中处于领先。通过两方面措施的落实与实施,最终使得中国网络媒体由"社交失语"转变为"意见领袖"。

2. 本土化传播内容的完善对策

内容建设是整个网站建设的基础,本土化怎样进行、何种内容适合本土化路径、达到何种传播效果在很大程度上是由传播内容所决定的。在本土化内容建设中应以民族性、经典性和海外本土化为主。

（1）凸显传播内容的民族特色

汉文化拥有强大的生命力,以汉文化为依托的中国民族文化不断吸收少数民族文化的精华,逐渐形成了具有中国特色和中国气质的文化传统,这无疑是一笔巨大的精神财富。在中国网络媒体国际传播中,既要抢占先机,又要把握本土化的"度",不能一味地迎合国外受众口味,将自己的网站同化为与西方国家网站没有区别的新闻发布平台,真正把握本土化的实质,潜移默化地推出既让国外受众感兴趣同时又最能体现中国特色的内容。因此应将普遍性和特殊性相结合,保证传播的"有的放矢",真正凸显传播内容的民族特色。

（2）注重传播内容的经典

中国网络媒体在与世界网站角逐中分得自己的领地，必须紧紧抓住文化这一特色。中国尽管是历史悠久的文化大国，但却不是文化输出大国。中国海外华侨华人众多，以文化为核心素材进行网络传播，不仅能增强世界华人、华侨的凝聚力，也能让外国受众更好地了解中国。在经典文化传播理念的指引下，网络媒体本土化传播需要与世界理念相结合，创造出既符合西方主流受众审美又体现中国文化精髓的内容，从这一层面上看，以中国传统节日、节气和民间习俗为依托的内容传播都能达到较好的传播效果。

（3）发展海外本土化内容

信息大爆炸时代来临，人们关注的内容广泛，获取的信息繁多，但每个人的时间是有限的，并且随着时代发展，时间变成了稀缺资源，因此面对浩瀚无际的互联网，许多人往往不会把稀缺的注意力资源投向与自己不相关的信息上。因此中国网络媒体做好国际传播工作，必须重视发展海外本土化内容，以国际化视野加大对对象国的报道力度，增加当地受众关心并易于接受的新闻信息和资讯内容，以此来不断提高传播信息的针对性、实效性和吸引力。

（4）注重传播内容共通的文化情感

文化是社会的集合体，具有独特魅力和辐射力，能在很大程度上引导人们的行为。一种富有特点的国家和民族文化能够迅速有效地提升受众对国家和民族的认同和肯定，从而提高民族的凝聚力和向心力。国际传播建立在跨文化传播基础上，跨文化交流来自于个体之间的文化差异，它更多地展现出人类探求新知、认同自我的需求，以及期待通过文化交流扩大精神交往领域的需要。利用国外受众的求新、求异的心理需求，通过网络媒体携带的符号组合，诠释中国与世界共通的文化内涵，加深国际受众对中国文化的理解与认可，从而大幅增强中国网络内容国际传播的效果。在中国网络内容国际传播中，应注重对国际受众文化元素的使用，特别是一些民族习俗、优秀的民族人物、曼妙的风景以及独特的传统艺术的使用，这些元素都能够有效激发国际受众兴趣，从而使得中国传播内容能更自然更有效地到达受众。国际受众在接受跨文化传播内容时，通常会选择性地接触，特别是容易选择同质传播内容,排斥异质传播内容。本土化策略的重要基础就是创制亲近性文本,即文本在符号表达与文本解读上容易为国际受众所接受;在思维方式上与国际受众相接近;在心理上与国际受众达成契合。只有通过这样的方式,才能使传播变为传通、使感知层次上升为理解层次、使交流变为共享。①

(5)传播内容由"理性叙事"变为"软硬兼施"

提高中国网络媒体国际传播本土化层次和水平,必须改变多年来的宣传口吻,由"理性叙事"变为"软硬兼施",不仅改变"集中"与"均衡"的矛盾,也改变"硬"与"软"的矛盾。其具体措施为:第一,关注全球。报道重点不再局限于世界大国、热点地区,要发挥宗教、非政府组织人士作用以及中国作为第三世界国家的独特优势,开辟国际传播的新阵地,采取"周边包围中心"的策略。第二,关注普通人。宏大叙事结构和精英主义的内容都不是普通受众关注的重点,应将事件落脚于个体写实,而不是生硬报道事件,譬如可对中国各种职业的人群进行跟踪报道,既反映中国"三百六十行行行出状元"的实际,又让西方受众深入了解中国。在这一点上纪录片《舌尖上的中国》无疑提供了优秀范本。第三,摆正态度。对于中国国内的报道,不仅应正面发声,也应适度负面报道,特别是应适度自我批评,面对问题时不是捂住事情,而是及时报道,并应改变报道方式和内容,特别是重点报道如何克服和解决问题,以此做到"软硬兼施"。

3. 本土化传播机制的创新对策

由于历史原因以及长期以来国外媒体对中国媒体内容进行自设立场的报道,例如西方主流媒体在引用新华社、央视等媒体报道时往往以"中共喉舌媒体"开头,在国际上造成了一定的负面影响,导致国际受众总是习惯性认为中国网络内容是"中共"进行对外宣传,因而形成了刻板成见。为了打破国际受众尤其是西方受众对中国网络内容的主观预判,中国网站特别是网络媒体应积极深入国际媒体群落中发展自身实力,为此中国网络媒体必

① 杨保军:《创制亲近性文本:跨文化有效传播的重要基础》,《国际新闻界》2001年第6期,第60—63页。

须在本土化传播机制上进行创新。

（1）打造以欧美为重点的传播策略

由于经济和文化的全球化,国家之间的差别日益缩小,西方国家依靠其经济的迅速腾飞和技术的更新换代,早已在国际传播中拔得头筹,不仅推行其强势文化,而且把握了绝对话语权。中国作为正在崛起的世界大国,必须具备强大的国际传播实力,"主动出击"不失为一种突破目前传播窘境的有效办法。欧美国家占据了国际传播主要江山,这些国家的受众对中国的了解和认识主要来自本国媒体的传播,中国网络媒体如能以欧美为重点目标地区,不仅能打破欧美媒体在信息传播中的垄断作用,也能在重大事件中及时传播中国声音和中国态度,让国外受众对中国有全面客观的认识。中国网络媒体必须认真研究西方受众思维习惯和接受能力,制定具有亲和力的网站,打造以欧美为重点的传播策略。

（2）制定重点网站海外发展战略

本土化战略常被国际知名网站广泛采用。推进重点网站海外发展,首先要提高网站国外适应性,准确把握当地受众需求,融入当地发展环境,提供有针对性的新闻信息和产品服务;这就要求中国网络媒体在海外发展中找准定位和突破口。再次是提供多种语言新闻信息服务、论坛、博客、微博、微信等业务,加强与目标国网络媒体的联系,在现有传播力量不足的情况下,选择与目标国大型媒介机构特别是网络媒体合作,是在短时期内能获得成效的最佳途径和手段,并且及时有效推进重点网站海外工程,熟练运用许多成功网站所采用的兼并与合作等方式来整合目标国网络媒体,以弥补重点网站在内容策划生产、信息发布传递与经营管理上本土化的不足,从而形成重点带动整体效益,打造国内网站与目标国网站和谐共赢的发展合力,以提高中国网络媒体国际传播本土化层次和水平,改变中国网络媒体"单打独斗"的状况,将"单打独斗"转变为"集采众长"。

（3）发展官民结合模式

目前中国网络媒体国际传播中涌现了人民日报英文版、中国日报英文版等诸多具有较强实力的网站,体现中国网络媒体提升国际传播能力的成效。与之相比,千龙网、搜狐网等商业网站和地方网站的发展却相对不足。

目前中国商业网站和地方网站在国际传播上往往有心无力，但这些网站却具有天然的本土化优势，更易打破国界，是中国网络媒体国际传播能力提升必须发展起来的传播力量。可以采取的措施是，鼓励官方网站与部分商业网站合作，制订帮扶计划，帮助民间网站走出去，引导其以合法手段吸纳外来资金，减轻国家负担，以确保其长远发展，同时与海外华人华侨创办的网站合作，打响国际传播的"民间牌"。

第七章　中国网络内容国际传播力提升技巧与保障措施

党的十八大报告明确指出,"构建和发展现代传播体系,提高传播能力"。这是党中央根据世情、国情深刻变化对文化工作做出的重要战略部署。实践证明,在信息技术高度发展的今天,谁的传播手段先进、传播能力强大,谁的思想文化和价值观就能更广泛流传,谁就更有能力影响世界。发达国家之所以在国际舆论中常常占据有利地位,一个很重要的原因是拥有强大的国际传播能力。相比之下,中国国际传播能力还很羸弱。消弭这个差距,方法多种多样,但不能四面出击。当前提高国际传播能力,一个关键的抓手就是提升技巧。因此本章将在前述章节的基础上,分析中国网络内容国际传播力提升技巧和保障措施。

第一节　中国网络内容国际传播力提升技巧

中国网络内容国际传播力的提升在很大程度上取决于传播技巧,并且不同传播技巧形成不同的中国网络内容国际传播力提升模式。

一、基于传播符号的提升技巧

传播是借符号传达信息的过程。符号是传播的重要手段,传播过程即传播者借助符号与受众共享信息和知识、共同理解符号价值的行为。可见,传播和符号之间密不可分,缺少了符号,传播也就失去了意义,没有符号传播就无法进行。所以,符号及符号的正确使用对传播具有十分重要的意义。

（一）语言传播符号

语言是进行交流沟通的符号。法国符号学家罗兰·巴特（Roland·Barthes）①认为符号具有表面意义和引申意义。表面意义就是符号的实际内容,如红玫瑰的表面意义就是红色的花;引申意义指赋予符号的象征意义,如红玫瑰的引申意义指爱情。巴特进一步指出,符号的引申意义是由于符号所在的文化背景所致,必须具备相应文化的知识才能解读之。所以,媒介可以"通过引申意义进行意识形态化的传播"。② 因此,任何能够传达某种信息、指代其他事物的都是符号。由于符号处在不同的文化系统中,逐渐具有了象征性、复杂性特点,这些特点又使得符号在传播过程中存在意义和价值理解的差异。所以,中国网络内容建设应使国际受众能够认识并了解中国网络平台的符号,读懂其中表达的意义和价值,同时注意把握分寸,防止全部、绝对、完美等片面性的语言出现,话语表达留有适当余地。现实生活中真实的人或事物都具有两面性甚至多面性,网络内容国际传播中表扬或赞美的话语说得越绝对,就越难以赢得国际受众的认可。

网络内容在国际传播过程中,免不了要引用别人的意见和观点,一般来说冲突双方的意见不宜直接引用,最好是引用第三方的态度和观点,因为第三方是站在比较中立的立场,不同于事件双方会因为利益的牵扯而回避或说谎,引用冲突双方的观点可能会招致受众的反感。艾丰认为:"为了保持新闻传播的客观性和议论的权威性,在传播中要善于引用第三方的观点,例如专家、学者、权威人士、分析家、消息灵通人士等。"③国际受众更愿意看到的是专家、学者等第三方的意见,因为他们的观点更具有权威性和说服力。

词性选择是从更为微观的视角来说的,网络内容国际传播平衡报道主要体现在词汇的使用上。中国网络内容国际传播时,应尽量避免自己的感

---

① 　罗兰·巴特:《符号学原理》,李幼蒸译,中国人民大学出版社 2008 年版。

② 　[英]利萨·泰勒、安德鲁·威利斯:《媒介研究:文本、机构与受众》,北京大学出版社 2005 年版,第 21 页。

③ 　艾丰:《新闻写作方法论》,人民日报出版社 1994 年版,第 90、121 页。

情倾向,应使用中性、客观的词汇,减少带有情绪色彩的褒义或贬义词。譬如人民网、新华网等国家对外传播网站在传播中国社会主义建设成绩时,应该避免使用"辉煌""盛世"等高度夸赞的褒义词,而在传播欧美经济发展低迷的原因时,尽量避免"贪婪""狡诈"等明显带有贬义色彩的词汇。正如美国新闻学者麦尔文·曼切尔(Melvin·Mencher)①所说,"记者应正确地检验他的情感,因为这些感情能歪曲观察、阻碍分析和综合的进程。"因此,中国网络内容在国际传播过程中应谨慎选择所使用词汇的词性,使用更为中性的词汇体现自己的专业和公正。

(二)以图说话等非语言传播符号

语言符号是人类最倚重的传播手段和文化载体,对人类文化传播和信息交流起着重要作用。一个民族的语言就是这个民族文化最直接的代表,不同语言的表达甚至会引起思维方式的差异,所以往往西方人的表达更为直接,东方人的表达更为含蓄,也就导致跨文化交流障碍中最大的原因即在于语言不通。所幸在语言之外,还有图片可以引起人们的共鸣。和语言不同,图片的存在并不是为以社会群体内的成员所单独享用,人类对图片的理解有着与生俱来的共通性,它直观地表明了要传递的信息,受众可以在图片中读懂自己的语言。所谓非语言符号,就是指语言符号以外的,在信息交流活动中能够发挥意指作用的其他符号形式。② 根据这一定义,图片即被视为非语言符号。因而作为一种非语言符号,图片不仅是所传递信息的解释、补充、突出和强调,也传递着信息之外的超信息。

目前,中国对外网站都意识到图片的重要性。《中国日报》英文版头版图片中每天推出的"Trending"和"The photos you don't wanna miss"小板块,都是以独特的抓拍形式向受众展示不一样的中国,这些图片或是以强烈的冲击感向受众揭示在社会急剧变革中中国人的表现反差,如"异装癖"的老人、巨大的手工绣图、城市中梦幻的童话树屋等;或是以经典的对比向国外受众揭示

① [美]麦尔文·曼切尔:《新闻报道与写作》,中国广播电视出版社 1984 年版,第 214 页。
② 董天策:《传播学导论》,四川大学出版社 1995 年版,第 37 页。

中国的城市情况,如沙尘暴前后的北京、上海乡村街道上的法式艺术创作、藏族夫妇的特色婚礼等。这些内容中涉及许多中国特色和中国本土表达,单纯用语言来表述很难引起受众共鸣。语言无法详尽的部分,以图片的形式展出,不仅能在国外受众心中留下更深的印象,也为他们了解中国打开了一扇更直观的大门。这可以说是另一种传播力提升的语言表达模式。

(三)汉语传播符号

语言是传播的基本形式,是最主要的工具载体。中国网络内容国际传播,要实现良好的国际传播效果,首先必须打好语言基础。汉语是世界公认的高语境语言,不易被其他国家的受众所理解,在目前国际传播中还是以英语传播为主,这一点无可厚非,但在使用英语传播的过程中也不能只依靠单一的语言进行传播而忽视了其他语种,中国新闻网等网站就在首页设置了语种选择项,提供日语、法语、西班牙语等世界性语言和其他影响力广与中国联系密切的语种进行传播,让世界人民接受更方便,让中国网络内容传达的信息更准确。

中国网络内容国际传播,要实现良好的国际传播效果,必须注重汉语言的推广。汉文化作为历史悠久的文化在国外受众心中有着极高的地位,但是汉语言的学习不易也是众所周知的。随着中国各方面实力的逐渐增强,汉语言开始在世界各地受到欢迎。近年来,在汉语言的国际推广中,中国加大了建设力度,不仅创建了孔子学院等供国外友人学习汉语和感受中国文化的专业语言学校,还主办了"国际汉语桥"等汉语言推广活动,受到全世界人民的喜爱。肩负国际传播使命的各主流网站也创新性地积极开展汉语言的推广,新华网专门开设的"live in China"板块,全方位介绍了中国的特色美食、商业、旅行、婚庆、工作、居民生活的内容,为国外受众细致了解中国提供了平台,同时在板块中出现的许多具有中国特色的词汇和文化也为国外受众学习中国语言、融入中国文化氛围打下了基础。中国国际广播电台推出的"learn Chinese"板块更是提供了丰富的汉语学习素材,汉语课堂、实景汉语、中国文化、日常汉语、新闻汉语、快乐汉语等诸多板块,让受众以轻松的方式了解到了汉语的迷人魅力,特别是汉语演播室板块已不再局限于用文字教授汉语,而是发挥了广播电台的优势,通过声音来传达汉语信息,使得受众的学习更方便、更形象。央视新闻网英文版设置了"learning Chinese"的板块,主要涉及的是歇后语、成语、古诗词的学习,还模仿课本设置了对话模式,为受众学习汉语提供了更清晰的解释和分析,不仅教授了单词也教授了相关的汉语语法,学习模式更系统。

图7-1　新华网首页界面

中国网络内容国际传播,要实现良好的国际传播效果,必须加强网络语言文字的翻译。汉语是一种高语境的语言,不易被非汉语国家的受众理解,而且汉语适用范围仅适合针对华侨华裔进行传播。英语作为全世界使用最广的语言,是中国网络国际传播最常使用的语言。除此之外,若进一步提升网络媒体的国际影响力,需要丰富语种。中央级网络媒体新华网在首页设置了英语、法语、西班牙语、俄语、阿拉伯语、日语和韩语等世界性语言供国际受众选择(如图7-1所示)。此外,在翻译中国网络内容时,一定要掌握外语表达的技巧,不仅要重视语言的数量,更要重视语言的质量。因为中英文在结构体系、语法、表达方式上存在一定差异,"特定的事物的指代及运用的符号往往因文化而异"①,所以传播者一方面要根据国际受众使用语言的语法规律、结构和表达习惯,重视用语的准确性及地道性;另一方面要善于使用深入浅出的表达方式,将晦涩的内容简单化,尽量避免因语言符号的引申含义造成误读和歧义。

二、基于传播平台的提升技巧

(一)以受众交流为平台

网络媒体受众的特点是年轻化、知识化和收入高,国际受众中政府官

---

① ［美］拉里·A.萨默瓦、理查德·E.波特:《跨文化传播(第四版)》,中国人民大学出版社2004年版,第31页。

员、学生、白领职员和学者的比例较大,此外还有海外同胞。这个受众群体属于社会的主流,在社会中拥有较大的话语权,对舆论有较大的影响力和传播力。随着网络传播的影响力逐渐扩大,网络媒体受关注程度也越来越高,通过一系列有针对性的策划和有吸引力的话题,大部分媒体都成功吸引境外主流媒体和受众注意力,扩大网站的覆盖面和影响力,提高了自身的品牌知名度。

中国日报英文版等网站设置了"forum"板块,以论坛形式创建网友之间、受众与网站之间的平等交流,通过设置话题,激发网友互动热情,并提供实时的最受关注和最多评论的话题,进一步刺激网友的参与度。在观点板块,各媒体都将内容设置得轻松生动,或是对时事政治问题进行深入浅出的分析,或是对中国传统文化进行释疑解惑,或是对社会新现象引发受众进行讨论。目前大部分网站专门设置评论板块,通过评论板块不仅能从侧面了解网站受欢迎程度,也能根据及时调整网站内容发布并改进报道技巧。

日常生活、慵懒时光、青年交流、新事物以及文化和体育,是大多数论坛和观点板块的主流话题,与网民贴近距离,更易被他们所接受。针对性是达到交流、沟通目的的最重要的措施,而且就软话题展开的讨论,往往最能代表网友心声。对清明网上祭扫的看法、对自己城市的欣赏、对工作的抱怨与憧憬、外国受众对中国的好奇、中国人对外国的误解,都可以在这个板块得到解答和讨论。这不仅是对受众需求的重视,也是对其话语权的尊重,更是对网站知名度的提升。

为了取得最佳传播效果,网络媒体在进行国际传播时,不能忽视国际受众文化背景,特别是受众所在国家和民族的风俗习惯和价值观念,由此体现"受众本位"的传播理念。在国际传播中,任何一种传播载体,必须强调受众本位的回归。在尊重媒介定位和传播原则的基础上,传播受众需要的信息。网络媒体作为大众传播媒介的一种新形式,更应从"受众"出发。

以中国网络内容的新闻报道为例,中国网络媒体与传统媒体的惯性思维一致,传播内容大部分侧重表现国内领导人国事访问、重要人物对事件的评价等,而对于国际受众来说,他们对中国国内重要人物存在距离感,因而他们可能更期望看到的是中国普通老百姓日常生活或者对于某件事情的反应。因此,在中国网络内容国际传播中,应充分考虑国际受众的心理需求,尽可能挖掘事件背后普通人及其生活细节,展示普通人的想法和表现。

中国网络内容应采用国际受众容易接受的视角,从其文化诉求中寻找感兴趣的点来进行内容生产和创作。比如对华裔华侨从亲情、故乡情入手,增强对中国文化和身份认同和情感诉求。另外中国网络内容国际传播时也要考虑国际受众的价值观、社会规范和道德伦理,采取国际受众习惯接受的思维方式和报道方式。在西方国家,大众媒体所传播的内容被视为满足社会需求的商品,完全遵照市场取向,中国网络内容国际传播不应完全按照西方价值观来运营,但为了增强传播效果,尤其是在对国际受众调查后,更应对传播内容价值选择标准作出相应的调整,应尽力寻找一个"中庸"的比率关系。

(二)以节日、旅游等文化交流互动为契机

文化是构成国家软实力的重要组成部分,也是促进国际交流的优良载体。而在文化交流中,各国传统节日和旅游胜地之间的交流又最具代表性。中国传统节日不仅可以展现国家多元内涵,还可以将本土文化更好地诠释和表达,让受众零距离接触本国文化;对国外传统节日的介绍和记录,不仅可以更好贴近受众心理,引起共鸣,还有助于中国与对象国之间找到文化共通点。国家旅游城市之间的交流和推介是提高传播效果的一种重要方式,中国壮阔景观、多元的文化、淳朴的民风和丰富的资源,国外迷人的异域风情、独特的地区特色、不同的生活方式,都是双方交流的重要对象。中法文化年、中俄文化年等文化盛宴都很好地贯彻了"文化走出去"的战略,国家也越来越重视这两方面的交流,对外网站头版介绍以及对节日和旅游交流更是起到了推波助澜的作用。

中国网络内容整合了国家相关机构和中国各城市的旅游资源,在头版图片、"中国"板块、"文化"板块进行推介,遇到特别重大的富有中国特色的节日,还会推出相应的专题,如清明节期间,10家主流国际网站在清明假期三天从不同角度推出了清明节系列。央视新闻网推出了一系列清明节气介绍,从踏青传统、风筝特色、清明节诗歌以及各地的清明美景角度进行了系统推荐,中国日报英文网站阐述了中国葬礼变迁趋势以及当前清明祭祖出现的网络扫墓等新现象,新华网则是从交通拥堵的图片来展示清明节的盛况,人民网则报道了开封的白衣圣女们点燃清明节火炬。而对于国内热门旅游城市的宣传,各大网站也不遗余力。大兴安岭南麓的冰河美景、世界屋脊青藏高原的神秘传说、北京的十家春花、浙江的七大旅游路线、春天衢州的魅力茶园等一系列或热门或小众的国内城市都以生动的姿态呈现在国际受众面前。相比以前笼统的宣传,网络所搭建的平台更易贴近国际受众需要,而且表达方式也更为多元,更吸引人,传统中国节日和旅游胜地立体生动地展现在国际受众面前,从而在一定程度上消解相互之间的文化隔阂,并在潜移默化中使国际受众接受中国文化。

目前中国网络内容国际传播在积极寻找国外本土内容,以此增强内容的贴近性。如在西方复活节期间,中国主流国际网站就进行了一系列报道,《中国日报》英文版、《人民日报》英文版通过记录复活节国外儿童们寻找彩蛋来记录这一盛大节日,新华网和中国国际广播电台等将目光聚焦于白宫复活节,为受众提供了一系列关于总统的软话题,如中国国际广播电台就转载了一则题为"Bees cause trouble as Obama reads to children"——奥巴马在为儿童讲故事时受到蜜蜂的攻击的文章,十分符合国外受众的阅读兴趣。此外,还有关于中外节日和活动的对比,如在泰国和中国云南傣族泼水节期间,中国主流国际网站都在头版图片或文字中相继报道,突出文化的共通性和差异性。

（三）以系列展示为切入点

没有民族性,就无法体现出先进性。尤其在当今世界文化空前开放、西方文化以其强大经济后盾展开文化传播的形势下,文化如果失去了民族性,就有可能成为西方文化的附庸。"从传者的角度讲,本质上,国际传播媒体之间争夺受众的激烈程度,是以更生动地展示本民族的文化为手段,以更广泛地传播本民族的文化为目的的竞争。"①世界各民族在历史长河中创造了风格各异的文化,文化之间的差异形成了不同民族之间互补的信息落差和

---

① 　任金洲:《电视外宣策略与案例分析》,中国广播电视出版社 2002 年版,第 81—82 页。

传播空间,突出的民族性文化更易走向世界,而且对于没有明显意识形态特征的民族文化,人们也更容易接纳。当前中国国际传播重心应更多地放在挖掘文化深度上,以深厚的文化积淀引发对国外受众强烈的吸引力,形成具有国际声誉的民族文化品牌。随着中国社会各方面的发展,中华文化在世界上的地位和影响日益凸显,但文化隔阂难免存在。文化的民族性越多,也就意味着差异性越强烈。实际上谋求中国国际传播的传播力提升发展,就应当以差异入手,用传播力提升的手段将差异性进行巧妙地转换。从目前中国国际传播的进程来看,中国大部分主流媒体都意识到了这一点,在注重传播民族文化差异性的同时,采取适用的手段进行转换。

《中国日报》英文版在头版图片中设置了"celebrate your cities"小板块,新推出了"journal on the silk road",既是对习近平提倡的"海上丝绸之路"的呼应,又精彩地介绍了古代丝绸之路上古老城市的新观,从乌鲁木齐到西安,让国外受众体会到了一个既充满着深厚文化积淀又渗透着现代气息的新中国。央视新闻网的"culture exchange"板块更好地诠释了文化交流的内涵,青藏高原系列将青藏地区神秘的宗教、厚重的藏文化和神奇的地貌生动地展现在受众眼前,每一张图片都体现着巧妙的角度。此外该网站十分注重国内外之间的文化捆绑,如"Event showcases Chinese culture for South Africans"和"San Marino signs tourism pact with China"等文章就较完整地将国内的文化与国外的文化联系起来,有利于引起国外受众的文化共鸣。

许多中国文化传统或事物并不能立即让国外受众理解,这就需要在事件报道后面或在一段时间内进行相关解释性报道。在刘翔宣布退役期间,中国主流国际网络媒体从不同的角度进行了报道,有的是从刘翔的微博入手,有的是从中国粉丝的表现入手,有的是从刘翔获得的荣誉入手,全面向受众解读了一个不一样的刘翔,除单纯报道刘翔外,许多网站还借此对中国的体育事业发展进行了探讨。此外,图片报道后面所附的相关故事介绍,进一步增进了受众对报道的理解。

(四)以一景多地为纽带

独有的资源常常会成为媒介竞争的优势,"内容为王"是媒介发展的不二法则,对网站来说亦是如此。一个新闻事件,从选题策划、议程设置到报道细节等代表了媒介独特的眼光，也代表了媒体身后一个国家的力量，无形中形成的差异化使得东西方主流媒体的报道内容有所区别，它尽管有利于有针对性地吸引受众，但却无法兼顾大部分受众需求，由此导致跨文化隔阂。此外单纯记录具有普世价值的内容，只会被每天强大的信息流所淹没，千篇一律的信息传播会让网站在不知不觉中沦于末流，以致网站无法建立自身品牌，无法赢得受众。过去中国对外传播重点介绍国内情况，对于国外记录大多只是政治外交，没有深入到受众身边及受众生活。

在每年各地樱花盛开的四月，中国主流国际网站都集中力量报道全世界的樱花盛会，从中国西安、上海到美国华盛顿到韩国首尔，从公交车站赏花的人们到花下身穿古代裙装的美女，世界各地都浓缩到了一幅樱花图中，各有特色，且形成整体。此外，艺术生活的展示也贯通世界受众。上海时装周和巴黎时装周都是时尚界的热门话题，又有东西方的不同韵味和审美；法国街头艺术展和中国街头随意涂鸦都以艺术名义勾勒出不同国家的轮廓。用先进的网络技术手段和精美的图片文字，让有契合点的几个城市受众足不出户实现有效沟通，这种低成本、可持续的网络公共沟通模式是未来的发展趋势。中国主流国际网站正逐渐强调各分支机构之间的跨区域合作和内容分享，某个事件发生后，不同地域的记者按照自己的资源分别采写报道，然后加工形成最终的新闻产品，并向各个终端进行发布，为多媒体信息发布做好充分准备。

视野和主题放开后，各方报道才能变得游刃有余。中国与其他第三世界国家一直保持着友好关系，且与周边国家也维系着睦邻合作关系，这使得中国主流国际网站的报道角度也更为多元，视野也更为广阔。可以说目前中国网络内容国际传播力提升还是以文化内容的传播为主。世界是一个多元主体，拥有不同文化种群，这就使得文化的切入口有更多的灵活性，受关注的个体不再只是对社会有突出贡献的人，也不再只是大型事件，世界各地举行的特色婚礼，温情的巴黎街角一景，都可能成为网络媒体报道的宠儿，以文化为基础，深入国外受众身边，发现他们的生活之美，是网络媒体得以长期发展、树立自身特色的一条捷径，也是传播力提升模式的一种，而且是最重要的一种。无论报道的形式、内容、版面如何变化，亲近受众的理念不能变。

（五）以国际重大事件为依托

相对弱小的媒体需要借助国际重大事件造势来提升知名度。主流国际网站在国际竞争中的利器仍旧为内容,网络内容的及时性、原创性是网络媒体得以战胜竞争对手的法宝,而对于一些国际知名度较低的媒体,抓住国际重大事件发生的机遇,迅速及时地报道这些事件是实现造势和提升知名度的最有效手段。在其中最具代表性的当属卡塔尔半岛电视台(Al Jazeera Network)。半岛电视台是一家位于卡塔尔首都多哈的电视台,虽然建立于阿拉伯国家,半岛电视台却在"9·11"事件后迅速发展壮大,被世人称为"中东 CNN",这与其在"9·11"事件后多次独家播放基地组织的录像声明有很大关系,另外,通过不断地用全新视角报道"9·11"事件,半岛电视台迅速发展壮大,开辟了英文频道并在欧美国家落地,获得了很高的国际知名度。

世界一流媒体往往将目光锁定在突发国际事件、重大国际热点、涉华新闻事件等内容上。由于这些内容颇具影响力,能吸引众多受众的眼球,而且更易在报道中充分发挥出互联网传播的天然优势,目前已成为国际网络媒体默认的话语权竞争的主攻方向。在新形势下,中国网络内容必须积极助推网络内容由以报道国内为主,向报道国内国际并重转变,建立及时新闻发布体系,对突发事件和重大新闻拥有准确的把握能力,做到在第一时间、现场报道、独家报道重大国际突发事件和预发新闻事件,形成全天候滚动播报。

深度报道和评论言论对舆论的影响直接而深刻。中国网络内容国际传播仍存在一定不足,引起广泛关注的话题大都只存在于网友的热议和网站的碎片化信息中,缺少新闻媒体独特视角的分析,诚然网友言论也是舆论的重要组成部分,但在重视并发挥民间舆论作用的同时,中国网络内容国际传播应特别注重从新闻媒体角度,对国际热点地区和热点事件进行高质量新闻采写和分析,及时表达中国主张,影响国际舆论。

三、基于传播内容的提升技巧

哲学上内外因辩证原理告诉我们:内因是事物自身发展的源泉,决定着事物发展的基本趋势。内容真实就是中国网络内容国际传播的内因和根本,是实现中国网络内容国际传播高效的首要路径。一篇报道就算是情感丰富、文笔优美,但如果内容不真实,其高效传播就好比空中楼阁一样失去了根基。

（一）基于传播内容真实的提升技巧

雷跃捷认为,新闻内容真实包括"具体真实"和"总体真实",它不仅是指反映具体内容的真实,而且也包括在反映具体内容真实的基础上,达到对总体内容的反映真实。[①]　二者都是对事件真实、客观的反映,具体真实是基础,它对总体真实起制约作用,总体真实是具体真实的升华,它对具体真实起指导作用。因此,要达到内容真实,就应该从保障具体真实和整体真实两方面入手,以求得中国网络内容更好更快地国际传播。

1. 传播内容具体真实

具体真实也称微观真实,即单一的新闻传播的真实性。中国网络内容国际传播的实现以及高效的达成,首先要依赖每一篇网络内容的新闻传播真实的实现,因此不论对于中国网络内容还是国际受众,具体真实的重要性都是不言而喻的。马航MH370飞机失联事件是2014年全球各大媒介关注和传播的重点,关于飞机失事原因、飞机残骸坠落地点等很多细节,可谓扑朔迷离。人民网英文版、新华网英文版等中国国际传播网站在传播该事件时,首先要确保每一篇新闻传播的真实,多方核实消息来源的正确性,不可偏听偏信,对于未经核实的情况不予传播,尤其是飞机失事原因的传播更要慎重。由于该事件的事实十分复杂且牵扯国家众多,随时可能会有新的线索或情况出现,但人民网、新华网等对中国主流国际传播网站在传播中至少保证了在当时事实有限的情况下单篇网络内容传播的真实性,即具体真实。

2. 传播内容整体真实

整体真实也称宏观真实,即多篇新闻传播的真实,它是内容真实在更高层面的真实,也是新闻真实追求的终极目标,更是求得中国网络内容国际传播平衡传播的根基。新华网、人民网等主流国际传播网站对于马航MH370事

———————

[①]　雷跃捷:《新闻理论》,北京广播学院出版社1997年4月第1版,第94页。

件的追踪传播就是一个典型的整体真实实现的过程。关于马航 MH370 失事的原因以及飞机残骸坠落具体地点等的传播,不是单篇传播的真实能够解决的。随着事件调查的步步深入,真相在一步步地被揭开,之前网络内容的传播在当时情况下是真实的,回头看这些传播时有些细节或事实可能不够真实,但是媒介不能等到事件完全揭开真相再去进行传播,这不符合新闻传播的规律。由于马航 MH370 事件牵扯国家众多,失联的 239 名乘客来自多个国家,其中包括中国大陆 153 人,在后续的救援行动中,牵扯国家更多。因此,马航 MH370 事件已经成为一个全球关注的空难事件,这就增加了网络内容在传播中的难度,由于信息来源渠道的多样化和复杂化,单篇传播不可避免地会存在部分失实的现象,这就需要后续的补充传播不断地纠正之前传播的失误、揭示事件的真相,以达到网络内容新闻传播的整体真实。

(二)基于传播内容操作的提升技巧

在保证网络内容国际传播内容真实的基础上,还需要掌握中性操作的技巧和方法以确保中国网络媒体高效传播的进一步实现。中性操作要求中国网络媒体在国际传播中不充当"法官"和"教育者"的角色,只是提供全面、翔实的事实,让国际受众自己去思考和判断。中性操作的传播路径应该从以下两个方面实现。

1. 中立传播立场

中立传播立场主要是从观点层面角度来讲的,站在何种立场来传播事实在一定程度上决定了网络内容平衡传播的成功与否。中国网络内容在国际传播过程中,应该站在第三方即中立的角度和立场,与传播双方都保持一定距离,摒弃自己的主观色彩和情感,不偏袒任何一方。审美心理学中的"心理距离说"认为:欣赏者与作品要保持一定的距离,距离太近或太远都难以感受到作品的艺术魅力,只有保持合适的距离才能真正感受到作品的美。这一学说对网络内容国际传播平衡传播的启示是:如果要达到国际传播最佳传播效果的目标,就须把握好网络媒体和国际传播对象的距离,距离太近或太远都有可能导致传播观点的偏斜。

2. 中立传播手法

要在中国网络内容国际传播中真正掌握中性操作的技巧,仅凭观点上的约束是不够的,还必须要有中立传播手法的"保驾护航"。在网络内容国际传播中,中立传播会受到政治体制、经济利益、文化风俗和思维习惯等的制约和影响,这就必须有超脱情感的态度,尽管有些事实在传播中或许包含强烈的爱憎因素,但在网络内容国际传播中要辩证理性地看待事件真相。

（三）基于传播内容差异化的提升技巧

中国网络媒体与西方网络媒体竞争的另一有效手段为差异化传播,通过差异化传播来提升国际受众特别是欧美受众对于中国网络媒体内容的认可度。西方建立多年的世界媒体信息垄断局面,近年来成功地被一些发展中国家媒体打破,最有代表性的为卡塔尔半岛电视台,通过报道"9·11"相关新闻,半岛电视台迅速跻身于世界著名电视频道行列。半岛电视台的成功,说明在当前条件下打破西方媒体舆论高墙的最有效工具便为差异化传播,让国际受众听到不一样的声音,让网络媒体传播的信息内容具有独家性。

挖掘独家新闻,在报道国际新闻时展现别样话题。在网络媒体国际传播竞争中,独家新闻仍是网站得以崭露头角的有力武器。以报纸媒体为例,《华盛顿邮报》(The Washington Post)的"水门事件"爆出后,美国总统尼克松(Nixon)因此辞职下台,相应的《华盛顿邮报》相关事件报道者卡尔·伯恩斯坦(Carl Bernstein)和鲍勃·伍德沃德(Bob Woodward)也因此成了传媒业界的明星,并进一步促成《华盛顿邮报》的世界瞩目。但是随着世界传媒业的不断发展,独家新闻的挖掘难度越来越大,因此以源源不断的独家新闻吸引受众变得愈发艰难。此时最好的对策是改变报道角度,从全新的话题来报道已被其他媒体报道过的信息,当受众逐渐了解了事实真相时,改变一个角度来讲述这个事实将能吸引到更多受众的眼球。

四、基于国际传播机制创新的提升技巧

体制与机制上的创新,是中国网络内容国际传播力提升的组织保障。只有进行体制与机制创新,中国网络媒体在国际传播中才能锻炼自身筋骨,充实自身肌肉,提高自身报道能力,才能更好地履行向国际公众传播信息的重任。

（一）构建与多家海外媒体联合报道机制

独家新闻在世界媒体竞争中已变得愈发艰难。为了减轻采访报道压力，避免报道资源的浪费，可以采用多家媒体"联合作战"策略，约定共同刊播"独家"新闻的方式来实现利益和传播的最大化。法国《世界报》（Le Monde）记者达维（Gerard Davet）等人于2014年挖掘到了"瑞士揭秘"事件的相关信息，但由于其数据巨大无法由少数几个记者完成数据分析工作，于是他们借助了"国际调查记者联盟"（International Consortium of Investigative Journalists）的力量，发动几家大报的记者联合进行信息挖掘，最终于2015年2月8日在英国《卫报》（The Guardian）、法国《世界报》、BBC、CBS相关电视节目中同时爆料瑞士私人银行协助多国客户逃税洗钱事件，伦敦交易所第二天开盘的汇丰（控股瑞士私人银行）股价随即下跌1.7%①，该新闻报道即属媒体合作报道的典范。另外2013年6月6日由《卫报》和《华盛顿邮报》共同报道的"棱镜门事件"也采用了联合报道策略。因此，中国网络媒体国际传播中，必须构建与海外媒体联合报道机制，不仅可以提高新闻报道的效率，而且可以开发更多国际新闻。

（二）与海外媒体共办栏目

加强与国际媒体合作，采用共同制作栏目、共同推广平台等手段，达到网络媒体形象的国际化和栏目知名度的提升。可以采用中国国内传统媒体与境外传统媒体合作办栏目的形式，共同在网站直播大型国际事件或共同制作相关专题片，通过双方受众融合达到知名度提升和影响力的扩大，例如央视与日本大富株式会社合作开办的"CCTV大富"电视台即为中国媒体寻求海外合作的典范之一，通过与日本公司合作，"CCTV大富"实现了在日本的落地播出，并实现了全天候24小时日语播放，播出的栏目不仅包含了中日新闻类栏目，还包括一些中国电视剧、综艺节目等，实现了央视在日本的知名度提升。

（三）打造"借船出海"模式

在信息丰富和市场需求不断细分的全球化传播时代，媒体已经很难

---

① http://www.weixinyidu.com/n_158455，访问时间：2015年4月20日。

凭借自身的力量占据媒介市场的绝对优势地位,国际性大媒体的纵横捭阖局面正在扩大,各国媒体与机构之间的合作不断扩大加深,协作网不断拉大。中国网络内容国际传播优势不足,知名度和影响力还比较"人微言轻",其中一个重要的原因就是缺乏与其他国际媒体机构的合作,这是限制中国网络内容国际传播力提升的重要因素之一。总体来看,提升中国网络内容国际传播网站在海外知名度、美誉度和影响力,有以下三种路径可资借鉴:

一是建立与国外各类机构交流和合作的长效机制。在政府外事活动内外,借助政府友好交往机会,中国网络内容国际传播网站可以与国外各类机构以"主办、承办或协办"等方式,策划相关交流合作活动,扩大各自的议程设置操作空间和话语传播力。这样既可以扩大中国网络内容国际传播网站在活动落地方的影响力,得到当地政府的支持和交流,还能加深对"本地化"受众市场的全方位了解。

二是强化与国际媒介集团的交流与合作。在国际媒体竞争格局中,许多国外媒介集团巨头都对中国市场虎视眈眈,时代华纳、CNN、维亚康姆等纷纷寻觅进入中国市场的机会,在这种情况下可以借机与国际媒体加强合作。相比于独自开辟海外传播市场,这种方式可以说事半功倍。

三是与海外知名网站建立交流合作长效机制。目前全球范围内容网络媒体建立合作的方式比较多元,其中可以互设栏目或者交换信息资源,通过平等沟通建立长效合作机制。中国网络媒体国际传播网站在与海外同行交流合作中,一方面要着力提升网站在合作地市场的知名度,另一方面要促进网站报道水准提升,增进媒体间报道技术交流,从而不断提升对外传播影响力和竞争力。中国传媒集团在建立海外市场影响力的过程中,要大力实施"借船出海"策略,努力寻找各类可以合作的战略伙伴,建立在落地市场的协作网络,推行组织机构和合作网络的全面本土化。并在海外传播协作网建立保障措施,而且为促进中外媒体集团的深化多元合作,国家可以制定相应的开放政策,在市场对等、信息平等原则指导下,建立多梯级的从技术到市场的更广泛的互利合作。

五、基于传播品牌的提升技巧

品牌是市场营销学的重要概念。广告大师奥格威(David Ogilvy)认为，"品牌是一种错综复杂的象征。它是品牌属性、名称、包装、价格、历史、声誉、广告等方式的无形总合。品牌竞争是企业竞争的最高层次"。① 面向众多的国际传播网站平台，品牌的价值就凸显出来。媒体品牌建设的目的在于提升中国网络内容国际传播的影响力和美誉度，在于提升中国网络内容国际传播目标受众对中国网络内容的认同度。本质上媒体影响力是传媒作为资讯传播渠道而对其受众的社会认知、社会判断、社会决策及相关的社会行为所打上的属于自己的那种"渠道烙印"。这种"烙印"大致分为两个基本的方面：一是传媒物质技术属性，二是传媒能动属性②；美誉度是媒体得以生存和发展的核心价值，体现了网络受众对于媒体的信任度和赞美度；认同度是指网络受众对于其所持续关注媒体的习惯和情感，以及对媒体所发布信息的赞同。任何品牌建设都是一个循序渐进的过程，中国网络媒体品牌建设更是如此。国际受众对于中国网络内容的认知和喜好并不会因为某次偶然的浏览行为而形成。因此，应在明确网站核心定位的基础上对中国网络媒体品牌进行合理规划，在创立、推广阶段侧重于网站品牌的包装，在品牌扩张阶段确立明确的理念，在品牌维护期间不断丰富创新品牌的内涵。

（一）在包装中打造知名品牌

品牌需要包装，知名品牌的打造更需要巧妙包装。当国际受众接触新的媒体内容时，首先关注的除了网络内容之外，还有网站的个性化服务、板块设置、附属新闻产品和其他增值服务。实际上这些服务在一定程度上更有助于吸引他们的眼球，譬如国际受众想通过网络媒体搜索中国饮食文化信息时，在获取信息的顺序上，通过输入相关关键词或者通过一篇新闻的相关链接和导航，就能进入中国饮食文化的新闻、专题、栏目或者纪录片。换

---

① 余阳明主编：《品牌学》，安徽大学出版社2004年版，第1—4页。

② 喻国明：《关于传媒影响力的一种诠释——对传媒产业本质的一种探讨》，《国际新闻界》2003年第2期，第5页。

言之,中国网络内容品牌内涵渗透于内容生产的全过程,要成功打造知名媒介品牌,就必须对网站进行全面包装。

品牌包装,不仅应围绕受众感官、情感等感性因素,也要涉及思考和行动等理性因素,并通过这两方面因素来重新定义和设计网站。中国网络媒体国际传播要充分考虑不同受众在感官和情感上的感受,譬如可根据其需求安排版面,可挖掘中国传统文化深处的内涵,这样中国网络内容国际受众将形成浏览中国网站的习惯,并产生稳定的心理预期。而且中国网络媒体在国际舆论舞台上代表了中国整个国家形象,因此,包装的核心元素应是最能代表中国文化的符号,最能鲜明地体现中国特质的符号。

以人民网英文版 2015 年 5 月 18 日"普洱文化"专题板块为例,"茶"作为中国文化的传统符号,在国际传播中占有重要的一席之地,茶文化的国际传播不仅可以增强华裔华侨的归宿感和凝聚力,也能帮助在华外国人了解中国的茶文化,更能扩大国际文化交流,并增进中国与世界各国人民的友谊。人民网英文版对"茶文化"做了关于"普洱"的专题(如图 7-2),不仅详细介绍了普洱茶、普洱咖啡、普洱文化等内容,更进一步描述了盛产普洱茶地区的节日和旅游,并同步拍摄制作了一系列照片和专题片,将普洱文化具体化、形象化,因而带给国际受众强烈的感官冲击,激发他们对于茶文化的兴趣。及时的背景介绍、深入的文化解读以及丰富的相关图片和视频,按照时间逻辑和受众的阅读习惯,由浅入深地有机排列,使得中国"茶文化"立体全面地向国际受众直观展示,从而达到对国际受众的感官、情感、思考和行动等立体冲击。选取"茶文化"这一国际熟知的形象元素,无论是从传播内容还是从网站包装的视角来看,都具有重要的传播价值和传播意义。品牌的包装,不仅要围绕受众的感官、情感等感性因素,也要涉及思考和行为。

图 7-2　人民网英文版"普洱茶"专题板块

（二）在竞合中发展优势品牌

优势品牌的打造是品牌发展的高级阶段。对于受众而言，优势品牌是刻画在他们脑海深处的清晰个性的形象。中国网络媒体应将发展优势品牌作为最终目标。实际上网络传播的交互性极大改变了信息传播模式。传播模式的变革，带来了网络在传播速度、效果以及方式等方面所具有的传统媒体无法比拟的优势。作为一个巨大的、开放的信息平台，网络多媒体化已大大超出了人们的预期，文字、图形、视频及音频都能得到即时海量传播。增强中国网络内容国际传播的品牌竞争力，必须使中国网络媒体的传播潜力得到充分发挥。

首先，随着网络内容的更新周期越来越短，中国网络内容从信息采集、加工到发布，用时更短、更为专业以及更为简洁，内容发布也应更为灵活。譬如针对网络内容新闻板块的突发性事件，网络媒体可以先发布文字消息，再补充音频和视频，并且连续无缝地发布事件背景资料以及专家评论。网络媒体根据需要或浅或深、或快或慢，灵活调整和平衡内容生产机制。

其次，网络媒体发展带来的新格局使得品牌传播变得更为细分化和个性化。打造优势中国网络媒体品牌形象需要确定目标受众和市场，这就要求必须研究消费者需求，特别是进行受众调查，从而有针对性地制定传播内容。中国网络内容国际传播价值主要在于提高有效信息的比重，传递品牌价值。另外网络媒体可利用面向用户定制的个性化网页、移动 APP、电子邮件等形式，为国际受众提供即时全面的个性化网络服务，体现以人为本的原则，有效地聚集受众。

最后，在成熟的市场条件下，中国网络媒体必须保持合作与竞争的相互关系。中国网络媒体国际传播中最大的弱点就是缺乏贴地性，国际受众无法真切感知网络媒体的存在。加强中国网络内容与国际受众之间的亲切感，单纯靠媒体去海外建立分社和联络点，自主创办活动，既浪费有效资源又无法取得积极效果。实际上更为行之有效的措施应是在整合营销思维下与海内外网络媒体开展积极合作，在资源共享、责任共担的原则下，向合作品牌开放资源，用于优势互补，积聚网络媒介能量，共同提升品牌效应。

（三）在创新中保持恒久品牌

"创新是民族进步的灵魂,是国家兴旺发达的不竭动力。"对于中国网络内容国际传播也是如此。只有坚持不断创新才能保证网络媒体在激烈的国际新闻市场竞争中立于不败之地,才能保持网络媒体品牌不竭的生命力和后续发展力。目前,中国网络内容国际传播存在的最主要问题是,信息同质化现象和过载现象日益严重。提高中国网络内容质量,依靠的是不断创新内容服务,充分利用数字媒体的互动优势,强化传播过程中的参与性,包括鼓励受众创新内容和构建受众互动社区,打造全新的网络内容国际传播平台。

网络媒体的开放性、参与性和互动性使传统意义上的受众由过去被动接受者转变为主动传播者,并在一定程度上参与公共话题的讨论及社会议题的构建。"新媒介出现的特点是汇聚,这种汇聚更像是交叉路口或婚姻,其结果是引起每一家汇聚实体的变革,并创造新的实体"。① 通过网络互动,网络媒体和受众就某一热点事件共同探讨,设置议题,已为网络媒体广为采用。国际在线网站在 2010 年上海世博会和广州亚运会报道中尝试使用微博新闻,以期满足分众化需求。在国际传播语境中,国际受众的公民自主意识不断增强,国际受众参与创新网络内容已成为一种新的趋势,也已成为网络媒体与国际受众平等沟通的桥梁,并由此形成了多元意见的全新沟通平台,取得了较好的国际传播效果。

在 web2.0 时代,互动可以说是网络媒体最大的特点。构建网络媒体互动平台,打造集内容发布、互动沟通和信息分享等功能于一体的网络互动社区,全面提升受众的参与度,有助于提升国际受众对中国网络内容的黏着度和美誉度。国际在线网站在 2009 年基于新中国成立 60 周年的特殊时刻,发起了"中国缘·十大国际友人"的网上评选活动,由千百万国际受众直接参与投票,由此增加了活动的参与性。这一活动既突出了网络媒体的特色,也考虑到了国际受众的需求;既发动了国际受众的力量,也发挥了"国际色彩",增进了世界对中国的认识,并向世界展示了中国的大国形象。

---

① 罗杰·菲德勒:《媒介形态变化:认识新媒介》,华夏出版社 2000 年版,第 23 页。

在亚非拉等国家中,中国网络媒体已形成了较高的品牌认同度。本书综合中国 10 大网站的脸书媒体页面及新闻专页发现,大量源于亚非拉国家的受众对于中国媒体的报道认同感较高,本书统计得出,仅在人民网脸书媒体页面拥有的评论者中,有近 80% 的有色人种,而西方受众群体当前对中国媒体的认同感仍相对较低。中国网络媒体应形成自己独特的报道风格,立足于中国,结合自身特色对传播内容的重心进行恰当定位。以亚洲新闻台(Channel NewsAsia)为例,亚洲新闻台是一家位于新加坡的以英文内容为主的电视频道,于 1999 年 3 月开播,办台口号为"提供亚洲的视角"①,其特点在于以亚洲人的视角来报道亚太新闻,报道内容涵盖亚太政治、经济、文化等各方面题材,另外还开设了官方网站及时更新亚太新闻资讯,为亚洲工作和生活的人士提供丰富及时的可用信息。根据尼尔森媒介调查公司(Nielsen Media Research)的调查结果,在亚洲地区可以接收到多国国际频道的收视群体中,亚洲新闻台是他们最乐于收看的新闻频道,2000 年以后,亚洲新闻台的收视率进一步增长,其中有接近三分之二的收视人群为"成功人士"。② 事实上实现媒体定位差异化,并由此形成独特品牌,是提升国际受众特别是欧美受众认可度的有效途径,也是进一步提升中国网络内容国际传播力的有效措施。

第二节　中国网络内容国际传播力提升保障措施

政府是网络媒体开展国际传播的坚强后盾,而网络媒体在国际传播中肩负着塑造国家形象、维护国家利益的重要职责。适当的组织、制度、资本以及人才保障,不仅可以保护本国媒体的发展空间,确保其自身发展壮大,提高国际竞争能力,而且也可以避免其他国家媒体的文化倾销,从根本上保护国家信息安全和文化安全;同时还能对网络信息起到监督和管制作用,保

---

① 高昊、薛宝琴:《新加坡亚洲新闻台国际频道的办台理念经验及启示》,《东南亚纵横》2013 年第 1 期,第 73—74 页。

② 杨婉玲:《亚洲新闻台国际频道在中国传媒市场的营销策略分析》,硕士学位论文,上海交通大学,2006 年,第 7—8 页。

障对外网站的健康发展,并避免外来不良信息的侵害。政府应构建组织、制度、资本以及人才保障,以促进网络媒体的发展,确保国际传播的有序高效进行。

一、中国网络内容国际传播力提升的组织保障措施

中国网络内容的国际传播实质上是中国现实社会在国际上的延伸,网络内容所传递的主流意识形态与现实社会中的主流意识形态,本质上内在统一。随着网络媒介不断发展和网络内容不断丰富,中国政府正积极利用网络平台传递中国的主流意识形态,传播中国特色社会主义核心价值理念。目前中国网络内容国际传播力已具有一定实力,但适应时代发展的需要,仍须将其提升到一个新的高度,并使之按照行之有效的运行模式和路径向前发展。

中国网络媒体为新时期中国传媒竞争力的提升提供了支撑平台。当前网络内容的国际传播力已不再是取决于政府投入网络资源的多少,而取决于政府对于网络内容信息的选择和利用程度。中国经济实力和国际地位的提升,极大激发了其他国家对中国信息的需求和渴望,因而相应地也就对中国网络内容信息服务工作提出了更新更高的要求。加快构建与中国地位相适应的网络内容国际传播的组织保障,以高品质的信息服务促进中国网络内容国际传播竞争力的提升,是十分紧迫的任务。中国网络内容质量良莠不齐,国外受众接触率低,网络媒体公信力差等问题,已严重制约中国网络媒体的发展。"说什么、怎么说、说给谁听"凸显盲目,急需在中国网络内容生产线上建立把关制度,这都需要政府建立强有力的组织保障。

尽管目前中国网络内容国际传播力提升的组织保障已具备一定基础,但与中国网络内容国际传播需要相比,特别是与中国网络内容国际传播的发展战略目标相比,仍存在较大差距。其突出表现为中国网络媒体在信息获取和内容服务仍远落后于发达国家,网络媒体的宏观决策和内容监管仍缺乏强有力的后盾。另外,政府在发展网络内容国际传播上,特别是网络内容国际传播力提升上,也存在一些认识上的错误,主要表现在:第一,网络媒体对政务信息存在片面认识,过低估计政务信息带来的影响;第二,网络信

息的共享渠道不畅通,包括信息的搜集、传播,导致网络内容同质化现象严重;第三,网络媒体缺乏生机,很多政府政务网站的信息更新缓慢,不同级别和不同性质的网站在板块设计上没有统一标准,风格和功能设置各不相同,这无形中增加了国际受众访问中国网络内容了解信息的难度,最终导致网络内容辐射范围较窄,受众互动较少,降低了中国网络内容国际传播力。

中国网络内容国际传播力提升的组织保障,主要是指通过完善的领导体制和工作机制,使中国网络内容国际传播力提升工作形成一个目标明确、关系协调、重任共担、有机联系的格局和工作网络,切实发挥"合力"的作用。与其他保障相比,中国网络内容国际传播力提升的组织保障具有特殊性。首先中国网络内容国际传播力提升的组织保障具有一定层次性。网络媒体的新闻采写是一种文化活动,而这种传播活动没有固定的模式,因而中国网络内容传播力提升的组织保障也没有固定模式,并且它是以各网络媒体的传播活动特点为出发点,根据不同的媒体性质,分别设立组织保障标准;此外由于新闻媒体是党和政府的喉舌,是树立国家形象的重要平台,各级政府把为国际提供信息服务作为政府的重要职能,中国网络内容传播力提升的组织保障应以政府为主导。

(一)设置高效横向组织机构

中国网络内容国际传播力提升的组织保障从宏观层次上来说,是指中央政府对中国网络媒体发展战略进行指导的组织机构。构建完善的中国网络内容组织结构,直接关系网络媒体的发展和未来。中国应构建以中央网络安全和信息化领导小组为主导,中国外宣办、外交部、工信部、财政部等多个部门协同参与的横向专职领导组织。中国网络内容国际传播横向专职领导组织是中国网络内容建设的倡导者、组织者和领导者。传播有质量的网络内容、塑造先进的网络文化是国家核心领导机构肩负的使命。横向领导组织务必充分发挥核心领导作用,将中国网络内容国际传播发展战略和发展目标纳入日常议事范围,从理念、人员等方面全力支持中国网络内容建设。中国网络内容国际传播力领导组织的构建是一项复杂而重要的工程,既要分工明确、各司其职,又要紧密合作、群策群力。

事实上,组建以习近平为核心的中国网络内容建设领导小组,着眼于国家安全和长远发展,特别是着眼于网络安全和长远发展,并全面负责中国网络内容建设的发展战略和重大政策的制定。这一组织机构应设计网络内容管理程序,全方位负责中国网络内容建设的日常管理工作。譬如组织网络媒体和跨国传媒集团会议,负责收集整理群众反馈,向领导小组提出改进建议和方案等,同时应建立工作考核小组,负责对领导组织机构的日常工作进行协调和监督,形成具有考核评估的工作机制。

(二)转变纵向组织机构职能

传统的中国网络媒体组织形式为职能型结构,即决策层——采编中心——部门三级管理体系。在传统垂直金字塔形组织结构中,等级制度十分严格,层次较为复杂,强调的是下级以执行命令和决策为主。这种组织形式导致信息流通不畅,上情下达执行难以到位,这样将在一定程度上扼杀员工创造力;而且部门间的沟通,同事间的协调,都需要领导的指挥和安排,因而办事效率大打折扣。因此,中国网络媒体管理机构应在新时代下突破组织藩篱,将由上至下的顶层组织结构转变为新型的扁平式组织结构,让权力最大限度地分化,从而使得组织变得更为灵活。

试想如果网络媒体所有决策都亲自管理,那么决策层将如何关注媒体未来的方向和发展战略?更何况网络媒体是具有独特性的传媒机构,其采编更为真正的国际化,这样实际状况将会使得决策层几乎成为一个空架子。而且由于中国体制的制约,中国网络媒体组织改革难以深入开展。实际上将人事权完全交给人力资源部门,将财务权交付财务部门,编辑室则只负责内容信息质量的把关和大型报道工作的协调,而媒体自身形象提升、品牌塑造和未来战略发展交给决策层,是一种理想的工作模式和组织状态。因为这样可以将具体工作交给相关部门直接管理,如人事部门可以根据实际情况需求,在全网内对采编人员进行业务上的调配;采编中心可以将主要精力放在信息服务和内容质量上;财务部门可以根据预算对设备、奖金等给予合理安排,这种高度扁平化的组织结构才能真正使部门与部门之间、员工与员工之间高度分权,从而形成各种小型的工作团队,不仅可以激发其创造力,又可以整合力量,并最终产生协作效应。

（三）成立网络行业协会联盟

随着网络媒体不断发展，西方大国充分利用网络媒体，以此改变国际舆论格局。在这种压力下中国网络媒体应不断提升对国际话语权的争夺能力。但目前中国网络媒体功能缺位导致了国际传播的高成本和低效率。长远来看，中国网络内容国际传播力提升亟须网络行业协会来协助发展，因为这种独特社会角色的主体具有特有优势。

行业协会是以同一行业共同的利益为目的，以为同行企业提供各种服务为对象，以政府监督下的自主行为为准则，以非官方机构的民间活动为方式的非营利的法人组织。① 行业协会内的成员都具有相同的经历和专业的知识，能在行业内部达成共识或者形成某种具有约束力的规则。行业协会的组织功能不同于国家政策和市场调节，其最突出的特点是专业性。行业协会内部的会员，大多是学历高、懂业务的专业人才，能在工作中运用知识来搜集信息、提供咨询、为协会做决策。此外，协会组织在日常运行中，应遵守政府相关政策，同时进行自我管理，这也是行业协会最基本的功能。政府的调节并不是万能的，在市场竞争氛围下，互联网行业规则等自律机制，不仅可以维护行业应有利益，实现低成本的管理，而且可以规范互联网行业的发展。这种自觉规范和自我约束的方式在国家相关法律法规跟不上网络高速发展的时候起到了十分重要的作用。

中国互联网行业的协会成立于 2001 年 5 月 25 日，由国内从事互联网行业的网络运营商、服务提供商、设备制造商、系统集成商以及科研、教育机构等 70 多家互联网从业者共同发起成立，是由中国互联网行业及与互联网相关的企事业单位自愿组成的全国性的非营利社会组织。协会的业务主管是工业和信息化部。该协会的主要功能是制定并实施互联网行业规范和自律公约，并积极参与国际互联网领域的合作，为中国互联网领域注入新鲜理念。

此外，由中华全国新闻工作者协会、人民网、国际在线、央视网、中国日

---

① 梁上上:《论行业协会的反竞争行为》,《法学研究》1998 年第 4 期, 第 114—125 页。

报网、千龙网等单位共同主办的中国网络媒体论坛是中国网络媒体又一行业组织形式。该论坛由国务院新闻办公室指导,为中国媒体和知名专家学者提供互相交流的平台,每一届论坛会都围绕网络媒体未来发展态势开展,如 2010 年的主题为"转变发展方式　提升传播能力";2014 年以"加快融合发展,建设新型媒体"为主题,打造中国网络媒体业界最高层次和最大规模的年度盛会。

二、中国网络内容国际传播力提升的制度保障措施

从制度层面去促进中国网络媒体的发展,确保国际传播的有序高效进行,从而提升中国网络内容国际传播力,是增强国家软实力的必然选择。制定中国网络内容国际传播力提升的制度保障,必须遵循一定的原则。这些原则主要体现在以下几个方面:第一,适度原则。网络传播的海量性和多媒体化使其拥有强大的威力,辐射宽广,传播自由,在构建中国网络内容国际传播力提升的制度保障措施时,应清楚地看到网络传播的巨大潜力,适当适时监管,以保障网络信息发布中基本"自由"与"监管",并尽力做到两者之间的平衡。第二,多样性原则。中国网络内容国际传播力提升的制度保障,不应只顺应主流媒体或商业媒体的发展,也不能只依赖一个机构,更不能只单纯依靠行政约束力,而应通过多方利益的博弈,达到各类媒体利益的协调,建立多样制度,让各项制度相互支撑以达到实用目的。第三,统一性原则。为了实现网络内容国际传播力提升全方位保障,必须在考虑资金保障、组织保障、人才保障等特殊作用的同时,积极寻求保障措施之间的共同性和统一性。第四,协调性原则。中国网络内容国际传播力提升需要各方力量的相互协调,来共同构筑保障体系。总的来看,中国网络内容国际传播力提升的制度保障需要从以下几个方面来建设:

(一)法律与法规

中国网络内容国际传播力的提升,离不开政府的法律法规保障。没有完善的法律体系和良好的法律氛围作为保障,中国网络内容国际传播将会成为无源之水,无本之木。因为强化中国网络内容国际传播领域的法律法规建设,通过强制机制的约束,可以引导传播主体的行为,促进其在中国网

络平台进行内容生产和信息传播过程中的合法化和合理化,形成良好的传播秩序,减少网络暴力、虚假报道,减少网络犯罪的发生。

虽然中国目前并没有一部专门针对互联网使用规制的系统法律,但当前出台的相关政策法规已基本包含了互联网使用的各个方面,构成了中国互联网发展的基本法治框架。1994 年以来,中国颁布的与互联网管理相关的法律法规主要包括:《全国人民代表大会常务委员会关于维护互联网安全的决定》《电子签名法》《互联网信息服务管理办法》《电信条例》《计算机信息系统安全保护条例》《信息网络传播权保护条例》《计算机信息网络国际联网安全保护管理办法》等。《刑法》《民法通则》《著作权法》《治安管理处罚法》等法律的相关条款适用于互联网管理。① 以上法律法规设计了互联网信息安全、信息服务规范等内容,对政府部门、互联网用户、互联网内容提供者、互联网业务经营者做出了相关责任和义务的规定。

完善的法律保障体系不仅是中国依法治国的内在要求,更是促进中国网络内容国际传播的发展,为网络内容国际传播力的提升提供保障的重要制度举措。中国网络内容国际传播的立法将缩小中国和西方资本主义国家之间的差距,并能充分保证中国网络内容质量,从而提高中国网络内容国际传播在全球范围内的竞争力。当然,中国网络内容国际传播方面的立法还存在很多缺陷,譬如立法不够完善,立法存在滞后性,换言之,中国目前的现实是以"修补型"立法为主,即出现问题再立法,因而对于中国网络媒体而言,立法始终落后于现实,而且中国网络媒体的立法主要是基于互联网一般性问题进行的,特别是缺少网络媒体的专项立法。目前针对互联网的立法主要集中在三个方面:一是网络管理,如《信息网络传播权保护条例》《互联网著作权行政保护办法》等;二是域名管理,如《中国互联网络域名管理办法》等;三是网络安全,如《计算机网络国际联网安全保护管理办法》《电子认证服务管理办法》等。

目前中国政府非常关注网络媒体在国际传播中的地位与作用,但却没有从国家法律体系的角度对网络媒体进行全方位考察和管理。实际上网络

---

① 国务院新闻办公室:《中国互联网状况》,2010 年 6 月 8 日。

媒体国际传播将不可避免地导致国与国之间的法律冲突,因为它涉及众多的传受国家。中国网络内容国际传播力提升应从立法开始,应当制定网络内容国际传播内容发布的标准和规范,加快网络内容信息发布立法的步伐,对于视野局限、报道鸿沟和信息偏颇等情况进行一定的规范,增强中国网络内容信息发布的公信力和权威性。同时,对于网站信息安全的问题,除了采用有效的技术措施以外,也需要健全信息安全管理条例。包括网络内容的安全等级和安全范围,有关网络内容操作的使用条例和采编管理条例等;此外,应规范中国网络内容信息收费的现象,并加强责任监督,对发布虚假信息、随意收费的商业网站和个人,给予法律处罚。

具体来说,中国网络内容国际传播力提升法律法规保障措施的建设,应从以下三个方面开展:一是明确网络媒体在国际传播中的地位与作用;二是制定网络内容国际传播的相关法律法规,包括确立网络内容国际传播的目标、确立资金管理制度、明确国际传播的组织管理机构、制定人才培养制度以及利用网站进行国际合作方面的基本原则与方法等;三是制定相关的配套政策与实施办法,包括突发事件问题、信息安全问题、版权保护问题等的防范措施。网络内容国际传播法律规范的制定,既要符合国际传播的普遍规律和国际惯例,也要考虑中国国情,并要重视网络媒体的特殊性。另外应建立一个相对完整的制度体系,能有效协调与监督各方力量,并将法律法规真正落到实处。

(二)管理制度

目前,中国网络内容国际传播存在不少制度障碍,如缺乏资源共享机制、政府管控过度、缺乏双向监督模式等,因此应创新网络内容国际传播力提升的管理制度。具体来说,从以下两个方面入手:

一是变多重管理为宏观调控。为保障和提高中国网络内容国际传播力,政府必须宏观管理和把控。从世界各国现实来看,网络内容的国际传播都是在政府控制和主导下进行的。对于中国政府来说,改革和创新网络内容国际传播的管理,应变多重管理为宏观管理。目前中国国际传播不同环节由不同部门和人员来管理,效果无法保障。因此应集中现有力量,明确分工,确定国际传播的基本要求和准则,并将权力下放。目前国际传播环境已有了显著变化,过去中国国际传播以宣传为主,目的是冲破西方媒体阻碍,揭穿西方媒体的险恶用心。但随着互联网的产生和发展,国际传播已不再仅仅对本国宣传,而更多的是向国际宣传,争夺世界话语权,因此,中国网络内容国际传播必须做出转变,特别是转变政府职能,高效掌控国际传播大局。另外网络传播不同于传统媒体传播,信息的实时传送为宏观调控加大了难度。在网络时代,国际传播的宏观调控必须对突发事件作出迅速反应,必须以最少的消耗达到最大的管理效果,必须完美契合网络传播特性。

二是变直接管理为间接管理。在传媒体制上,中国媒体已经相继成立了传媒集团。2015 年 7 月,以大众传媒股份有限公司为主体整合大众报业集团新媒体板块,组建而成的山东省互联网传媒集团股份有限公司在济南正式揭牌成立,这是中国媒介融合迈出的重要一步,代表着网络媒体也是媒体集团的重要组成部分,在国际传播中更是发挥着巨大作用。网络传媒集团的成立,既有市场推动,也有政府促进。面对已经形成的传媒集团,政府应给媒体独立发展的空间,鼓励其谋求自身发展的方向,这样,中国网络媒体才能在国际传播中放开手脚,摆脱"官方话筒"的形象。

改革是顺应时代发展的必然趋势,政府要积极转变自身职能,不能以传媒集团管理者和经营者自居,限制传媒集团尤其是国际传播网络媒体的发展壮大,同时要积极规范传媒市场,为网络媒体参与国际竞争提供良好的环境和保障。政府要建立归属清晰、产权明确、保护严格、流转顺畅的现代产权制度,确立权利和责任的归属,避免各部门之间相互推脱,提高媒体运作效率。只有明确产权制度,才能激发媒体从业人员的积极性和创造力,保障媒体、国家和社会的利益。同时与国际大牌网站相比,中国网络媒体规模小,资源分散,这在一定程度上阻碍了中国网络媒体市场化进程,更阻碍了中国网络内容国际传播力的提升。将网络媒体放入国际媒体环境中直接参与竞争,不能过度分散网络媒体的实力,政府应从媒体管理和控制的前台角色退居后台角色,更多地以资源整合者的角色来协调媒体之间的关系和发展,这样才能使中国网络媒体形成一个真正的整体,从而真正壮大中国网络媒体的整体实力。

三是变统一口径发布为各级政府的新闻发布。过去对外报道总是习惯统一口径,给国外受众造成了不少误解,实际上报道观点、风格、框架等方面并不应存在统一模式。改革开放带来的经济繁荣急速催生信息的流动,舆论多元化成为社会发展的一个普遍现象,适度的信息管制更有利于社会的稳定发展,但随着信息时代到来,盲目统一口径已不适应国际传播模式,哪些领域、哪些新闻事件方面实行统一报道应该有一定的弹性。从 2008 年汶川地震报道到 2015 年天津滨海新区爆炸事件报道,7 年的时间让中国的对外报道不再遮遮掩掩,中国也逐渐在网络媒体等的推动下揭开了神秘面纱,这些都得益于各级政府新闻发布机制的建立。当代西方国家都通过建立信息发布机制以控制媒体的信息传播。中国外交部、国务院新闻办都定期举行新闻发布会,通过向媒体提供政府部门的权威信息,使政府掌握了新闻舆论主动权。

报道更加开放,尺度更大胆,是目前的趋势,在初步建立的政府新闻发布机制中,应着力提高政府对新闻的管理能力而非管制能力,主要有以下几个方面:第一,树立管理突发事件意识。重大事件的发生往往没有预兆,在事件发生之前,就应具备专业意识和眼光,安排好预警措施,强化对突发事件的处理能力。树立管理意识最重要的作用就在于有助于提高报道问题、解决问题的速度,有助于打破西方的信息垄断,有利于对事件的客观解释和报道。第二,完善新闻发布机制。消除政府部门与新闻媒体产生的隔阂,确定信息发布的客观完整性,兼顾媒体利益,尤其是网络媒体国际传播的需要。第三,培养专业发言人。对涉及国家和党的重大事件和重要热点问题要及时表明立场、观点,这就需要专业发言人发挥重要作用,在国际传播中澄清误会、消除谣言,维护国家的良好形象,同时展示中国风貌,让新闻发布机制更加健全。

（三）监督制度

在复杂的国际政治、经济、外交环境下,网络内容国际传播极易受各种因素干扰,国家和政府相关部门要合理运用国际社会条件和现有制度,确立国际传播的重要地位和网络媒体的关键作用,细化相关管理条例,积极协调各部门的工作,为网络内容国际传播提供有力保障。在复杂的国际传播过程中,除了对网络媒体进行政策、法律、管理上的制度保障,还应重视网络环境的健康有序,避免境外不良信息侵入中国,同时对中国的网络媒体实行有效监督。

《中国互联网站发展状况及其安全报告(2015)》显示,2012—2015 年间,中国网站的发展实现止跌回升、呈现出稳中求进的发展态势,在部分行业和领域培育出了一批具有产业竞争能力和一定规模的互联网企业。① 但在互联网迅猛发展的同时,不能忽视其存在的问题。2015 年开始的整治"网络敲诈和有偿删帖"行动是针对网络监督的最新行动,在行动中,"中国新闻热线网""曝光网""尚邦网络公关网""政务舆情网""鲁中报网"等多家网站被依法关闭,这体现了国家净化网络、维护网民权益的决心,同时也为国际传播网络媒体监督提供了良好的借鉴。针对中国网络内容国际传播的监督机制,可以从以下三个方面开展:

一是成立专家监督团队。目前负责媒体监管的部门主要是国家新闻出版广电总局,部分地方也设置了专门部门,但由于媒体具有特殊性,监督的专业性要求非常强,特别是在国际传播中极易因意识形态、国别差异等产生问题,而且网络传播覆盖面广,影响大,因此对其监督必须有专家参与。设立一个独立于政府的部门,由经验丰富的专家进行监管,既有助于把握中国网络内容国际传播方向,又能提供有效有力的监管对策,从而保证中国网络媒体健康发展。

二是加强信息把关。有害信息的输出和流入都会对整个网络带来不可预料的影响,对有害信息的过滤必须双管齐下,以免造成不良社会影响。首先针对网络不良信息的传播,政府应有更多措施和行动。而且网站也必须加强自律。2006 年中国互联网协会联合 25 个省级协会开展了《中国互联网行业自律公约》签约单位的自查自纠活动,这一行动有效净化了网络空间。而面对新形势下的国际传播,网站更应从源头抓起,确保媒体从业人员的专业素养和职业道德过关,并充分利用过滤技术,控制网络不良信息传播,保障网络健康环境。

---

① 中华人民共和国国家新闻出版广电总局官网,http://www.gapp.gov.cn/news/1658/246990.shtml。

三是适度把握新闻自由。在国际传播中,网络媒体既享有新闻自由,又要重视信息传播后对社会和他国造成的国际影响,政府对其进行控制很有必要,即使在西方资本主义社会,新闻自由也不是绝对的。从中国国情来说,新闻信息必须符合国家利益,不能损害国家形象,更不能破坏社会稳定。总之,任何制度保障都不是一蹴而就的,健全制度的建立需要我们在实践中不断摸索,并汲取一线媒体从业人员的智慧和经验,通过有关部门的大力配合和高度关注来落到实处。

（四）国际合作制度

当前互联网已经不再拘囿于单纯的传播技术手段,它已全面渗透进世界各国的政治、经济、军事、文化和社会生活中,成为国家竞争力的一种标志和表征。在各国互联网彼此相互联系同时又分属于不同主权的情况下,围绕互联网的开发使用、内容的建设治理等问题,各国之间打破信息壁垒,加强交流合作已成为必然。在当前各国利用网络媒体进行政治、经济、文化、军事等方面的交流合作中,既有一些促进合作、增强交流的积极因素,也出现了一些抗拒交流的保守因素。从政府政策的角度来看,应该注重把握这些因素,在平等互利的基础上,增强对互联网利用的重视程度,积极开展国与国之间在互联网领域的有效合作,实现资源共享,在保证国家网络安全与互联网健康合作之间形成良性循环。

中国政府始终支持和保障中国网络媒体与世界的交流和合作。2000年以来,中国政府先后组织了数十个代表团,访问了亚洲、欧洲、南北美洲等40多个国家,向其学习了互联网管理与实践的相关经验;2007年以来,先后与美国、英国举办了"中美互联网论坛"和"中英互联网圆桌会议"。[①] 但随着网络安全与国家政治安全的联系愈发紧密,中国政府对互联网国际传播的监管十分严格。国家设置的"防火墙"将政府认为不适宜国际受众浏览的网站和域名屏蔽,直接从信息源头切断了与国际之间的有效互动,这在一定程度上导致了中国网络内容在国际受众心目中的信息展现不平衡形象。此外中国网络内容平台中带有外部链接的新闻信息很少,这使得中国网站

---

① 国务院新闻办公室:《中国互联网状况》,2010年6月8日。

内容在国际范围内传播得不全面和不彻底,因为中国的网站无法自由链接外国网站,甚至一些移动 APP 如 Instagram 等的网络信息都无法接收,导致网络信息的国际流向基本只在拥有同样话语体系的国家中交换。因此,适当放松网络内容的管制是中国争夺国际话语权的基础。加强对国内输出网络信息和国外入境网络信息的把关,过滤掉危害中国国家安全和民族和谐的内容。这样一来不仅保障了中国网络内容的输出,而且也使得国际受众全面了解中国,使得中国网络媒体参与到国际话语体系中,提升了中国网络内容国际传播力。

放宽网络内容管制,加强信息源头把关,实现真正的网络国际"互联"是加强国际交流合作的前提,与国际社会网络媒介之间形成合作是本质。对于中国而言,加强国际合作能够弥补中国网络内容在信息来源上的单一性、公信力和国际影响力的短板等,为占领国际舆论制高点打下良好基础。中国《互联网新闻信息服务管理规定》第九条明文规定:任何组织不得设立中外合资经营、中外合作经营和外资经营的互联网新闻信息服务单位。所以,目前中国网络媒体与国外媒体大多进行网络内容上的相关合作。无论中国网络媒体是向集团化还是专业化发展,其最终落脚点都在于新闻内容的生产。中国网络媒体要想在国际传播中拥有一席之地,最重要的是提升中国网络内容的竞争力。与国外媒体的合作,是对已有资源进行优化配置,实现利益最大化。因此,中国政府应当推进网络媒体积极开展与国外媒体的合作内容与范围。如搜狐网与中国日报网合作,联手推出了英文网站"englishi.sohu.com",这一平台的建立,不仅提升了中国日报网的点击率和影响力,更使得搜狐网成为中国最大的中英文双语商业网站。如果中国政府能在网络媒体国际合作上放宽政策,对于逐渐提升我国网络媒体的国际影响力和传播力将有很大裨益。

网络传播是一把"双刃剑",它在为中国的政治、经济等方面带来发展机遇的同时,也对中国的社会主义主流意识形态和国家政治安全带来了严峻挑战。托夫勒在《权力的转移》中写道:"世界已经离开了依靠金钱与暴力控制的时代,而未来世界政治的魔方,将控制在信息强权的人手里,他们会使用手中所掌握的网络控制权、信息发布权,利用强大的语言文化优势,达到暴力与金钱无法征服的目的。"①西方资本主义国家通过大力倡导"网络自由"的理念,在互联网领域占据了话语制高点的地位,利用网络传播本国的意识形态、价值观念和文化,并制定了一系列的网络国际战略。它们将互联网作为当前舆论斗争的主战场,而这一战场直接关系中国意识形态安全和政治安全。当前中国网络内容国际传播正处于发展的关键时刻,面临着错综复杂的国内外环境,加强中国网络内容国际传播力建设,与资本主义舆论有力抗衡,维护国家政治安全也显得尤为重要。

要建立中国网络内容国际传播力提升的保障体系,相关的政策法律保障要先行。面对网络传播对中国政治安全的影响,单靠个人的重视无法对互联网进行很好的管理,还需要国家以完善的政策和法律法规来保障,为中国网络内容国际传播力的提升保驾护航。充分发挥政府职能,从宏观上对中国网络内容国际传播进行指导和管理,为其传播能力提升提供良好的政策氛围,从根本上创造有利于中国网络内容国际传播力发展的政策环境。

三、中国网络内容国际传播力提升的人才保障措施

随着科技的日新月异,国际合作成为任何国家发展的必然措施和手段。全球化发展的趋势同样要求中国通过媒体特别是网络媒体传播来传递中国信息、中国观点、中国声音,从而让世界了解、认知和熟悉中国。应该说目前国内外复杂的舆论形势,给中国网络内容国际传播力提升带来了前所未有的机会和挑战。为了适应新形势,实施人才建设,构建人才保障,是突破中国网络内容国际传播力提升瓶颈的最佳途径。对于中国网络媒体来说,国际话语权的掌握和良好国家形象的树立,绝不能靠生硬的姿态来推行中国主流价值观,将国家利益作为唯一诉求点。而应该是有赖于网络国际传播人才用全球的视野、贴近的眼光,开放、多元地接受国际各国文化,并在国际新闻报道中体现普世的价值观。

通过近几年的努力,中国网络内容国际传播人才的培养在理念、对象和模式方面都有了转变。首先,网络内容国际传播理念从"对外宣传"转变为

---

① ［美］阿尔文·托夫勒:《权力的转移》,中信出版社 2006 年版,第 105 页。

更符合中国现实情况的"国家形象塑造,建设中国对外话语体系";培养对象由单纯的国内传播人才转变为国内外并重的网络传播人才;培养模式从"专业学习+外语+技能训练"转变到"国情教育+融合新闻业务+外语+媒体实习"四大模块。① 可以看出这种人才培养尽管强调新闻专业技能和英语的重要性,但却缺乏对其他学科知识的教育,以及出现人才培养无法"走出去"的短板。为改变这一现状,应从以下几个方面入手:

(一)强化多学科培养模式

与国内新闻传播教育相比,西方发达国家的新闻传播教育更为注重从学科多元化角度培养国际传播人才。比如美国密苏里大学新闻学院明确表示国际新闻专业的学生要选修其他专业课程,从农业发展到欧洲文化,从世界地理到东南亚历史,等等。而国内新闻传播国际人才培养更多的是强调学好新闻采编专业技能和外语能力,对其他学科未明确要求,导致"通才教育"在中国迟迟无法实现。国际传播人才,在素质上有特殊要求,不仅应必备过硬的技能素养,即熟练的新闻业务能力,运用网络媒介的能力,英语能力,更应有过硬的政治素养和广泛的知识储备。政治素养是指坚定的政治立场和修养,在培养网络国际传播人才时,不仅应进行"国情教育",更应要求学生对世界情况的掌握。因为中国网络内容国际传播不再只局限于向世界介绍中国,而是向世界介绍世界,所以应从中国的立场出发把握世界政治、经济、文化以及社会的变化。例如音乐学有助于学生了解世界各国音乐的发展历史、音乐曲式和乐器,培养对于世界各国音乐理念不同的宽容态度。清华大学新闻与传播学院在国内大学中率先开办了首个"全球财经新闻"硕士点,将课程设计的重点放在中西方企业和财经市场的比较研究、中国企业案例分析、利用互联网采写新闻、财经调查新闻的报道技巧等融合金融、企业管理和互联网等学科知识的多元化课程上。

(二)实现"高校+项目"联合培养

在网络内容国际传播人才的培养中,应强化高校在其中的主导作用。

---

① 史安斌:《论我国对外传播事业的"短板"与国际新闻传播人才培养模式的创新》,《新闻界》2012年第4期,第15页。

在已有的高校国际新闻传播人才培养体系的基础上,根据媒介发展和市场对网络传播人才的需求,及时调整高校培养课程,加强课程素质教育和创新能力的培养。而且为满足网络全球化对网络新闻记者的巨大需求,高校可设置专门的"网络内容国际传播"硕博点,培训人才通过互联网掌握报道瞬息万变的国际新闻资讯的技巧。

充分发挥高校与中国网络国际传播体系结合的优势,走"高校+项目"联合培养创新型网络国际传播人才之路。鼓励网站与高校结合起来建立以网站报道项目为主体、以高校为支撑的培养平台,通过共建网站研究中心、开发多元网络传播平台等多种研究形式,加强网络内容国际传播合作;建立高校与国际传播网站人才双向交流制度,推行"双导师制"和"1对1"教学模式,提高中国网络内容国际传播人才的质量;同时支持国际传播网站与高等院校共建教学基地,共担科研项目的方式,实行"高校+项目"的培养模式,使高校人才走进网络传播体系,深入培养学生的实践能力和创新能力。

(三)实施"走出去"人才战略

尽管近年来中国网络媒体国际传播队伍不断壮大,但同西方主流媒体相比,国际传播人才的缺口仍然很大。内知国情、外知世界、精通外语、熟练掌握传播技术的国际传播人才极度稀缺。好视角的新闻,需要优秀的国际传播人才才能最大限度地实现新闻价值。国际传播人才所具备的素质应是综合性的,他们应具有国际化视野和国际意识、跨文化交流和国际合作能力、创新意识和创新能力、高信息敏感度和团队协调组织等素质,以及新闻理论学习和应用能力、新闻传播实践能力等。这些内容只有通过长期的实践,才有可能在国际传播人才身上有所体现。例如可以通过内部培训、互动交流、团队活动等灵活多样的方式、办法,建立和充实专业化、高素质的国际传播队伍。除做好重点高校在校学生的培养外,还应加大现职人员的国内在职、半脱产和脱产培训以及国外的培训与实习,为网络国际传播人才提供国外交流学习的机会,让他们了解世界各地风土人情,培养新闻报道的国际视野。21世纪的新闻是全球性的,必须以一种全球视野来应对。学生在国内和国外双平台接受教育学习,不仅可以掌握世界新闻报道技巧,获得短期的国外学习和实习资格,更可以对他国教育理念和传媒制度有更深了解,掌握国际受众心理。近年来中国许多新闻传播院系开始重视与国外高校交流合作的机会,纷纷与国外高校设立合作办学的项目。如复旦大学新闻学院与伦敦政治经济学院、美国密苏里大学新闻学院等许多国际一流大学建立了国际传播双学位合作项目。

另外可以设置与国外媒体合作的培养模式,采用"一线实习""项目合作"等方式,进行网络内容国际传播人才的专业实践。学生通过参与到国外一线网络媒体的采编工作中,培养新闻敏感,熟悉网络内容国际传播流程,不仅可以提高他们的实务操作能力和业务素质,增强团队合作意识和敬业精神,更能建立中国与其他国家的桥梁,创新中国网络内容国际传播的传播理念和模式。

(四)实施"请进来"人才战略

西方发达国家国际传播学生大多是来自世界各国,这种开放教育培养方式,不仅有益于教学质量的提高,更有益于为国际传播提供人才保障。而中国网络国际传播人才的培养,基本上是对内不对外,开放程度与世界水平相差甚远。因此随着国际传播能力建设的不断推进,中国网络媒体通过引进"外脑",使用传播目的地国家的领军传播人才,可以取得事半功倍的效果。对此,我们要抓住机会,积极招募当地的高端人才,发挥他们在语言、文化等方面的优势,将驻外机构在人才方面打造成为真正的跨国公司。一方面,面向全球招聘经验丰富的国际新闻人才加入我们的传播队伍,不仅能增强我们对外报道实力,还能起到示范作用,从而使整个队伍的采编能力得到提升;另一方面,聘用专业的国外优秀本土人才,有助于网站跨越文化和语言的壁垒,从而更快融入传播对象国的新闻市场,增加对本土受众的贴近性和吸引力。

例如《中国日报》在全球化战略中就聘用了 70 余位来自英、美等国的资深新闻传播人。俄罗斯媒体成功进入西方主流社会的经验之一,也归功于尽可能多地雇用西方已成名的主播和记者。路透社的雇员来自世界上 89 个国家,法新社的雇员来自世界上 81 个国家和地区,美联社的外籍雇员占全部工作人员的 36% 左右。① 实践证明,只有逐步重视海外分支机构人

---

① 唐润华、程征:《国际传播人才的打造和配置》,《新闻战线》2012 年第 2 期,第 78—80 页。

员的"本土化"，扩大海外雇员队伍，才能拥有一支真正的国际化队伍，才能在国际传播工作中取得跨语言、跨文化传播的实效。

　　培养外籍人才，尤其是国外语言专家和留学生，使之成为中国网络内容国际传播的储备力量。外籍人才熟知外国的文化习俗、语言习惯和价值体系，了解受众的心理需求，更易促进中国网络内容本土化，从而拉近与国际受众的距离。更重要的是，外籍人才能发挥意见领袖的作用。人才引进是一项复杂的工作，包括办理签证、家属安排、国籍更换等事宜，涉及多个政府部门，手续复杂且周期冗长。因此，应该成立"中国网络传播人才引进中心"，专门为引进外籍人才所涉及的事宜服务，包括信息沟通、签证办理、语言学习和子女教育等工作，帮助外籍人才尽快融入中国社会。此外，加强与海外学习国际传播留学生的联系与交流，吸引海外创新型人才，特别是互联网应用、网络媒体研究、国际传播等人才回国工作。充分利用华裔华侨优势，发挥华人圈的影响力和作用，通过举办海外国际传播人才项目洽谈会、海外人才招聘联展等多种形式，开拓海外传播人才引进渠道，为网站搭建传播人才引进平台。

　　网络作为国际传播的新媒介载体，发挥着重要的平台作用。美国、英国等西方发达国家，早期就认识到了网络技术人才的重要性了，纷纷从微软、谷歌等招募了大量的技术人才，加大其对国际传播意识和网络技术能力的复合培养，从容应对国际传播对网络技术人才的需求。随着发展中国家的崛起，出于国际传播的需要，中国对网络技术人才的素养也提出了新的要求。对于迫切需要增强国际传播能力的中国网络媒体而言，必须注重网络技术人才的培养与引进，包括移动互联网技术、信息技术、艺术设计等各个方向。设计整套技术人才培养体系，开展技术研发与新闻业务的合作，使国际传播人员队伍具备专业性较强的网络科技人才。同时，网络技术人才还应当对网络技术的特点和未来发展趋势有准确科学的把握，并具有大胆创新精神，对网络等新媒体技术进行不断的创新与探索，充分开发互联网、手机等新兴媒介平台的作用，以技术开发为先导，掌握网络舆论引导主动权，建设适应现代国际传播需求的硬件设施和体系，为进一步提高中国网络内容国际传播能力提供坚实的硬件基础和技术支撑。

（五）注重"自媒体"传播人才培养

互联网进入了"自媒体"高度发展时代，个体的身份被多元化，在接受信息的同时更能传播信息，以公众、网民为根本力量的自媒体，作为网络媒体发展的新形态，正以迅雷不及掩耳之势让网络国际传播更为复杂化，并在国际事务中发挥越来越大的作用，正逐渐成为世界各国舆论话语制高点。尽管我们拥有新浪微博、腾讯微信等自媒体平台，但却没有真正达到国际化的自媒体水平。具体体现在，就内容生产者而言，自媒体的传播主体为业余人群；就信息形式而言，自媒体更多遵从传播者自身的习惯；就传播目的而言，自媒体的出发点是分享信息。所以中国自媒体的影响力一直居低不上。

采用自媒体国际传播的形式有利于打破目前中国网络内容国际传播的单一模式。利用微博、微信等社交媒体平台，传播中国的主流价值观和风土人情，与当地网民和公众进行有效互动，逐渐提升中国网络内容国际传播的亲和力和公信力。"意见领袖"在不同领域发挥了自己举足轻重的作用，一些国际热点事件发生后，"意见领袖"以平等的身份在网络上发表自己的观点，开展理念和价值的交锋，以国际受众更易接受的方式引导他们明辨事件情况，因此应注重培养自媒体中的"意见领袖"；重点加强培养自媒体传播人才的媒介素养和沟通能力，不断强化他们的网络传媒职业精神，用国际受众易于接受的方式打造极富风格的话题视角，从而保障中国网络内容国际传播力的提升。

（六）吸纳创新型经营管理人才

国际传播中拥有高素质的人才队伍，才能在日趋激烈的国际竞争中赢得主动。目前网络媒体行业中既懂新闻业务又懂经营管理的高层管理人才，既擅长新闻采编又精于策划组织的中高层新闻人才，具有多学科知识背景和多种业务技能的复合型经营人才的紧缺，已然成为一种普遍现象。

网络媒介经营管理人才是网络媒体人才队伍的核心，对传媒与市场的关系有着深刻理解，他们通过系统的学习或工作的积累，一般都具备现代化、专业化、市场化的营销水平和手段，能够科学地配置已有资源，在工作中注重团队凝聚力建设。同时，网络经营管理人才还富有开拓创新精神，不仅具备专业手段，还能灵活运用资本手段和市场手段来改善网站困境，并且善于引导国际媒介开展合作，实现资源的优势互补，进一步完善国际互联网传媒规模化和集约化发展，从而增强中国网络媒体的国际竞争能力。

目前中国网络国际传播队伍中具有战略眼光和国际视野，并对传媒产业和市场运营精通的创新型经营管理人才严重匮乏，是中国网络国际传播事业发展必须解决的燃眉之急。例如，近年来，北京外国语大学等国内知名高校纷纷与网络媒体开展战略合作，针对中高层经营管理人员开设特色课程，努力培养中国网络内容国际传播的创新型经营管理后备人才。

四、中国网络内容国际传播力提升的资本保障措施

经济实力是衡量国家总体实力的重要指标，关系国家的世界地位和国际影响。国家经济实力与国际传播能力更是密切相关，拥有强大的经济实力，才能及时更新先进信息技术和设备，才能成为信息的生产和输出国，才能建立起科学的国际传播体系。如果缺乏经济实力作支撑，国家就难以从艰巨的建设发展任务中，为国际传播能力的提升和国际传播体系的建立筹措资金，网络内容国际传播的发展必然重重受阻。在如今传媒市场中，除了内容竞争，各国也纷纷开始进行规模竞争，在内容同质的情况下，具有规模优势的传媒总是要比没有规模优势的传媒具有更大的社会影响力。因此，在错综复杂的国际舞台上，关注国际传播的国家都不会放弃内容和规模两个板块。现在的中国已是当之无愧的经济大国，无论是社会生产力还是人民生活水平，相比于过去都有质的飞越，中国目前的经济实力足以支撑起一个强有力的国际传播体系，但从目前情形来看，中国的国际传播进程发展并不一帆风顺，作为先行军的网络内容国际传播更是遇到了各种问题。

近年来，国新办确定了人民网、新华网、大众网等首批十家转企改制试点网站，鼓励转企改制和上市融资，以此来推动新闻网站的快速发展，消除网站的资金短板。2012年4月，人民网股份有限公司在上海证券交易所上市，开创了中国资本市场的先河。这是中国媒体改革的一个标志性事件，特别是作为国家主流网站的人民网，在国际传播中担任着重要角色，也为网络媒体未来的发展提供了一个明确的路标。但是业界对人民网在资本市场的表现仍心存疑虑，这也体现了大部分准备转企改制网站的尴尬处境，由于体

制机制、盈利方式、市场潜力等因素影响,上市之后的道路并不能保证平坦无阻。

相比于国外网站,中国国际传播网站的管理和运作相对单一,缺乏在激烈市场竞争环境下的危机感。目前,网络媒体的竞争发生在信息传播中,是一种信息传播能力的竞争。这种竞争很大程度上受从业人员的素质和水平、硬件设施更新等的束缚,但归根结底还是资本的竞争。中国国际传播的主流媒体大部分仍走产业化发展之路,尽管媒体无须担心资金来源,但因需满足政府部门的要求而无法放开手脚。当然,国际上同样有国际传播媒体由政府出资,如美国的 VOA(Voice of American)和英国的 BBC(British Broadcasting Corporate)等。但整体来看,西方媒体更多的是独立经营,资金相对充足。虽然中国早已启动媒体的转企改制,但由于国际传播任务的重要性和特殊性,政府还是对所有国际传播媒体出资支持。长久来看,这一措施将大幅度降低中国网络媒体国际竞争力和影响力。

目前中国新闻网站从传统媒体中剥离的时间较短,所开办的业务寥寥无几。人民网在线打造的网络舆情平台及其线下产品《网络舆情》杂志体现了其特色的舆情服务,但受众的黏合度依然不够,而国家主流的其他几家国家传播网站对业务、产品及服务的关注和重视程度仍十分有限。相比于国内商业门户网站业务收入来源,其互联网增值服务、移动及电信增值服务、网络游戏、网络广告、搜索等业务方面就出现明显短板。与国内商业网站相比,国际传播中的新闻网站利润来源单一,几乎不存在自主盈利模式。腾讯、百度、网易等商业网站的收入主要来源虽不是网络广告,但其网络广告部分的收入却远高于许多主流新闻网站的收入;而且与国外新闻网站相比,中国的国际传播网站自主收入更显单薄,几乎完全是依靠国内报纸收入和政府拨款,以传统媒体支撑网络媒体发展。这样的盈利模式不仅不利于国际传播网站的自身发展,更会使其在激烈的国际竞争中败下阵来。人民网上市后,雄厚的资金实力给了市场十足的信息,但我们从分析股权结构可以发现,重组后的人民日报社和环球网所占的股权份额仍超过总份额的半数,这种高度集中的股权结构其实并不利于其在资本市场中的长期发展。而这样的股权结构在中国却不在少数,以国有资本为主体的股权结构虽能在国内获得资本青睐,但却无法在市场竞争中保证稳操胜券。构建中国网络内容国际传播力提升的资本保障措施应从以下几个方面入手:

(一)政策有力支持

由于陈旧机制体制的障碍,中国传媒产业化进程进展缓慢,传媒的产业特性并没有完全发挥出来,离规模化集团化的目标还很远。这也在一定程度上束缚了网络媒体国际传播的建设与发展,在国际竞争中,中国网络媒体与国外跨国传媒集团相比,差距不小。政府对网络媒体国际传播的资本保障首先要从政策入手。

具体来说,一是突破产业壁垒。政府既需要对网络媒体在国际传播中的意识形态问题加以把握,以更好地实现网络媒体塑造国家形象、争夺国际话语权的重要功能,更需要在产业经济政策方面对网络媒体实施积极有效的政策转变,放宽产业政策,加大扶持力度,突破产业之间的隐性壁垒,合理利用资源,壮大网站母品牌的经济实力,从而提高网站经济效益。二是完善税收政策。税收政策的完善为国际传播的发展起到很好的调节作用,通过进一步加大经济改革力度,制定和完善促进中国网络媒体更好地开展国际传播的财政税收政策,加大对新闻信息文化产品和服务出口的支持力度,以一定的税收政策倾斜为网络内容的国际传播创造良好的国内环境,也利于网站建设吸引更多资金,帮助网站的自由、健康发展。

(二)资金科学投入

建设具有国际竞争力的网络媒体单靠媒体自身资金积累是难以快速实现的,因此政府的资金投入必不可少。从以往情况来看,政府在国际传播事业中的投入并不少,对网络媒体的支持力度很大,但中国至今还未建立起强大的国际传播体系。究其原因,并不是资金投入不够,而是资金的投入没有做到科学准确,因而可以从以下几个方面来完善:

一是制订年度投资计划。根据中国经济发展的情况和网络内容国际传播的现实需要,在每年的财政预算中,确定当年的投资计划,并通过灵活的制度,来实现资金的合理利用和投入。二是把握投入平衡。首先是"重点"和非"重点"的平衡。政府对国家主流网站和商业网站、地方网站的资金投入应当并重,只有这两类网站在国际传播中都发挥应有的作用,才能形成中国良好的国际传播态势,从目前形势来看,应鼓励国家级主流网站率先发展成国际型网站,并通过"重点"带动非"重点";其次是"物"和"人"的平衡,在必要的技术创新和硬件供应方面,需要政府提供一定的资金保障,在人力选用及激励方面也需国家给予一定的关注,只有兼备"物"和"人"的双方实力,才能搭建实力雄厚的海外传播机构,在人才竞争越来越激烈的形势下,用更多的资金来吸引人才成为必要之举。三是注重奖励和监督。以往政府在资金投入中,忽视了对网络内容落地效果的评估。可用资金奖励的方式来鼓励一部分在国际传播中作出突出贡献的网络媒体,为其他网站树立良好榜样。同时,政府应当发挥资金后期使用的监督功能,确保政府投入发挥最大社会效益和经济效益。

(三)促进融资改革

资金是国际传播活动的重要保障,是网站生存不可或缺的要件。从设备配置到技术创新,从人员培训到日常开销,都离不开资金支持。投资规模越大,越有利于网络媒体的发展,回报也会相应增加,并由此形成一个良性循环。目前中国传媒业投资渠道狭窄,而且大多数以传统媒体为依靠的网站,创立初期在财政上主要依靠母媒体以及政府,而网络媒体在发展过程中所需要的资金量很大,特别是国际传播主流网站,对资金需要则更大。但长期以来事业体制使得大部分网络媒体无法依靠自身力量筹措资金,这对中国网络媒体发展十分不利。因此构建政府资本保障,拓宽融资渠道,为网络媒体国际传播注入新鲜动力,显得十分重要。

一是鼓励国有企业投资。对主流网站而言,最可靠的投资还是来自国内,目前国内发展较好的国有大中型企业,完全可以投资极具发展潜力的网络媒体,并以资金带动中国网络内容国际传播竞争力的提升,从而实现对国际知名网站的追赶。二是采取灵活信贷措施。银行信贷保障是资金投入的有力后盾,对以国际传播网络媒体而言,国外银行显然不可能提供稳定的资金保障和可靠的信贷服务,强化国有银行对传媒产业海外拓展的支持力度,是目前信贷措施对网络内容国际传播的最有效保障。三是创新投资手段。在媒体融资上,适当放宽传媒领域的资金准入。目前,传媒融资最直接也最有效的方式是上市。作为一个资本密集型行业,网络媒体的发展离不开大量资金投入,上市能使网络媒体打破长期发展的资金桎梏,使资金的获取更为稳定,发展也更为自主,以此实现网络媒体利益的最大化。但对网络媒体而言,上市也只能解一时的燃眉之急,网络媒体的核心业务仍受政府严格管制。这就要求政府在扩大媒体融资方式的过程中注重保障社会利益,并通过创新投资格局,让更多的民间资金甚至外资作为生力军投入网络媒体。

(四)引导资源重组

中国传媒发展的市场动力相对不足,目前几乎没有以兼并重组形式实现规模化发展的网络媒体,传媒集中度相对较低。中国网络媒体在国际传播中仍主要以新闻信息服务为主,因此增强自身竞争力和业务拓展力,是面对开放的市场而立于不败之地的必要条件。自身实力的增强并不意味着盲目扩张与发展,而是利用现有资源,在政府宏观调配下,实现组织内部高效运转。从国际传媒市场竞争态势来看,中国传媒业仍处于明显弱势,国际大型传媒集团在成熟的市场机制和雄厚的资本支撑下,对重组、兼并等市场扩张手段驾轻就熟,这将进一步拉大差距。中国传媒单位数量众多,但仍缺乏能与西方发达国家传媒相抗衡的跨国传媒集团,由此导致的必然结果是中国网络媒体的国际传播后劲不足。因此,应大力推进传媒产业特别是网络媒体的结构调整,实现规模化、多元化发展。

一是鼓励经营创新与改革。倡导拥有多家网站品牌单位以及业务相同、内容相近的网络传媒,通过重组、联合、股份化等方式,按照优势互补、自愿结合的原则,有效组合在一起,从而突破传媒壁垒,形成电视、广播、网络"三位一体"的国际传播体系。二是整合优势传媒资源。以资本为纽带组建新的传媒集团。现阶段,中国在国际传播的设备、技术、人员的投入上相比于过去已经有了很大提高,但力量相对分散,因此通过传媒资源整合,可以培育出一批导向正确、实力雄厚、影响力大的网络媒体,承担国际传播任务,同时对其他网络媒体形成良好的引导和借鉴作用。值得关注的是,资本保障为中国网络内容国际传播力提升提供的不仅仅是资金,还有更新经营理念和经营方式。对于中国网络媒体来说,经营模式和理念的创新对其影响并非直接和显而易见的,但却是内化和深远的。

参考文献

艾丰:《新闻写作方法论》,中国广播电视出版社1994年版。

蔡帼芬、徐琴媛:《国际新闻与跨文化传播》,北京广播学院出版社2003年版。

巢乃鹏:《网络受众心理行为研究——一种信息查询的研究范式》,新华出版社2002年版。

陈力丹:《新闻理论十讲》,复旦大学出版社2008年版。

程曼丽、王维佳:《对外传播及其效果研究》,北京大学出版社2011年版。

程曼丽:《国际传播学教程》,北京大学出版社2006年版。

丁柏铨:《加入WTO与中国新闻传播业》,社会科学文献出版社2005年版。

段连成:《对外传播学初探》,五洲传播出版社2004年版。

段鹏:《传播学基础:历史、框架和外延》,中国传媒大学出版社2006年版。

段鹏:《国家形象建构中的传播策略》,中国传媒大学出版社2007年版。

段鹏:《中国广播电视国际传播策略研究》,中国传媒大学出版社2013年版。

关世杰:《国际传播学》,北京大学出版社2004年版。

郭可:《国际传播学导论》,复旦大学出版社2004年版。

郭庆光:《传播学教程》,中国人民大学出版社2011年版。

郭卫华:《新闻侵权热点问题研究》,人民法院出版社2000年版。

侯迎忠、郭光华:《对外报道策略与技巧》,中国传媒大学出版社2008年版。

胡正荣、李继东、姬德强:《中国国际传播(2014)》,社会科学文献出版社2014年版。

胡正荣:《传播学总论》,北京广播学院出版社1997年版。

胡正荣:《中国国际传播发展报告》,社会科学文献出版社2014年版。

雷跃捷:《新闻理论》,北京广播学院出版社1997年版。

李本乾:《中国大众传媒议程设置功能研究》,甘肃人民出版社2002年版。

李希光、周庆安:《软力量与全球传播》,清华大学出版社2005年版。

李希光:《转型中的新闻学》(第一版),南方日报出版社 2005 年版。

李宇:《中国电视国际化与对外传播》,中国传媒大学出版社 2010 年版。

梁岩、谢飞:《中国英文媒体概观》,知识产权出版社 2010 年版。

刘继南、周积华等著:《国际传播与国家形象——国际关系的新视角》,北京广播学院出版社 2002 年版。

刘澜:《一个新的国际传播能力模型》,转引自姜加林、于运全:《世界新格局与中国国际传播》,外文出版社 2012 年版。

刘利群、张毓强:《国际传播概论》,中国传媒大学出版社 2011 年版。

刘文纲:《经济全球化与中国企业"走出去"战略研究》,经济科学出版社 2003 年版。

刘笑盈、何兰:《国际传播史》,中国传媒大学出版社 2011 年版。

刘燕南、史利:《国际传播受众研究》,中国传媒大学出版社 2011 年版。

明安香:《传媒全球化与中国崛起》,社会科学文献出版社 2008 年版。

彭家发:《新闻客观性原理》,台湾:三民书局 1994 年版。

彭兰:《网络传播概论》,中国人民大学出版社 2001 年版。

孙旭培:《论新闻报道的平衡》,当代中国出版社 1994 年版。

孙旭培:《新闻传播学法》,复旦大学出版社 2008 年版。

唐润华、刘滢:《媒体国际传播能力评估指标体系初探》,转引自姜加林、于运全:《世界新格局与中国国际传播》,外文出版社 2012 年版。

童兵:《理论新闻传播学导论》,中国人民大学出版社 2000 年版。

王朝晖:《跨国公司的人才本土化》,机械工业出版社 2007 年版。

王东迎:《中国网络媒体对外传播研究》,中国书籍出版社 2011 年版。

王庚年:《国际传播发展战略》,中国传媒大学出版社 2011 年版。

王庚年:《新媒体国际传播研究》,中国国际广播出版社 2012 年版。

吴飞:《国际传播系列案例分析》,浙江大学出版社 2013 年版。

吴明隆:《SPSS 统计应用实务》,北京科学出版社 2003 年版。

夏雨禾:《改革开放以来〈人民日报〉三农议程设置研究》,新华出版社 2008 年版。

张炳江:《层次分析法及其应用案例》,电子工业出版社 2014 年版。

张桂珍等著:《中国对外传播》,中国传媒大学出版社 2006 年版。

张国良:《现代大众传播学》,四川人民出版社 1998 年版。

张艳秋、刘素云:《国际传播策划》,中国传媒大学出版社 2011 年版。

张咏华:《网络新闻业与跨文化传播》,上海三联书店 2008 年版。

赵启正:《向世界说明中国续篇——赵启正的沟通艺术》,新世界出版社 2006 年版。

赵雪波:《传播视野中的国际关系》,中国传媒大学出版社 2006 年版。

赵雅文:《全球化与国际平衡传播》,新华出版社 2007 年版。

郑兴东:《受众心理与传媒引导》,新华出版社 2004 年版。

［加］马歇尔·麦克卢汉：《理解媒介：论人的延伸》，商务印书馆 2000 年版。

［美］Werner J.Severin、James W.Tankard Jr.著：《传播理论：起源、方法与应用》，郭镇之译，中国传媒大学出版社 2006 年版。

［美］埃弗雷特·罗杰斯：《创新的扩散》，中央编译出版社 2002 年版。

［美］赫伯特·阿特休尔：《权力的媒介》，黄煜、裘志康译，华夏出版社 1989 年版。

［美］克莱德·M.伍兹：《文化变迁》，何瑞福译，河北人民出版社 1989 年版。

［美］拉里·A.萨默瓦、理查德·E.波特：《跨文化传播》（第四版），中国人民大学出版社 2004 年版。

［美］罗伯特·福特纳：《国际传播：全球都市的历史、冲突及控制》，刘利群译，华夏出版社 2000 年版。

［美］罗杰·菲德勒：《媒介形态变化：认识新媒介》，华夏出版社 2000 年版。

［美］马克斯韦尔·麦库姆斯：《议程设置：大众媒体与舆论》，郭镇之、徐培喜译，北京大学出版社 2008 年版。

［美］梅尔文·门彻：《新闻报道与写作》，展江译，华夏出版社 2003 年版。

［美］尼葛洛庞帝：《数字化生存》，胡冰、范海燕译，海南出版社 1997 年版。

［美］施拉姆：《传媒信息与人》，余也鲁译述，中国展望出版社 1985 年版。

［美］施拉姆：《大众传播媒介与社会发展》，华夏出版社 1990 年版。

［美］斯坦利·巴兰、丹尼斯·戴维斯：《大众传播理论：基础、争鸣与未来》，曹书乐译，清华大学出版社 2014 年版。

［美］詹姆斯·罗尔：《媒介、传播、文化：一个全球性的途径》，董洪川译，商务印书馆 2012 年版。

［英］达雅·屠苏：《国际传播：延续与变革》，董关鹏译，新华出版社 2004 年版。

［英］丹尼斯·麦奎尔：《受众分析》，刘燕南、李颖、杨振荣译，中国人民大学出版社 2006 年版。

［英］利萨·泰勒、安德鲁·威利斯：《媒介研究：文本、机构与受众》，北京大学出版社 2005 年版。

［英］泰勒、威利斯著：《媒介研究：文本、机构与受众》，吴靖、黄佩译，北京大学出版社 2005 年版。

［英］特希·兰塔能（Terhi Rantanen）：《媒介与全球化》，章宏译，中国传媒大学出版社 2013 年版。

常江、文家宝：《BBC 的全球化与本土化传播策略及启示》，《对外传播》2014 年第 8 期。

陈力丹：《对外传播存在什么问题？ 我们如何做好？》，《对外大传播》2005 年第 8 期。

陈力丹：《论 60 年来中国新闻报道方式的演变》，《国际新闻界》2009 年第 9 期。

陈力丹：《论新闻真实》，《中国广播》2011 年第 4 期。

陈力丹:《树立客观、平衡报道事实的理念》,《新闻与写作》2014 年第 6 期。

陈曙光:《改进中国英文新闻网站的对外传播》,《新闻爱好者》2011 年第 19 期。

陈曙光:《中国英文新闻网站在对外传播中的策略分析》,《无线互联科技》2011 年第 3 期。

陈燕如:《跨文化传播原理在中国对外宣传中的运用》,《现代传播》2007 年第 1 期。

陈正洪:《中国媒体与中国软实力建设战略解析》,《科技传播》2009 年第 4 期。

程曼丽:《论"议程设置"在国家形象塑造中的舆论导向作用》,《北京大学学报》(哲学社会科学版)2008 年第 2 期。

程曼丽:《信息全球化时代的国际传播》,《国际新闻界》2000 年第 4 期。

程曼丽:《中国媒体应有大国的自信》,《新闻与写作》2012 年第 12 期。

程少华:《提升国际传播力视野下的现代传播体系构建》,《声屏世界》2013 年第 2 期。

邓建国:《融合与渗透:网络时代国际传播的新特征及对策》,《对外传播》2009 年第 12 期。

丁园园:《国际广播本土化竞争战略初探》,《东南传播》2009 年第 8 期。

丁卓菁、曹开云:《Web2.0 时代议题设置的策略研究》,《新闻爱好者》2011 年第 2 期。

杜建华:《风险传播悖论与平衡报道追求——基于媒介生态视角的考察》,《当代传播》2012 年第 1 期。

段鹏、周畅:《从微观层面看目前中国政府对外传播的不足——〈中国日报〉对外报道阶段性抽样》,《现代传播》(中国传媒大学学报)2007 年第 1 期。

对外传播效果研究课题组:《中美传播影响力比较研究——以〈人民日报〉、〈中国日报〉、〈纽约时报〉为例》,《国际关系学院学报》2007 年第 6 期。

冯莉:《客观报道理念与新闻真实性含义》,《当代传播》2007 年第 3 期。

冯梦莎、王静:《试论议程设置功能在网络环境中的强化》,《东南传播》2009 年第 7 期。

符绍强、陈静:《提升中国媒体国际传播能力的思考与对策——从中国媒体在报道重大国际事件中的表现说起》,《新闻战线》2015 年第 2 期。

甘露:《浅析网络议程设置的特色》,《国际新闻界》2003 年第 4 期。

高琛:《论新闻的公正性原则》,《北方文学(下半月)》2011 年第 6 期。

高昊、薛宝琴:《新加坡亚洲新闻台国际频道的办台理念经验及启示》,《东南亚纵横》2013 年第 1 期。

郭可、毕笑楠:《网络媒体在对外传播中的应用》,《新闻大学》2003 年第 2 期。

郭可:《中国英语媒体传播效果研究》,《国际新闻界》2002 年第 4 期。

何国平:《中国对外报道观念的变革与建构——基于国际传播能力的考察》,《山东社会科学》2009 年第 8 期。

何翔:《中国对外传播存在的问题及解决途径》,《当代传播》2008 年第 5 期。

侯文倩:《关于"不死"的新闻客观性的探讨》,《今传媒》2014 年第 11 期。

胡翼青、殷慧娴:《互联网上的使用与满足——一项关于大学生网络使用的实证研究》,《广播电视大学学报》(哲学社会科学版)2008 年第 2 期。

胡智锋、刘俊:《主体·诉求·渠道·类型:四重维度论如何提高中国传媒的国际传播力》,《新闻与传播研究》2013 年第 4 期。

黄艾:《国际传播的研究热点回顾与趋势展望——2012 国际传播文献综述》,《对外传播》2012 年第 12 期。

黄旦、孙藜:《新闻客观性三题》,《新闻大学》2005 年第 2 期。

简艺:《全球环境中的中国对外传播》,《现代传播》(北京广播学院学报)2000 年第 2 期。

姜鹏:《中国对外传播之生态环境简析》,《东南传播》2006 年第 1 期。

姜炎、王鸿宇:《"热点"和"冰点"新闻的价值因素比较》,《声屏世界》2000 年第 9 期。

蒋晓丽、彭楚涵:《从全球性事件报道看中国电视财经新闻的国际传播力》,《广州大学学报》(社会科学版)2011 年第 6 期。

阚道远:《社会主义国家网络国际传播力建设》,《学术探索》2014 年第 3 期。

柯惠新、陈旭辉:《中国对外传播效果评估的指标体系及实施方法》,《对外传播》2009 年第 12 期。

孔震、白琨、单娟:《中美主流报纸报道角度对比分析》,《国际关系学院学报》2007 年第 1 期。

冷冶夫、刘新传:《论全球化背景下的对外传播》,《现代视听》2007 年第 7 期。

李代详:《健全反馈机制增强国际传播能力——新华网反馈机制及对新闻报道的影响》,《对外传播》2009 年第 12 期。

李晶:《跨文化传播视野下的网络媒体对外传播能力》,《新闻天地(下半月刊)》2011 年第 2 期。

李良荣、赵智敏:《试析当前新闻报道的平衡原则》,《新闻爱好者》2009 年第 3 期。

李敏:《网络环境中议程设置的新特点》,《青年记者》2008 年第 23 期。

李舒东、傅琼:《中央电视台国际传播现状及战略前瞻》,《电视研究》2013 年第 12 期。

李卫红:《关于中国当前政治倾向性研究的思考》,《三峡大学学报》(人文社会科学版)2005 年第 7 期。

李希光、郭晓科:《主流媒体的国际传播力及提升路径》,《重庆社会科学》2012 年第 8 期。

李希光：《新闻学核心原理：公正性》，《采写编》2003 年第 2 期。

李希光：《主流媒体的国际传播力及提升路径》，《重庆社会科学》2012 年第 8 期。

李秀芳：《平衡报道的策略》，《中国记者》2004 年第 9 期。

李永清：《中国传媒国际话语权建设当议——中国新闻社国际传播能力建设的研究》[C]，暨南大学 2011。

刘德萍：《网络传播中议程设置的交互主体性》，《中国企业运筹学》2006 年。

刘国秩：《运用新媒体提升中国国际传播力的有效性》，《现代传播》2012 年第 12 期。

刘敏：《新闻平衡报道原则的历时性考察》，《新闻界》2011 年第 6 期。

刘耐霞、乔哲：《从半岛电视台看发展中国家如何提高国际传播力》，《湖北广播电视大学学报》2008 年第 9 期。

刘训成：《议程设置、舆论导向与新闻报道》，《新闻与传播研究》2002 年第 2 期。

刘亚东：《强化对外传播实现国家利益》，《新闻记者》2009 年第 1 期。

刘扬：《中国主流媒体新媒介对外传播发展情况分析》，《对外传播》2014 年第 3 期。

刘轶：《文化国际传播能力的困境与突围》，《上海文化》2014 年第 4 期。

刘滢：《如何打造"新型对外传播媒体"？——媒体融合的国际视角与本土经验》，《对外传播》2014 年第 9 期。

龙小农：《从国际传播技术范式变迁看中国国际话语权提升的战略选择》，《现代传播》2012 年第 5 期。

卢鑫：《中国议程设置理论研究的本土化致思》，《东南传播》2013 年第 4 期。

陆宝益：《网络信息资源的评价》，《情报学报》2002 年第 1 期。

陆地、高菲：《如何从对外宣传走向国际传播》，《杭州师范学院学报》（社会科学版）2005 年第 2 期。

陆小华：《国际传媒竞争取向与中国的选择——增强国际传播能力与"中国电视网"开播》，《新闻与写作》2010 年第 2 期。

罗以澄、李菁菁、詹绪武：《议程设置观照下的新闻策划》，《新闻前哨》2009 年第 4 期。

马胜荣、董梦杭：《专业化是网络媒体提升国际传播能力的基础》，《电视研究》2010 年第 9 期。

毛建欣：《中国对外传播效果中的传播心理分析》，《东南传播》2007 年第 8 期。

孟环：《中国媒体中的"美国形象"》，《对外大传播》2005 年第 9 期。

孟建、陈欣钢：《不信东风唤不回——关于我国国际传播力建设的新近思考》，《新闻传播》2010 年第 10 期。

孟建、王帆：《在国际传播新格局中审视我国传媒业的新发展》，《新闻传播》2010 年第 5 期。

孟锦：《中国对外传播的全球本土化策略初探》，《中国广播电视学刊》2004 年第

7期。

　　米彦泽、张昊:《网络传播中议程设置的新特点》,《新闻世界》2010年第7期。

　　苗棣、刘文、胡智锋、刘俊:《道与法:中国传媒国际传播力提升的理念与路径——2013〈现代传播〉年度对话》,《现代传播》2013年第1期。

　　牟英梅:《新媒介下英语新闻网站的竞争力提升策略》,《新闻战线》2015年第1期。

　　彭树杰:《文明转型下中国国际传播能力建设》,《中国记者》2010年第8期。

　　乔新生:《新闻客观性的基本内涵》,《青年记者》2011年第10期。

　　秦雪:《对新闻真实性的理性思考》,《新闻采编》2014年第3期。

　　邱凌:《国际传播策略与国家软实力提升》,《山东大学学报》(哲学社会科学版)2011年第6期。

　　邱祥:《提升中国互联网传播力塑造国家媒体新形象》,《中小企业管理与科技(上旬刊)》2011年第13期。

　　孙琳:《跨文化传播热点问题思考》,《东南传播》2006年第2期。

　　孙卢震、徐海丽:《新媒体时代议程设置功能的强化与其主体的泛化》,《新闻世界》2011年第3期。

　　汤仙月:《中国对外传播困境及发展态势分析》,《新闻世界》2010年第8期。

　　唐润华、刘滢:《重点突破:中国媒体国际传播的战略选择》,《南京社会科学》2011年第12期。

　　唐润华:《媒体国际传播能力评估体系的核心指标》,《对外传播》2011年第11期。

　　田智辉:《论新媒体语境下的国际传播》,《现代传播》(中国传媒大学学报)2010年第7期。

　　田中阳、周旋:《论SNS网站本土化发展的意义及策略》,《云梦刊》2011年第5期。

　　万丽:《中国新闻传媒的议题设置》,《新闻知识》2006年第1期。

　　万丽萍:《中国电视媒体国际传播模式探讨》,《中国传媒大学第六届全国新闻学与传播学博士生学术研讨会论文集》,2013年。

　　王爱玲:《提高中国对外新闻网站传播影响力分析》,《传媒评论》2014年第10期。

　　王波波、张焱:《浅析平衡报道的发展现状》,《新闻世界》2014年第9期。

　　王晨燕:《网络对外传播的策略:网上重塑中国国家形象》,《现代传播》2007年第5期。

　　王庚年:《世界格局变化中的文化国际传播战略》,《中国党政干部论坛》2011年第11期。

　　王庚年:《中国国际传播的三重境界》,《中国广播电视学刊》2013年第11期。

　　王建峰、吕莎:《媒体"走出去":提升中国媒体国际传播能力》,《中国社会科学报》2009年第8期。

　　王丽雅:《科学利用互联网加强对外传播》,转引自国务院新闻办公室、全国对外传播理论研讨会专家委员会：《第三届对外传播理论研讨会入选论文》，2013 年。

温焜：《提升中国英语新闻网站对外传播竞争力的探讨》，《南昌高专学报》2009 年第 5 期。

吴辉：《关于提高中国对外传播效果的思考》，《声屏世界》2003 年第 1 期。

吴清雄：《强化网络媒体国际传播力的策略与路径》，《中国记者》2010 年第 9 期。

吴瑛：《中国话语的议程设置效果研究——以中国外交部新闻发言人为例》，《世界经济与政治》2011 年第 2 期。

伍刚：《提升中国互联网国际传播力 构筑中华民族伟大复兴的软实力》，第九届中国世界民族学会会员代表大会暨学术讨论会论文集下册 2010。

伍刚：《中美互联网国际传播力对比研究》，《中国广播》2012 年第 3 期。

夏鼎铭：《谈新闻报道的倾向性》，《新闻通讯》1997 年第 12 期。

向芬：《新闻网站：中国主流网络文化的传播阵地》，《新闻与写作》2012 年第 1 期。

向志强、李明阳：《尽快构建我国版权产业评估与统计体系》，《出版发行研究》2007 年第 12 期。

向志强、张卓娜：《中国文化产业发展保障体系构建研究》，《湖南大学学报》2013 年第 4 期。

谢新洲、黄强、田丽：《互联网传播与国际话语权竞争》，《北京联合大学学报》（人文社会科学版）2010 年第 3 期。

信莉丽、庄严：《美联社微博本土化研究》，《2014 中国传播论坛："国际话语体系与国际传播能力建设"研讨会会议论文集》，2014 年。

熊慧：《解析国际传播研究的若干"迷思"——兼议中国媒体国际传播能力的提升机制》，《新闻记者》2013 年第 9 期。

徐佳：《下一代互联网：中国参与构建国际传播新秩序的新起点》，《新闻记者》2012 年第 5 期。

徐小鸽：《国际新闻传播中的国家形象问题》，《新闻与传播研究》1996 年第 2 期。

玄龙镐：《把握好国际新闻的公正性》，《记者摇篮》2002 年第 12 期。

杨伯溆：《从国际传播到全球传播：跨国公司的介入及其影响》，《新闻与传播研究》2003 年第 3 期。

杨健翔：《浅析对外报道的不同落地方式及效果》，《对外传播》2014 年第 7 期。

杨秀国：《3·14 事件报道：凸显国际话语权掌控任重道远》，《新闻战线》2008 年第 8 期。

姚旭：《跨界融合——全面提升中国传媒的国际传播力》，《阴山学刊》2011 年第 5 期。

于泓：《近三年来中国对外网络传播研究综述》，《新闻世界》2009 年第 11 期。

于建华：《网络新闻价值评价指标体系的建立研究》，《华北水利水电学院学报》2005

年第 3 期。

于迎:《纽约时报的跨国传播策略研究》,《中国报业》2013 年第 2 期。

张贝茜:《中国国际传播能力的现状与问题——以 CNC 为例》,转引自中国传媒大学广播电视研究中心:《中国传媒大学广播电视研究中心 2014 中国传播论坛:"国际话语体系与国际传播能力建设"研讨会会议论文集》,2014 年。

张恒、孙金岭:《关于中国电视媒体增强国际传播能力的思考》,《中国广播电视学刊》2011 年第 38 期。

张雷:《球土化视野下的本土化传播:国际经验与中国面向》,《电视研究》2012 年第 4 期。

张彦哲:《新闻报道的公正性原则探析》,《现代商贸工业》2010 年第 13 期。

张艺:《新闻报道中记者的感性与理性》,《记者摇篮》2014 年第 7 期。

赵新利:《网络环境下的对外传播与国家形象构建》,《北京邮电大学学报》(社会科学版)2007 年第 3 期。

赵雅文:《国际传播失衡与平衡的哲学思考》,《新闻大学》2007 年第 2 期。

赵雅文:《全球化背景下的国际传播》,《当代传播》2007 年第 6 期。

郑丽勇、郑丹妮、赵纯:《媒介影响力评价指标体系研究》,《新闻大学》2010 年第 1 期。

朱建婷、张晓红:《从对外传播视角解读提高国家文化软实力》,《河北师范大学学报》(哲学社会科学版)2008 年第 3 期。

董海涛:《全球化语境下中国对外传播中的平衡策略研究》,博士学位论文,武汉大学,2012 年。

黄艾:《软实力背景下的中国国际传播战略研究》,博士学位论文,复旦大学,2009 年。

邱凌:《软实力背景下的中国国际传播战略研究》,博士学位论文,复旦大学,2009 年。

任飞:《传播学视野下的中国当代流行音乐研究》,博士学位论文,山东大学,2012 年。

王爱玲:《中国网络媒介的主流意识形态建设研究》,博士学位论文,大连理工大学,2012 年。

吴立斌:《中国媒体的国际传播及影响力研究》,博士学位论文,中共中央党校,2011 年。

白岩:《对外传播与国家形象构建》,硕士学位论文,南开大学,2011 年。

段艺琳:《央视提升国际传播能力的策略研究》,硕士学位论文,山东大学,2012 年。

黄志辉:《中国英语新闻网站研究》,硕士学位论文,南昌大学,2006 年。

李岩:《人民网英文版对外传播现状与对策研究》,硕士学位论文,兰州大学,

2006 年。

李依麦:《新华网英文版对外传播策略研究》,硕士学位论文,湖南师范大学,2012 年。

李振粉:《跨文化传播视阈下的 BBC 中文网研究》,硕士学位论文,武汉理工大学,2013 年。

刘军:《新华网股份有限公司国际化战略研究》,硕士学位论文,安徽大学,2013 年。

刘美伯:《〈中国日报〉对外传播新闻价值变化趋势研究》,硕士学位论文,中国传媒大学,2007 年。

刘毅:《从我国英语新闻网站看对外报道的现状与发展》,硕士学位论文,四川大学,2007 年。

聂祎:《关于中国议程设置研究的反思》,硕士学位论文,武汉大学,2005 年。

夏后裔:《中国国家形象网络传播策略研究》,硕士学位论文,电子科技大学,2008 年。

徐方:《中国科教电视节目评价体系探析》,硕士学位论文,华中科技大学,2009 年。

杨婉玲:《亚洲新闻台国际频道在中国传媒市场的营销策略分析》,硕士学位论文,上海交通大学,2006 年。

余地:《"国际在线"网站泰语版的国际传播现状分析与发展策略研究》,硕士学位论文,江西师范大学,2013 年。

赵蓓:《新媒体时代的受众需求与媒介利益》,硕士学位论文,山东大学,2006 年。

郑晓岩:《国际传播语境下 China Daily 在中国国家形象塑造中的媒介议程设置研究》,硕士学位论文,东北师范大学,2008 年。

Ailing Wang, Xiaonan Hong, "The Analysis of Increasing China Network Media's International Communication Impact", *Management Science and Engineering*, Vol.6, No.4(2012), p.47.

Anabel Quan-Haase, Alyson L.Young, "Uses and Gratifications of Social Media: A Comparison of Facebook and Instant Messaging", *Bulletin of Science, Technology & Society*, Vol.30, No.30(2010), pp.350-361.

Anandam Kavoori, Kalyani Chadha, "The Cultural Turn in International Communication", *Journal of Broadcasting & Electronic Media*, Vol.53, No.2(2009), pp.336-346.

Andrew A.Aines, "Foreign Dissemination of Unclassified Material of a Potential Strategic Value", *Bul.Am.Soc.Info.Sci.Tech*, Vol.23, No.1(1996), pp.25-26.

Brenda Dervin, Mei Song, "Reaching For Phenomenological Depths in Uses and Gratifications Research: A Quantitative Empirical Investigation", *Conference Papers international Communication Association*.

Cohen S., *Folk Devils and Moral Panics: the Creation of Mods and Rockers*, London:

MacGibbon and Kee, 1972.

Dan Jiao, "On Approach of Interpretation with Explanations in C-E International Communication of China's Universities", *Theory and Practice in Language Studies*, Vol. 2, No. 2 (2012).

Emmanuelle Taugourdeau, "Imperfect Competition and Fiscal Policy Transmission in a Two-Country Economy", *Open Economies Review*, Vol. 13, No. 1 (January 2002), pp. 47-71.

Everett Rogers, "Funding international communication research", *Journal of Applied Communication Research*, Vol. 30, No. 4 (2002), pp. 341-349.

Fackler, "Searching for an Ethic to Guide International Communication", *Journal of Mass Media Ethics*, Vol. 27, No. 2 (2012), pp. 155-157.

Faiola A., Matei S. A., "Cultural Cognitive Style and Web Design: Beyond a Behavioral Inquiry into Computer-Mediated Communication", *Journal of Computer-mediated Communication*, Vol. 11, No. 1 (2005), pp. 375-394.

Fred Bronner, Robert de Hoog, "Vacationers and eWOM: Who Posts, and Why, Where, and What?", *Journal of Travel Research*, Vol. 50, No. 1 (2011), pp. 15-25.

Guo-Ming Chen, "The impact of new media on intercultural communication in global context", *China Media Research*, Vol. 8, No. 2 (April 2012), pp. 1-10.

Heeman Kim, James R. Coyle, "Stephen J. Gould. Collectivist and Individualist Influences on Website Design in South Korea and the U.S.: A Cross-Cultural Content Analysis", *Journal of Computer-Mediated Communication*, Vol. 14, No. 3 (April 2009), pp. 581-601.

Irfan Akbar Kazi, Hakimzadi Wagan, Farhan Akbar, "The changing international transmission of U.S. monetary policy shocks: Is there evidence of contagion effect on OECD countries", *Economic Modelling*, Vol. 31, No. 1 (2013), pp. 90-116.

Louhiala-Salminen, Leena, Kankaanranta, Anne, "Language as an issue in international internal communication: English or local language? If English, what English?", *Public Relations Review*, Vol. 38, No. 2 (2012), pp. 262-269.

Mark R. Rosenzweig, "Promoting International Communication in Psychology: The Program of the Iups Committee on Publications and Communication", *International Journal of Psychology*, Vol. 14, No. 1-4 (1979), pp. 285-286.

Martin Feldkircher, "A global macro model for emerging Europe", *Journal of Comparative Economics*, 2013.

Mc Combs M. E., Shaw D. L., "The Agenda-setting Function of Mass Media", *Public Opinion Quarterly*, 1972.

Mei GUO, Wenhua HU, "Dialogism in International Communication Texts: From the Perspective of Public Diplomacy", *Cross-Cultural Communication*, Vol. 9, No. 2 (2013).

Michael.R.Solomon, *Consumer Behavior:buying,having,and being*, Prentice Hall,2010.

Nam,Siho, "The Logics of Globalization:Studies in International Communication Edited by Anandam Kavoori International Media Studies Edited by Di-vya C. McMillin", *Journal of Communication*,Vol.60,No.1(2010),pp.E12E16.

Naren Chitty,Li Ji, "The Journal of International Communication", *Review of Communication*,Vol.11,No.4(2011),pp.310-319.

Patrick D.Murphy, Marwan M.Kraidy, "International Communication, Ethnography, and the Challenge of Globalization", *Communication Theory*,Vol.13,No.3(2003),pp.304-323.

Parker Elizabeth Rindskopf, Jacobs Leslie Gielow. "Government controls of information and scientific inquiry", *Biosecurity and Bioterrorism*,Vol.1,No.2(2004),pp.83-95.

Peter Berglez, "What is Global Journalism? Theoretical and empirical conceptualizations", *Journalism Studies*,Vol.9,No.6(December 2008),pp.845-858.

Rosenberg MJ,Hovland CI,*Cognitive,Affective and Behavioral Components of Attitudes.Attitude Organization and Change:An Analysis of Consistency among Attitude Components*, New Haven:Yale University Press,1960,pp.1-14.

S.Mahdi Barakchian, "Transmission of US Monetary Policy into the Canadian Economy:A Structural Cointegration Analysis", *Economic Modelling*,Vol.46,2015,pp.11-26.

Shekhar Aiyar, Charles W. Calomiris, John Hooley, Yevgeniya, Korniyenko, Tomasz Wieladek, "The international transmission of bank capital requirements:Evidence from the UK", *Journal of Financial Economics*,Vol.113,No.3(2014),pp.368-382.

Thurman Neil, "The globalization of journalism online:A transatlantic study of news websites and their international readers", *Social Science Electronic Publishing*,Vol.8,No.3(2008), pp.285-307.

Thussu,Daya,*International Communication*,London:SAGE Publications Ltd,2012.

Youcheng Wang,Daniel R.Fesenmaier, "Modeling Participation in an Online Travel Community", *Journal of Travel Research*,Vol.42,2004,pp.261-269.

附　　录

Questionnaire about demands of the audiences in the Chinese network content during international communication

I am a postgraduate student from "To Strengthen and Improve the Network Content" Research Group HuNan University China. We are doing research on Chinese network. Please spend a couple of minutes for assisting this short survey and This investigation will be part of the my graduation thesis. There is no standard answer. Please choose the appropriate answer and fill the blank in the column according to your actual situation. Your information will be greatly valued and undoubtedly it will be strictly confidential. Thank you very much for your helping.

Hunan University "to strengthen and improve the network content" Research Group

February 1, 2015

Part I　Your basic information

1. Your gender _____

A. Male　B. Female

2. Your age _____

A. Under 18　B. 18—28　C. 29—39　D. Above 40

3. Your nationality _____

4. Your religious beliefs _____

A. Christianity　B. Islam　C. Buddhist　D. Jew　E. None

F. Other(Please specify)

5. Your educational background _____

A. Junior high school or below　B. High school or equivalent

C. Undergraduate or equivalent　D. Master　E. Doctor's degree or above

6. Your current occupation _____

A. Student　B. Enterprise staff　C. Businessman

D. Civil servant　E. Freelancers　F. Service staff

Part II　Your needs on the Chinese web content

7. Which sections do you most interested in when you browsing Chinese network content? [multiple-choice]

A. News　B. Entertainment　C. Video　D. Lifestyle　E. Sport

F. Economics　G. Culture learning　H. Comment

I. Others(please specify)

8. What contents do you want to add if you are using Chinese network to learn Chinese culture? [multiple-choice]

A. Chinese character learning　B. Chinese tradition

C. Chinese Food culture　D. Chinese etiquette

E. Chinese literature　F. Others(please indicate)

9. What kind of report you most expect if Chinese network want to do overseas interview report? [multiple-choice]

A. Living or business stories about overseas Chinese

B. Life condition about young overseas Chinese

C. The accomplishment of famous overseas Chinese

D. World events with paticipants of overses Chinese

E. Worldwide issues(such as climate change etc.)

F. The United Nations public actions that China participate in(such as poverty alleviation, peace keeping operations etc.)

G. The world expositions that Chinese enterprises involved in(such as aerospace exhibition etc.)

H. The China's unique contribution to foreign countries(such as in Africa medical team etc.)

I. Others(please indicate)

10. What kind of exchange activities which are held by Chinese international portal sites do you willing to participate in? [multiple-choice]

A. Activities holding by Chinese international portal site in China

B. A conference is held around the place where you live

C. Fellowship parties togather with Chinese international portal site

D. Interaction with programmes through the network platform

E. Individual talent show on Chinese international portal site

F. Activities which are facilitate to overseas participants organized by Chinese international portal site

G. Participate in web content production and to express your own ideas

H. Knowledge contest hold in Chinese overseas family

I. Others(please indicate)

11. What is your main purpose to get Chinese network content? [multiple-choice]

A. Learn about China   B. Like Chinese culture

C. Chinese website is your only chioce there is no other way

D. You want to learn Chinese through surf the Chinese website

E. To express your own views and opinions

F. To understand the local customs and practices through the website

G. To kill time   H. To get some topics for chatting with your friends

I. Occasionally to get some fresh news through Chinese website

J. Others(please indicate)

12. Here are thePsychological needs about Chinese network content.Please give your evaluation [choices with score 1-5 respectively,pleaset mark "√" in the form which you choose,1 for the worst,5 for the best]

Items		Quite agree	agree	general	disagree	very disagree
Information needs	To understand China through the Internet content of China	5	4	3	2	1
	To understand my own country through the Internet content of China	5	4	3	2	1
	To learn about the information of the world through the Internet	5	4	3	2	1
Identification needs	Using the Chinese Internet to find certain members and topics which have a similar feeling	5	4	3	2	1
	I want to get the respect of others, and get the status	5	4	3	2	1
	I will express my thoughts and feelings on the Internet in China.	5	4	3	2	1
	I hope that the contents of the Internet forwarding and publishing in China will get the reply from others	5	4	3	2	1
Enjoyment needs	I can have fun and enjoy happiness through Chinese Internet	5	4	3	2	1

续表

Items		Quite agree	agree	general	disagree	very disagree
Learning needs	I spend more time on the Internet every day than I expected	5	4	3	2	1
	I feel the time passed quickly when using the Internet	5	4	3	2	1
	I find it easier to find Chinese related cultural learning resources through Chinese Internet	5	4	3	2	1
	Help me understanding Chinese society and culture	5	4	3	2	1
	Improve my Chinese level	5	4	3	2	1
	I can get the pleasure of learning and enjoy this attitude to study	5	4	3	2	1
Social needs	Obtain conversation topic to communicate with people	5	4	3	2	1
	Find someone who has a common interest	5	4	3	2	1
	Meet new friends					
	To understand the other person's ideas.	5	4	3	2	1
	Convenient to contact with family and friends	5	4	3	2	1

PART Ⅲ   Your using behavior about Chinese network content

13. What site are you preferred in Chinese network content?［multiple-

choice]

 A. Chinadaily.com B. China.com C. People.com D. Xinhuanet.com

 E. Cri.cn F. CCTV.com G. Mainstream web(such as sina.com)

 H. Government portal website I. Others(please indicate)

 14. What kind of information do you pay more attention to when you browsing the News section in Chinese Web? [multiple-choice]

 A. Political news B. Social news C. Military news D. Public news

 F. Comments E. Financial news F. Entertainment News G. Others (please indicate)

 15. What kind of media is your first choice for information about breaking news events? [multiple-choice]

 A. International English media(such as BBC)

 B. Media in your country

 C. International social-networking media(such as Facebook)

 D. China's Chinese-language media(such as Xinhua.net and CCTV)

 E. China's English media(such as CCTV News)

 F. Chinese social-networking media(such as Sina Weibo)

 16. Here are the using behavior instrument about Chinese network content. Please give your evaluation [choices with score 1-5 respectively, pleaset mark "√" in the form which you choose, 1 for the worst, 5 for the best]

Items		Quite agree	agree	general	disagree	very disagree
Browsing behaviors;	Your acquisition frequency	5	4	3	2	1
	Your average browse time	5	4	3	2	1
		5	4	3	2	1
	Browsing via mobile devices	5	4	3	2	1

续表

Items		Quite agree	agree	general	disagree	very disagree
	Trying to use the Chinese International portal (for example: Sina) in bilingual version of English	5	4	3	2	1
Propagation behavior	You will make some thoughts and articles on the Internet of China	5	4	3	2	1
	You will reprint the article	5	4	3	2	1
	You will continue to use the Chinese network andrecommend for the people around you	5	4	3	2	1
Interacting behavior	You will interact with Chinese users, chat with them	5	4	3	2	1
	You can find a member of a similar interest through Chinese network.	5	4	3	2	1
	You can get to know new friends through China Internet content	5	4	3	2	1

PARTⅣ   Your attitude about Chinese network content

17. In the following options, which one do you think is relatively the most appropriate options to describe China web content? [multiple-choice]

A. Excellent underatanding and explaining the news in domestic and foreign

B. Ambassadors of Chinese culture

C. The main channel to obtain Chinese information at home and abroad

D. The window to show the modern China's ideas and social life

E. Exhibition gallery of web series

F. The Chinese medicine and diet network content is very popular

G. The content of live conversation show is very outstanding

H. The high level of cultural feature film

I. Others(please indicate)

18. What problems do you think that the Chinese network contents have?
[multiple-choice]

A. Poor timeliness　　B. Not comprehensive　　C. Lack the diversity

D. Too much Publicity flavor　　E. Tend to report negative news about foreign affairs

F. Lack of interaction with audience　　G. Using non-standard language

H. Others(please indicate)

19. What do you think the Chinese Internet content in the following aspects? Please give your evaluation [choices including "very dissatisfied", "not satisfied", "general(neither satisfied nor against)", "satisfied" and "very satisfied", with score 1−5 respectively, pleaset mark "√" in the form which you choose, 1 for the worst, 5 for the best]

Items	very satisfied	satisfied	general	not satisfied	very dissatisfied
The speed and level of news coverage	5	4	3	2	1
The richness of web content	5	4	3	2	1
Chinese culture characteristicscontained in network content	5	4	3	2	1
Easy to understand	5	4	3	2	1
Readable and practical	5	4	3	2	1

Items	very satisfied	satisfied	general	not satisfied	very dissatisfied
The overall quality and design level	5	4	3	2	1
Reporting skills	5	4	3	2	1
Credibility	5	4	3	2	1

20. What is your opinion about the proportion of Chinese international website's content setting and arrangement? Please give your evaluation 〔Choices including "much more, reduce the proportion", " medium", "less", with score1−3 respectively, please tick the number for your choice, 1 for the worst, 3 for the best〕

Items	much more, reduce the proportion	medium	less
The news content	3	2	1
Web video content	3	2	1
Literary criticism	3	2	1
Comments	3	2	1
Learning Chinese, Chinese medicine service content	3	2	1
Content about Chinese Mainland and Taiwan	3	2	1
Culture column	3	2	1

21. To what extent has Chinese network content changed your view of China?

A. Wholly   B. To a great extent   C. To some extent   D. Not at all

索　引

后　记

　　"讲好中国故事、传播中国声音"是历史赋予当今中国人特别是中国新闻工作者的使命。新闻媒体的高度发达,特别是互联网的高度发展,更加证明了一个在国际舞台竞争中颠扑不破的真理:传播力决定影响力、话语权决定主动权。因此,如何提升中国媒体国际传播力,特别是如何提升中国网络内容国际传播力,是新时期新闻媒体工作者面临的重大课题。2013 年 11月,湖南大学党委副书记唐亚阳教授率领的由湖南大学、中南大学、湖南科技大学师生组成的团队,获得教育部哲学社会科学重大攻关项目——加强和改进网络内容建设研究(课题编号:13JZD033)。经过两年的努力,各子课题都有系列成果(包括系列论文、丛书、调研报告)产生。此为丛书中的一本,为第五个子课题"中国网络内容国际传播力提升研究"的研究成果。该子课题由向志强教授主持,其负责该子课题研究内容的设计以及本书章节框架的安排,并承担全书统稿与修改;另外本书的第一章、第二章由博士研究生袁星洁教授撰写,第三章由硕士研究生赵尧撰写,第五章以及第七章部分内容由硕士研究生吴婷撰写,第四章、第六章、第七章由硕士研究生夏梅、叶雨菁、陶志威撰写。

　　本书在撰写过程中,吸收和使用了学术界同行专家、教授相关论著中的若干数据和观点,囿于篇幅,未能一一注明。在此,谨向同行专家、教授和出版社编辑诚表谢意,并向课题总负责人唐亚阳教授和其他子课题的曾长秋教授、赵惜群教授、雷辉教授、郭渐强教授以及杨果博士、刘宇博士表示感谢！作者受认知水平和资料的局限，书中难免会有漏误，恳请读者不吝赐教，以期在再版时修订。

向志强

2017 年 3 月于长沙岳麓山下

责任编辑:汪　逸
封面设计:石笑梦
责任校对:张红霞

图书在版编目(CIP)数据

中国网络内容国际传播力提升研究/向志强 著. —北京:人民出版社,
　2017.10
ISBN 978－7－01－017539－3

Ⅰ.①中…　Ⅱ.①向…　Ⅲ.①互联网络-内容-传播-研究-中国
　Ⅳ.①TP393.4

中国版本图书馆 CIP 数据核字(2017)第 063001 号

中国网络内容国际传播力提升研究

ZHONGGUO WANGLUO NEIRONG GUOJI CHUANBOLI TISHENG YANJIU

向志强　著

人 民 出 版 社 出版发行
(100706　北京市东城区隆福寺街 99 号)

北京汇林印务有限公司印刷　新华书店经销

2017 年 10 月第 1 版　2017 年 10 月北京第 1 次印刷
开本:710 毫米×1000 毫米 1/16　印张:20.75
字数:329 千字

ISBN 978－7－01－017539－3　定价:63.00 元

邮购地址 100706　北京市东城区隆福寺街 99 号
人民东方图书销售中心　电话 (010)65250042　65289539